"十三五"国家重点出版物出版规划项目

地球观测与导航技术丛书

遥感多分类器集成方法与应用

杜培军 夏俊士 苏红军 谭 琨 等 编著

国家自然科学基金项目（40871195，41171323）
江苏省自然科学基金项目（BK2012018）
国家高技术研究发展计划（"863计划"）课题（2007AA12Z162）

科学出版社

北　京

内 容 简 介

分类是遥感影像处理和地学应用中最重要的内容之一，多分类器集成则是提高影像分类精度、控制不确定性的有效策略。本书在介绍遥感影像分类、集成学习和多分类器系统基本知识的基础上，对遥感多分类器集成的理论、方法和应用进行系统探讨。首先，简要介绍遥感影像分类的基本概念、基本理论和常用分类器，论述多分类器集成的重要性和研究进展。然后，从集成学习、多分类器系统的基本理论和方法出发，提出遥感多分类器集成的实现策略，系统探讨样本层和特征层集成学习算法，包括 Boosting、Bagging、随机森林等在遥感影像分类中的应用，并将最新的集成学习方法旋转森林应用于遥感影像分类，进行系统的改进和优化。同时，研究异质多分类器集成在遥感影像分类中的应用，重点对分类器选择、组合策略、动态分类器组成等进行探讨。最后，对遥感多分类器集成的若干应用进行实例介绍和系统总结。

本书可供高等学校和科研机构从事遥感影像分类与信息提取、遥感地学分析的教师和研究人员、研究生和高年级本科生参考，同时也可作为遥感应用专业人员有益的参考资料。

图书在版编目（CIP）数据

遥感多分类器集成方法与应用 / 杜培军等编著. —北京：科学出版社，2019.11

（地球观测与导航技术丛书）

ISBN 978-7-03-062736-0

Ⅰ. ①遥… Ⅱ. ①杜… Ⅲ. ①遥感图象-图象处理 Ⅳ. ① TP75

中国版本图书馆 CIP 数据核字（2019）第 242909 号

责任编辑：苗李莉 吴春花 朱 丽 / 责任校对：樊雅琼
责任印制：肖 兴 / 封面设计：图阅盛世

科 学 出 版 社 出版

北京东黄城根北街 16 号
邮政编码：100717
http://www.sciencep.com

三河市骏杰印刷有限公司 印刷

科学出版社发行 各地新华书店经销

*

2019 年 11 月第 一 版 开本：787×1092 1/16
2019 年 11 月第一次印刷 印张：14 3/4 插页：4
字数：350 000

定价：128.00 元
（如有印装质量问题，我社负责调换）

"地球观测与导航技术丛书"编写说明

　　地球空间信息科学与生物科学和纳米技术三者被认为是当今世界上最重要、发展最快的三大领域。地球观测与导航技术是获得地球空间信息的重要手段,而与之相关的理论与技术是地球空间信息科学的基础。

　　随着遥感、地理信息、导航定位等空间技术的快速发展和航天、通信和信息科学的有力支撑,地球观测与导航技术相关领域的研究在国家科研中的地位不断提高。我国科技发展中长期规划将高分辨率对地观测系统与新一代卫星导航定位系统列入国家重大专项;国家有关部门高度重视这一领域的发展,国家发展和改革委员会设立产业化专项支持卫星导航产业的发展;工业和信息化部、科学技术部也启动了多个项目支持技术标准化和产业示范;国家高技术研究发展计划(863计划)将早期的信息获取与处理技术(308、103)主题,首次设立为"地球观测与导航技术"领域。

　　目前,"十一五"规划正在积极向前推进,"地球观测与导航技术领域"作为863计划领域的第一个五年计划也将进入科研成果的收获期。在这种情况下,把地球观测与导航技术领域相关的创新成果编著成书,集中发布,以整体面貌推出,当具有重要意义。它既能展示973计划和863计划主题的丰硕成果,又能促进领域内相关成果传播和交流,并指导未来学科的发展,同时也对地球观测与导航技术领域在我国科学界中地位的提升具有重要的促进作用。

　　为了适应中国地球观测与导航技术领域的发展,科学出版社依托有关的知名专家支持,凭借科学出版社在学术出版界的品牌启动了"地球观测与导航技术丛书"。

　　丛书中每一本书的选择标准要求作者具有深厚的科学研究功底、实践经验,主持或参加863计划地球观测与导航技术领域的项目、973计划相关项目以及其他国家重大相关项目,或者所著图书为其在已有科研或教学成果的基础上高水平的原创性总结,或者是相关领域国外经典专著的翻译。

　　我们相信,通过丛书编委会和全国地球观测与导航技术领域专家、科学出版社的通力合作,将会有一大批反映我国地球观测与导航技术领域最新研究成果和实践水平的著作面世,成为我国地球空间信息科学中的一个亮点,以推动我国地球空间信息科学的健康和快速发展!

李德仁

2009年10月

前　言

　　遥感数据获取技术的快速发展为地学研究提供了高空间/高光谱/高时间分辨率、主被动协同、星空地集成的观测系统，能够采集多尺度、多谱段、实时动态的对地观测数据。结合特定研究目标，如全球变化、土地利用/覆被变化、城市扩展、生态环境演变等的特点和需求，对遥感数据进行准确、精细解译，提取感兴趣的专题信息，是遥感影像处理与信息提取的研究焦点。其中，分类是遥感影像处理与地学应用中最常用、最重要的内容之一，其目标是将影像中的每个像元或对象划归为若干个具有应用意义的类别之一，或若干专题要素中的一种，即实现遥感数据从灰度（光谱）空间到目标信息空间的转换。

　　20 世纪 70 年代以来，遥感影像分类理论、方法和应用受到研究人员的高度重视，发展迅速，一直是各种遥感类学术会议、学术期刊的热点方向。从早期基于基本几何运算与统计模式识别的最小距离分类和最大似然分类等方法，发展到基于计算智能和机器学习的人工神经网络、决策树分类器，再到基于统计学习理论的支持向量机分类器，以及近年发展的半监督学习、主动学习、深度学习等分类新方法，各种新型分类器层出不穷，模式识别、机器学习和人工智能在新型遥感影像分类器研究方面发挥着重要的引领作用。遥感影像分类的处理策略不断拓展，从最初根据是否引入训练样本划分为监督分类和非监督分类两大策略，到监督与非监督混合分类，进一步发展到同时使用已标记样本和未标记样本的半监督分类、主动学习分类。遥感影像分类使用的判据特征也从单纯的光谱特征，逐步发展到近年来广泛使用的光谱–空间分类，以及引入其他辅助信息的分类，或者综合多源遥感数据的分类，为解决同谱异物、同物异谱问题提供了有效途径。在常规基于像素分类的基础上，基于对象的遥感影像分类充分利用地物空间分布规律和邻近像素之间的相似性，以相邻相似像素构成的均质区域（影像对象）作为基本分类单元，提高了遥感影像分类结果与地学分析需求、地理信息系统数据管理与应用的关联性。

　　尽管目前已有基于不同理论模型、处理单元、决策函数的多种遥感影像分类方法，但模式识别理论和应用均表明：没有任何一个分类模型或分类器从理论上来说是最优的、能够总是取得优于其他方法的分类结果。遥感影像分类精度既取决于分类器的性能，还与待分类影像、区域景观复杂性、训练样本和测试样本等密切相关，在一个区域或数据集上能够取得较高精度的分类器，在其他区域或数据集上的效果可能正好相反。研究人员试图应用多个备选分类器进行数据处理，然后依据一定的精度指标，如总体精度、Kappa系数等选择精度最高的分类结果，但总体精度最高却不一定代表对特定应用感兴趣的类别能够取得最优精度。因此，如何从多个可用的分类器中选择对具体任务有效的分类方案，仍然是一个极具挑战性的课题。

　　针对这种多个学习机中难以选择最优模型的困难，机器学习领域出现了一种新的学习框架——集成学习（ensemble learning），即按照特定的准则，有效地组合多个学习机的输出，从而获得精度优于任何一个成员学习机的最终结果。集成学习的优势在于充分综合了多个成员学习机（既可以是采用不同输入特征或样本的同质学习机，也可是以采用相同或不同输入特征或样本的异质学习机）的优势，通过多个学习机输出的组合有效弥补了单一模型可能存在的不足，从而在模式识别、影像处理等领域得到了广泛应用。集成学习应用于分类处理，形成了多分类器系统（multiple classifier systems，MCS）的研究方向，在人脸识别、医学影像处理、自然场景分类等应用中都取得了良好的效果。多分类器系统国际研讨会（International Workshop on Multiple Classifier Systems）充分展示了这一领域的研究进展。

遥感影像分类作为一种对地球表面成像观测数据进行分类处理的操作，同样面临着最优分类器选择困难的问题，集成学习和多分类器系统为此提供了一种非常有效的解决思路。针对特定的遥感影像和可用的训练样本与先验知识，利用不同成员分类器构建策略，获得多个具有一定差异的单分类器输出，然后对这些输出进行决策级融合获得最终分类结果，能够有效克服最优分类器选择的困难，在提高总体分类精度的同时，更好地平衡不同类别之间的分类效果。多分类器系统的引入，可以有效抑制分类不确定性，进一步提高分类器的泛化性能。近二十年来，多分类器系统（或多分类器集成）在遥感影像分类中得到越来越多的重视，尤其近年来，随着随机森林、旋转森林等为代表的决策森林新型集成学习方法的出现，遥感多分类器集成的研究更是取得了快速发展。但是，尽管国内外已有多部关于集成学习或多分类器系统的著作，也出版了大量关于遥感影像分类新方法的著作，却没有一部关于多分类器系统用于遥感影像处理分析的著作。本书的出版旨在弥补这一空白，在总结国内外相关研究进展的基础上，以作者所在课题组的研究成果为主体，参考相关同行学者的代表性研究工作，系统阐述遥感多分类器集成的理论、方法与应用，以期在遥感多分类器集成方面为国内同行提供参考。

本书总结作者所在课题组近年来在遥感多分类器集成方面的研究成果，对遥感影像分类常用方法与进展、多分类器系统遥感应用体系、典型遥感多分类器集成方法等进行系统论述，给出针对高光谱、多光谱、高分辨率和全极化 SAR 影像的应用实例，全书共分 6 章。第 1 章简要介绍遥感影像分类的基本概念、基本理论和常用分类器，结合遥感影像分类面临的挑战分析多分类器集成的重要性。第 2 章介绍机器学习中集成学习、多分类器系统的基本理论和方法，提出遥感多分类器集成的实现策略。第 3 章详细分析样本层和特征层集成学习算法，包括 Boosting、Bagging、随机森林等在遥感影像分类中的应用。第 4 章将最新的集成学习方法旋转森林应用于遥感影像分类，从特征旋转、基分类器选择、光谱–空间分类等方面进行改进。第 5 章分析异质分类器集成在遥感影像分类中的应用，重点对成员分类器选择、分类器组合策略、动态分类器组成等进行介绍。第 6 章对遥感多分类器集成的应用进行实例介绍，如在光学和 SAR 影像分类、变化检测、多源数据融合中的应用。

全书由杜培军、夏俊士、苏红军、谭琨共同确定编写大纲。第 1 章由杜培军、谭琨、夏俊士、阿里木·赛买提编写，第 2 章和第 3 章由夏俊士、杜培军编写，第 4 章由夏俊士、杜培军、阿里木·赛买提编写，第 5 章由苏红军、杜培军、夏俊士、谭琨、张伟编写，第 6 章由杜培军、阿里木·赛买提、柳思聪、刘培、陈吉科、谭琨编写，全书最后由杜培军统稿。南京大学鲍蕊、蒙亚平、林聪、白旭宇、张鹏、唐鹏飞、郭山川等同学参加了书稿撰写、编辑、排版相关工作。

　　本书研究得到了国家自然科学基金项目"高光谱遥感影像自适应多分类器集成关键技术研究"（40871195）和"基于集成学习的星载全极化 SAR 图象分类与信息解译"（41171323）、江苏省自然科学基金杰出青年基金项目"多尺度遥感信息协同处理与城市人居环境评价"（BK2012018）、国家高技术研究发展计划（"863"计划）课题"矿山复杂地表环境下地物信息自动提取与目标识别的若干关键技术"（2007AA12Z162）、江苏高校优势学科建设工程、中央高校基本科研业务费专项资金等的资助和支持。在项目实施和研究工作中，得到了南京大学冯学智教授、李满春教授、柯长青教授、王结臣教授、程亮教授和中国矿业大学郭达志教授、邓喀中教授、高井祥教授、张书毕教授等的支持与指导，在此表示衷心的感谢。

　　同时，本书作者在从事遥感信息分析与应用的多年研究中，得到了武汉大学张良培教授、杨必胜教授，西南交通大学朱庆教授，南京师范大学闾国年教授、汤国安教授、盛业华教授，北京师范大学李京教授、陈云浩教授、唐宏教授，上海交通大学施鹏飞教授、方涛教授，广州大学张新长教授，中山大学李军教授，华东师范大学黎夏教授，中国科学院遥感与数字地球研究所张兵研究员、张立福研究员，中国科学院南京地理与湖泊研究所马荣华研究员，中国科学院寒区旱区与环境工程研究所李新研究员等同行专家的长期关心和支持。此外，作者的研究工作还得到了童庆禧院士、李德仁院士、龚健雅院士、郭华东院士、周成虎院士等专家的指导。在此衷心感谢各位专家多年以来在学术研究上的持续关心、指导和帮助！

　　在相关研究过程中，作者与国际上遥感影像分类与信息提取领域的知名学者，包括意大利帕维亚大学（University of Pavia）的 Paolo Gamba 教授和特伦托大学（University of Trento）的 Lorenzo Bruzzone 教授、西班牙埃斯特雷马杜拉大学（University of Extremadura）的 Antonio J. Plaza 教授、法国格勒诺布尔综合理工学院（Grenoble Institute of Technology）的 Jocelyn Chanussot 教授、冰岛大学（University of Iceland）的 Jón Atli Benediktsson 教授、美国密西西比州立大学（Mississippi State University）的 Qian Du 教授、英国纽卡斯尔大学（Newcastle University）的 Zhenhong Li 教授、德国柏林自由大学（Freie Universität Berlin）的 Björn Waske 教授等开展了合作研究和交流，部分研究成果的取得也来源于他们的精心合作与热情参与。

　　在本书撰写过程中，参考了国内外大量优秀著作、研究论文和相关网站资料，在此表示衷心的感谢。虽然作者试图在参考文献中全部列出并在文中标明出处，但难免有疏漏之处，在此诚挚地希望得到同行专家的谅解和支持。

　　由于作者水平有限，书中不足之处在所难免，敬请各位专家、同行批评指正。关于本书内容的任何批评、意见和建议，请发送至作者电子邮箱：dupjrs@126.com。

编　者

2019 年 5 月于南京

目 录

彩图

第1章 绪 论

1.1 遥感影像分类基础

1.1.1 遥感影像分类基本概念

简单来讲，遥感（remote sensing，RS）是利用地面、低空、航空或航天等平台上的传感器，对目标进行远距离非接触式感知的技术（Mather，2004；Jensen，2005；Richards and Jia，2006）。遥感以电磁波与地球表面物质相互作用为基础，利用各种地面、航空和航天传感器探测地球资源与环境，通过信息处理与解译、地学分析等技术方法获取专题信息，揭示地球表面各要素的空间分布特征与时空变化规律（赵英时等，2003）。陈述彭（1990）在《遥感大辞典》一书中从广义和狭义两方面对遥感进行了定义：广义而言，遥感泛指各种非接触的、远距离的探测技术，根据物体对电磁波的反射和辐射特性，将来可能涉及声波、引力波和地震波；狭义而言，遥感是一门新兴的科学技术，主要指从远距离、高空以至外层空间的平台上，利用可见光、红外、微波等探测仪器，通过摄影或扫描、信息感应、传输和处理等过程，识别地面物质的性质和运动状态的现代化技术系统。

随着遥感基础理论、处理方法、应用模型和工程技术的快速发展，其内涵和外延正在不断拓展，形成了遥感科学与技术这一新兴的交叉学科（宫鹏，2009；阎守邕等，2013）。美国摄影测量与遥感学会（American Society for Photogrammetry and Remote Sensing，ASPRS）对遥感的定义充分体现了遥感从技术手段向科学技术体系的发展，早期美国摄影测量与遥感学会将遥感定义为：利用不与所研究目标或现象直接接触的记录设备，量测和获取目标或现象属性信息的技术[①]；1988 年则对摄影测量与遥感综合采用了一个新的定义：通过对非接触系统所采集的能量模式影像和数字表示进行记录、量测和解译，获取有关物理对象和环境可靠信息的艺术、科学和技术[②]，其中强调了遥感的科学、技术和艺术综合的理念（Jensen，2005）。

遥感是对地观测系统、对地观测方法和对地观测理论的总称，基本内容包括遥感技术、遥感理论和遥感应用（徐希孺，2005）。遥感技术主要解决获取地球表层信息的手段问题，包括传感器设计与制造、传感器的扫描姿态、数据传输、原始数据预处理等。遥感理论的主要任务是将数据（即传感器所提供的可测参数值）转化为可被人类理解的关

---

① 原文为 the measurement or acquisition of information of some property of an object or phenomenon，by a recording device that is not in physical or intimate contact with the object or phenomenon under study.

② 原文为 the art，science，and technology of obtaining reliable information about physical objects and the environment，through the process of recording，measuring and interpreting imagery and digital representations of energy patterns derived from non-contact sensor systems.

于地球表层的某种物理、几何、生物学及化学参数等的信息。遥感应用的任务是将信息转变为知识，即对地球表层系统物理过程及内在变化规律的认识和表达。遥感应用需要将遥感手段获得的信息与某学科的专题知识紧密结合，以便对地球表层系统的现状做出正确的描述，对其发展做出准确的判断（徐希孺，2005）。

遥感影像处理与信息提取在遥感科学技术体系中发挥着重要的作用，是遥感信息得到深入、全面、有效应用的关键。随着大量对地观测卫星的陆续发射，数据处理能力不足的矛盾日益突出，如何有效、自动地对获取的大量遥感数据进行快速处理和信息提取，充分发挥对地观测系统的效能，已成为急需解决的重大科学问题（龚健雅，2007）。

遥感影像处理涵盖的内容非常广泛，主要包括几何校正和辐射校正等预处理、影像增强和滤波、影像分类、专题信息提取和目标识别、地表参数定量反演、多源数据融合、变化检测等（Mather，2004；冯学智等，2011）。其中，分类是遥感影像处理中最重要的内容之一，其目标是将影像中的每个像元点归属于若干个类别中的一类，或若干专题要素中的一种，即完成将影像数据从灰度（光谱）空间转换到目标模式空间的工作。Mather（2004）对遥感影像分类的定义如下：将每个指定对象（像素或影像分割得到的均质区域）由 k 个特征描述的观测向量转变为一个类别标签①。

遥感影像分类的主要依据是像元的光谱测量值及其派生特征，即地物电磁辐射的单波段或多波段测量值及其他派生特征量、体现相邻像元空间排列规律和模式的空间特征、表达像元光谱特征动态变化的时态信息等。就某些特定地物的分类而言，多波段影像的原始记录值并不一定能很好地表达类别特征，需要对影像进行运算以寻找能有效描述地物类别特征的模式变量，然后利用这些变量对数字影像进行分类。

遥感影像分类的依据是像素特征向量的相似性度量，在理想条件下，同类目标在遥感影像中应具有相同或相似的光谱特征和空间特征，不同目标在遥感影像上则具有不同的光谱特征和（或）空间特征。图 1.1 为遥感影像分类的基本原理。

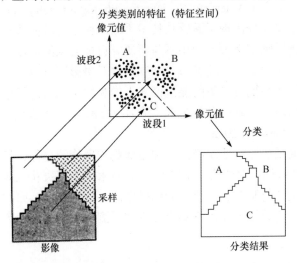

图 1.1　遥感影像分类的基本原理

---

① 原文为 image classification represents an attempt to convert a vector of measurements on k features describing a given object into a LABEL.

光谱特征通常是以地物在多/高光谱影像上的灰度（或反射率）体现出来，即不同地物在同一波段影像上表现的灰度一般互不相同，在多个波段影像上灰度的分布规律也不同，这就构成了在影像上区分不同地物的物理依据。如图 1.2 和图 1.3 所示，每一像元在不同波段影像中的观测量将构成一个多维的随机矢量（ X ），其中每个观测量可以看作一个变量，且称其为原始影像中像素的特征变量，即

$$X = [x_1, x_2, x_3, \cdots, x_n]^\mathrm{T} \tag{1.1}$$

式中， n 为影像波段总数； x_i 为地物影像点在第 i 波段影像中的灰度值（或反射率）。

受到"同谱异物、同物异谱"的影响，有时单独依靠原始光谱特征向量难以实现精确可靠的分类，而由原始数据提取的各种派生特征能够发挥重要作用，主要包括由多波段数据提取的具有特定意义的光谱特征、表达相邻像素空间排列规律的空间特征（如纹理特征、形态学剖面特征、小波变换特征等）。光谱–空间分类（spectral-spatial classification）是当前遥感影像分类的热点研究方向（Fauvel et al.，2013）。

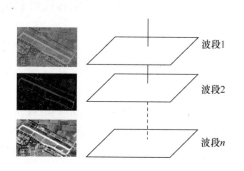

图 1.2　多波段影像示意图

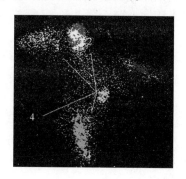

图 1.3　四维特征空间特征点群图

影响遥感影像分类性能的主要因素包括研究区景观复杂性、选用的遥感数据、影像处理和分类方法、用户需求、研究区的尺度、经济条件、用户技巧、样本和先验知识可获得性等（Lu and Weng，2007）。因此，针对特定的分类任务，需要综合考虑不同因素，选择合适的类别体系、遥感数据和分类器，结合区域特点收集各种辅助数据和训练样本。

1.1.2　遥感影像分类主要策略

1. 监督分类与非监督分类

遥感影像分类最传统的两种实现策略是根据是否引入训练样本，分为监督分类（supervised classification）和非监督分类（unsupervised classification）。监督分类是在已知类别的训练区提取各类别训练样本，通过选择特征变量确定判别函数或判别规则，然后利用该函数将各个像元划归到预先给定的信息类中。非监督分类则是在没有先验类别知识的情况下，根据影像本身的统计特征来划分地物类别（童庆禧等，2006；赵英时等，2003）。图 1.4 为监督分类和非监督分类的基本思想。

监督分类和非监督分类各具优缺点，二者之间能够优势互补，因此将非监督分类和监督分类集成[即混合分类（hybrid classification）]受到了研究人员的高度重视，主要方案如下：

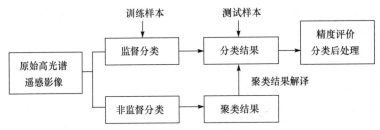

图 1.4　监督分类和非监督分类的基本思想

（1）先进行非监督分类，然后在聚类结果的基础上，利用先验知识和地面真实数据对聚类结果进行解译，辅助样本选择和知识提取，最后再对影像进行监督分类，这种方案采用非监督分类和地面参考数据形成一个综合训练过程，能够提供客观可靠的结果。

（2）先利用训练样本对影像进行逐像元监督分类，然后对原始影像进行非监督分类，对聚类得到的每一区域内的所有像素，按监督分类的类别结果利用多数投票法进行投票，确定该区域的类别（类似于面向对象分类的思想）。

结合监督分类和非监督分类的半监督分类（semi-supervised classification）是近年受到研究人员高度重视的分类策略。Bruzzone 等（2006）将半监督学习引入遥感影像分类的训练过程中，即在已知类别的训练样本不足的情况下，通过在训练过程中引入未知类别的样本（unlabeled samples），达到不断改进分类性能的效果。

2. 基于分类判据的实现策略

从分类采用的判据来看，遥感影像分类的策略如下：

（1）直接利用原始数据分类。对每一像素在各波段的灰度值或反射率形成的光谱向量，通过光谱向量相似性度量实现分类。分类的关键在于将待分类光谱（测试光谱）与已知类别的参考光谱和统计特征（由训练样本获取）按照一定的相似性度量准则进行分析，典型的分类算法包括最大似然分类器、最小距离分类器、光谱角制图（spectral angle mapper，SAM）分类器等，其过程如图 1.5 所示。

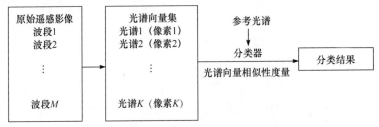

图 1.5　直接采用原始光谱向量作为分类依据

（2）先对原始遥感影像通过波段选择或特征提取进行降维处理，然后根据一定的准则选择若干降维后的分量作为分类判据，最后采用特定的分类器进行分类，如图 1.6 所示。

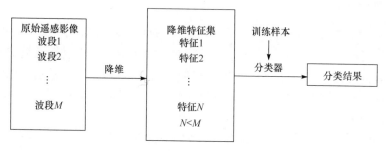

图 1.6　遥感影像降维后进行分类

（3）从原始遥感影像提取其他光谱特征和空间特征进行分类。根据地物光谱特性和遥感影像的综合优势，可以从原始遥感影像中获得新的派生特征，作为光谱特征的补充或单独用于遥感影像分类。最常用的派生特征，如利用近红外波段和红光波段计算的各种植被指数（vegetation index，VI），以及其他类似归一化差值植被指数（normalized difference vegetation index，NDVI）的指数特征，如归一化水体指数（normalized difference water index，NDWI）、归一化建筑物指数（normalized difference built-up index，NDBI）等。通过各种变换提取的具有一定物理意义的特征也在分类中得到广泛应用，如缨帽变换（Kauth-Thomas transformation，KT 变换）主要是针对 MSS 和 Landsat TM/ETM+多光谱影像，对于其他传感器获取的多光谱影像也有学者推导了类似的变换矩阵，以获取绿度、湿度、强度等特征。除这些物理含义明确的光谱类派生特征外，利用影像相邻像素间的空间关系，还可以计算各种派生的空间特征，如利用灰度共生矩阵计算的各种纹理统计量、Gabor 变换纹理特征、小波纹理特征，以及利用数学形态学变换形成的形态学剖面等（Benediktsson et al.，2003，2005；Fauvel et al.，2008；Mura et al.，2010a，2010b）。光谱–空间分类作为近年来遥感影像分类重要的研究方向，是提高分类精度、抑制分类不确定性的重要手段之一（Guindon et al.，2004；Fauvel et al.，2013；Huang et al.，2008；Ouma et al.，2008；赵银娣等，2006）。从遥感影像中反演定量的地表生物物理参量（如地表温度、土壤湿度、不透水面比例）等参与分类，也受到了研究人员的重视（Lu and Weng，2006）。

（4）引入时序信息的多时相遥感影像分类。由于地物空间范围和光谱特征（尤其是植被、水体等）的季节、时序变换，同一地表单元不同时相的遥感影像进行分类后往往得到不同的结果，所以在分类过程中考虑地物光谱特征季节变化规律（如植被物候）、地表动态变化趋势（如水体范围随季节和降雨等的变化），对于提高遥感影像分类的精度和准确率具有重要意义。时序遥感影像分类因此受到重视，其核心思想是引入时间维的特征和变量来进一步对光谱维特征和空间维特征予以补充（Gu et al.，2010；Lhermitte et al.，2011；Redo and Millington，2011；Demir et al.，2013）。

除以上利用遥感影像原始和派生的空间、光谱、时空等多维特征以外，在许多遥感影像分类的研究中，往往还会引入其他辅助数据和先验知识，如坡度、坡向、高程、土壤类型等，以使分类结果更符合地理规律和研究对象的特点，进一步提高分类的精度和可靠性。

3. 硬分类和软分类

硬分类（hard classification）是将遥感影像中的每个像素都赋予一个单一的类别，其划分依据是像素特征（光谱特征、纹理特征或多种特征混合）与已知各类别统计特征的相似性。硬分类首先通过对每个类别的训练样本进行统计得到该类别基本统计量，然后将各像素的特征与各类别的统计量进行计算比较，最后将距统计量最接近（相似性最高）的一个类别作为所处理像素的最终类别。

硬分类的两个基本假设如下：每个像素对应的地表均仅由一个类别覆盖；像素的类别由和其分类判别准则相似性最高的类别确定。很显然，这两个假设在实际应用中往往不能被满足，在多数情况下每个像素对应的实际地表范围往往不只是一种土地覆盖类别，而可能是多种土地覆盖类别同时存在，而当像素与多个类别中心统计特征的相似性差别较小时，将其归属为相似性最大的类别往往会忽略许多地学规律，如不同类别的重要性等。

针对这种不足，近年来软分类（soft classification）成为遥感影像分类中一个非常重要的方向。不同于硬分类假设每个像素都属于单一类别的假设，软分类根据像素对应地表范围往往由多个类别地物组成的实际情况，假设每个像素都可能属于多个类别，按照特定的算法模型计算像素与各类别的关系，分类提供的输出是该像素属于每一类别的概率，或者每一类别地物在该像素中的比例。目前，最主要的两种软分类方案是模糊分类和混合像元分解，模糊分类输出的是像素对各类别的隶属度，混合像元分解得到的则是各类别（端元）在所处理像素中的比例（丰度）。

很显然，软分类结果可以方便地转换为硬分类结果，取输出的像素属于各类别模糊隶属度中最大值对应的类别作为像素类别，可以将模糊分类结果转换为硬分类结果；而取像素中所占比例最大的端元类别作为像素类别，则可以将混合像元分解的软分类结果转换为硬分类结果。图 1.7 为遥感影像硬分类和软分类的关系。

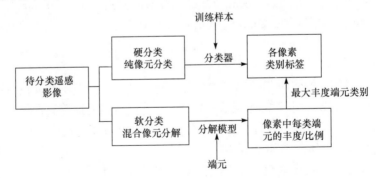

图 1.7　遥感影像硬分类和软分类的关系

4. 基于像素分类和基于对象分类

早期遥感影像分类以像素作为基本分类单元，通过逐一判断每个像素的类别实现对遥感影像的分类。由于以像素为基本单元的分类既不符合地理空间要素的分布规律，又不符合人脑认知和解译影像的模式，基于对象的分类（object-based classification）或面向对象的影像分类（object-oriented classification）成为一个新的研究热点，以其为核心议题的国际会议基于地学对象的影像分析（GEOgraphic Object-Based Image Analysis，GEOBIA）自 2006 年开始每两年召开一次。基于对象的遥感影像分类成为当前非常重要的研究方向，Blaschke（2010）、Blaschke 等（2014）对基于对象的影像分析进展进行了系统全面的总结和评述。

基于对象分类的基本思想如下（Navulur，2007；周成虎等，2009；Blaschke et al.，2008）：

（1）获得作为基本分类单元的对象。通常采用影像分割和参考矢量数据获取均质多边形对象，其中通过影像分割获得均质对象是当前采用的主要方案。

（2）提取描述对象的特征。以对象为基本单元，提取对象的光谱、纹理、形状等特征作为分类的判据。

（3）根据特征，采用特定分类方案实现对象类别的划分。

5. 单分类器和多分类器集成

早期遥感影像分类往往是选择单一分类器的输出作为分类结果。模式识别的理论和实践均表明，没有一个模式分类器在本质上优于其他分类器，最优分类器的选择受到多种因素的影响，如研究区景观结构、所选择的遥感影像特点、训练样本或先验知识、分类器本身特点等。因此，在实际分类任务中，往往需要应用多个分类器对遥感影像进行分类，然后根据分类任务的要求选择总体精度最高的分类器，或者对特定类别精度最高的分类器。在遥感影像识别领域，尽管其中一个或几个分类器有着较好的性能，但是不同分类器产生的误分类集合是不重叠的。由于单一分类器的不足和选择最适合分类器的困难，多分类器系统在遥感影像分类领域得到广泛应用。不同的分类器对于分类模式有互补信息，利用这种互补信息来提高识别性能，将多个分类器的输出信息联合起来进行分类决策是解决复杂分类问题的一种有效方法。多分类器系统在不同领域成功应用的优越性得到了遥感研究者的重视，并被视为控制遥感影像分类不确定性、提高分类精度的有效策略之一（承继成等，2004；Briem et al.，2002）。

就组合结构而言，多分类器的组合分为级联和并联两种形式，采用级联形式时前一级分类器为后一级分类器提供输入，参与下一级分类器的分类；采用并联形式时，各分类器是独立设计的，组合的目的是将单分类器的结果以适当的方式综合起来成为最终识别结果。

根据是否由训练样本产生多分类器或者是否由同类分类器构成多分类器系统，可以将多分类器集成分为基于训练样本的多分类器集成和基于分类器的多分类器集成。基于训练样本的多分类器集成通常是由同一基分类器生成的多分类器系统，如 Bagging、Boosting 等。基于分类器的多分类器集成则是将异质分类器用于待分类影像，最后融合这些异质分类器的输出得到最终类别。不同于统计投票理论是基于数据源相互独立性的假设而且所有训练样本只使用一次，这两种方法都是基于操作训练样本进行的，通常都是利用不同样本训练同一性质的分类器，采用投票或者加权投票组合各分类器的输出来确定最终的分类结果。

根据上述对遥感影像分类方法的总结，可将遥感影像分类流程框架分为三个主要部分：① 分类特征输入；② 分类方法（亚像元级、像元级和面向对象级）；③ 输出分类结果（图1.8）。

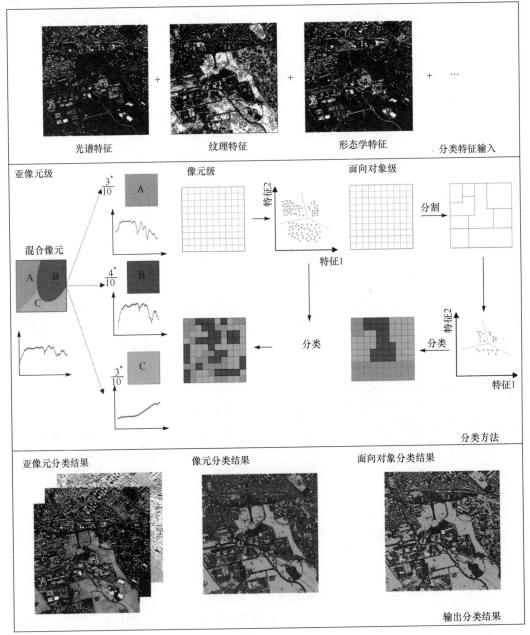

图1.8 遥感影像分类流程框架

*为各端元类别所占比例

综合以上分析，将遥感影像分类策略总结如图1.9所示。

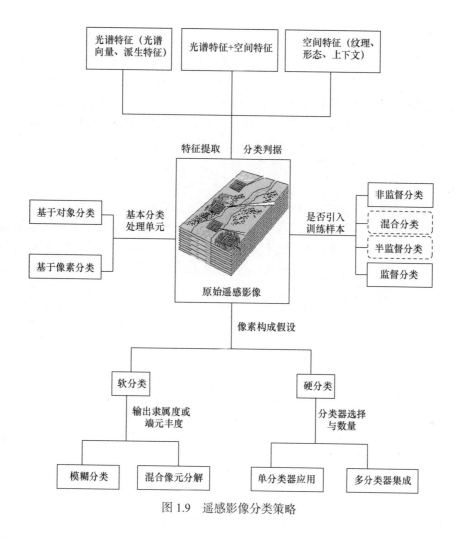

图 1.9　遥感影像分类策略

1.2　遥感影像分类技术流程和关键问题

1.2.1　技术流程

遥感影像分类的技术流程如下（Richards and Jia，2006；Lu and Weng，2007；杜培军等，2012）：

（1）分类策略选择。通过需求调查和任务分析，确定拟采用的分类策略。虽然传统的基于像素的硬分类（监督分类或非监督分类）仍然是目前遥感影像分类的主流，但根据应用任务和目标的特点，基于对象的分类、软分类（仅指混合像元分解）在某些应用中更为有效。例如，当分类结果用于和地理信息系统（GIS）矢量数据（尤其是多边形数据）进行叠加或应用目标关心的主要是面状信息时（如面源污染识别、地理国情普查与监测），面向对象的分类策略往往更为适用；当分类目标是实现对数量少但非常重要的信息进行识别时，这些小目标信息可能不足以在像素层次得到表达，因此混合像元分解可以获得不同像素中目标端元的比例（丰度），得到亚像元级的地物信息，如农业病虫害识别、作物胁迫分析等。

（2）类别体系确定。根据分类任务和目标，结合实地调查和其他先验知识、预期结果要求和相应的技术标准或规范，确定分类类别体系，如根据土地利用分类标准确定类别体系。

（3）遥感影像和辅助数据收集。根据任务要求和类别体系，综合考虑遥感影像的空间分辨率、光谱分辨率（波段配置）、数据可获得性等因素，收集适用的遥感影像。当卫星影像难以满足实际应用需求时，许多应用任务都需要进行航空或无人机遥感影像采集。在获取遥感影像的同时，还要收集相应的辅助数据，如区域地形图、土地利用图、野外调查数据等。

（4）样本选择。对于监督分类，训练样本和测试样本的选择非常重要，直接影响分类器性能和精度评价。样本选择需要在野外考察、区域土地利用图等先验知识和辅助数据的支持下进行，通常要求样本具有代表性、均匀分布、尽可能为同一类别的纯净像元，且测试样本和训练样本要尽可能独立，以保证分类精度评价的客观性。随着一些新型分类器如支持向量机（support vector machine，SVM）等的发展，在训练样本选择中也可以采用一些不同于传统思路的方案，如将混合像元作为支持向量机分类的训练样本（Foody and Mathur，2006）。

（5）影像预处理。遥感影像预处理的一般流程如下：数据浏览；波段调整[对于部分机载成像光谱仪如实用型模块化成像光谱仪（operational modular imaging spectrometer，OMIS）等，需要去除噪声严重的波段]；辐射补偿；条带噪声影响去除；影像几何校正；辐射定标（相对定标、经验线性法定标）；大气校正；光谱平滑处理等。

（6）特征提取与特征组合。特征提取在遥感影像分类中发挥着重要作用，结合各种特征提取算法的目标任务和实际经验，将特征提取划分为4个层次：① 以降维处理为目标的特征提取（如波段选择、主成分分析、最大噪声分离、独立分量分析等）；② 以光谱特征增强为目标的特征提取（如植被指数计算、光谱吸收指数计算、光谱吸收特征提取、红边特征计算、光谱微分分析等）；③ 以空间结构特征提取为目标的特征提取（如基于灰度共生矩阵的纹理特征、小波纹理特征、数学形态学剖面、基于马尔可夫随机场模型的上下文特征等）；④ 以特定目标识别为目标的特征提取与特征组合（如像元纯净指数等）。

（7）分类器选择和分类实施。分类器选择和分类实施是遥感影像分类最为重要的环节。对于相同的遥感影像、分类判据输入和训练样本，不同的分类器具有不同的分类性能，如何选择最佳或最适用的分类器是一个非常关键的问题。模式识别领域的研究表明，没有哪个模式分类器在本质上和理论上是最优的，如支持向量机分类器提出后，虽然大量试验研究表明其对于小样本、高维特征、含不确定性的数据（尤其是高光谱遥感影像）分类具有较好的性能，但一方面这仅是基于试验而非理论证明，另一方面支持向量机分类器的分类性能受核函数选择、参数设置等因素的影响，在许多情况下同样会出现其他分类器精度优于支持向量机分类器的现象。如何选择合适的分类器是一个极具挑战性的问题，常用的方案是选择多个分类器对待处理数据集进行分类，然后根据一定的准则（总体精度最高或对特定类别精度最高），选择某一分类器的结果作为最终输出。随着多分类器系统的发展，将多个分类器的输出进行决策级融合作为最终分类输出，是一种非常有效的方案。对于混合像元分解来讲，尽管线性光谱混合模型（linear spectral mixture model，LSMM）

是物理机制明确、应用最为广泛的算法，但其理论假设在有些情况下往往不成立，而且有时分解结果的可靠性较差，因此一些非线性混合像元分解算法也得到了较多应用。

（8）精度评价。精度评价是在选择分类器、完成分类后，采用一定的测试数据集（通常是独立于训练样本的测试样本）计算相应的精度评价指标，作为分类精度的量化评价。对于基于像素的硬分类，最通用的精度评价指标包括基于分类混淆矩阵的总体精度、Kappa 系数、生产者精度、用户精度等。对于基于对象的分类和混合像元分解等，目前还缺少统一的精度评价方案，一般采用残差等。

（9）分类后处理。对于得到的分类结果，有时还需要进行一些类别合并、类别调整等操作（尤其是当分出的类别较多时），或者进行其他人工解译后处理，以进一步提高分类结果的实用性。对于分类结果的应用，一方面需要按照遥感影像分类图制作的相关要求，制作最终的分类图或影像地图实现分类结果可视化；另一方面需要将数字化的分类结果进行格式转换等操作，以便与已有的其他数字资料进行综合分析，或者将分类结果导入 GIS 数据库，作为进一步分析决策的基础。

图 1.10 对遥感影像分类基本流程进行了总结。需要指出的是，图中对于软分类仅考虑了混合像元分解而未考虑模糊分类等，硬分类仅列出监督分类而未考虑非监督分类或半监督分类等。

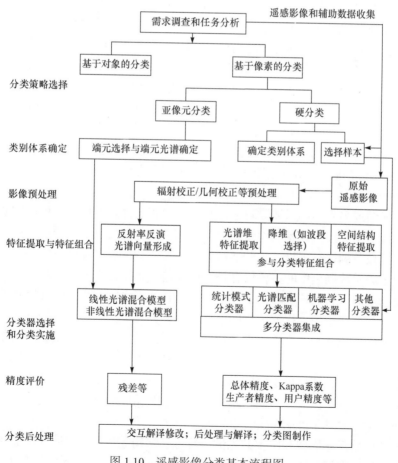

图 1.10　遥感影像分类基本流程图

1.2.2 遥感影像分类若干关键技术

（1）分类基本单元的选择。遥感影像的基本构成单元是像素，常规分类算法以像素为基本操作单元，对每个像素按照一定的准则赋予其某一类别。考虑到像素代表的地表实体往往具有空间连续性，相邻像素的特征往往具有一定的相似性，研究人员开始逐步重视在分类中考虑邻域特性，在像素层次上充分挖掘和利用空间对象的光谱和结构相似性，一些典型的处理方案包括分类后处理、纹理特征的引入和基于上下文的遥感影像分类。纹理或其他空间特征（如数学形态学剖面描述的结构特征）、上下文特征都是使用待处理像素邻域中其他像素的灰度或光谱信息进行计算而获得的特征统计量，虽然在特征计算中引入了邻域信息，但本质上仍然是基于像素的分类。地理空间中各种实体对象的分布往往具有连续性，人类对地理空间的认知是基于对象或要素本身而非单个像素对应的范围，因此基于像素的分类是一种单纯面向计算机的实施方案，既不符合地理空间和地表对象的分布规律，也不符合人类解译影像的认知规律。针对这种情况，近年来基于对象的分类成为遥感影像分类一个新的研究热点（Blaschke，2010；Lu and Weng，2007）。在基于对象的遥感影像分类中，首先通过影像分割、矢量地图等途径获得相对均匀的同质对象作为分类处理的基本单元，然后获取对象的光谱、结构、空间特征集，最后选择适当的分类算法对各个对象进行分类（Blaschke et al.，2008）。

（2）分类判据的选择。无论是基于对象的分类，还是基于像素的分类，决定分类基本单元最终类别的依据是选择的分类判据，即用来描述分类单元的特征集。以基于像素的分类为例，最直接的分类判据是选择待分类像素在各个波段上的特征量（灰度或反射率）构成一个特征向量（如灰度向量），作为分类的依据。从原始遥感影像中可以提取对特定类别地物识别或者分类有用的光谱特征，最典型的如各种植被指数和根据归一化差值植被指数概念提出的归一化水体指数、归一化建筑物指数等（Chen et al.，2006）。针对高光谱遥感影像中的光谱特征提取，导数光谱分析（derivative spectral analysis）或光谱微分（spectral derivative）、光谱吸收指数等都是常用的光谱特征提取算法（浦瑞良和宫鹏，2000）。

针对高光谱或多光谱影像波段较多、相邻波段相关性强等特点，可以按照一定的准则选择其中若干个波段，或者利用一定变换（如主成分变换、最大噪声变换、独立成分变换等）对原始数据进行降维，这些通过波段选择或特征提取降维后的特征集合或子集较好地保留了原始数据集中的主要信息量，可以输入分类器作为分类判据。

根据地物空间分布的特点，为了充分利用邻近像素之间的相似性在反映地物类别中的优势，从原始遥感影像中提取的空间结构特征在分类中得到广泛应用，如利用灰度共生矩阵计算的纹理统计量、小波纹理特征、数学形态学剖面等，以及利用马尔可夫随机场模型提取的上下文特征等。这些空间结构特征和上下文特征的引入，可以充分利用地物空间分布规律知识和邻近像素之间的相关信息，减少"异物同谱"的影响。综合光谱特征和空间特征的分类已成为当前提高遥感影像分类精度的有效途径之一，是遥感影像分类中的研究热点之一（Plaza et al.，2009）。

除了这些原始遥感影像和派生的光谱、纹理、结构等特征，遥感影像分类中还可以引入其他地学辅助数据，如数字高程模型（digital elevation model，DEM）、坡度、坡向、

LiDAR 数据、其他 GIS 数据集或者先验知识等。此外，多源遥感影像的融合也可为分类提供更有效的判据。

（3）分类器的选择。分类器选择是遥感影像分类中最关键的环节。根据目标需求、数据特点等选择分类策略，确定是采用监督分类还是非监督分类、是实施硬分类还是软分类、是基于像素的分类还是基于对象的分类。在确定分类策略后，可以结合所使用的软件功能模块等因素，选择具体的分类器，如监督分类中的最大似然分类器、最小距离分类器、光谱角制图分类器、决策树分类器、支持向量机分类器，以及非监督分类中的模糊 C 均值聚类、ISODATA 聚类等，或者是选择软分类中的模糊分类、混合像元分解等。模式识别的理论和实践表明，没有哪个分类器在本质上是优于其他分类器的，分类问题的本质、研究区特性、数据分布、先验知识等决定了哪个分类算法对特定问题能够产生有用的结果（Lu and Weng，2007）。选择合适的分类器，一方面需要经验和专家知识的指导，另一方面需要对不同分类器进行比较。由于不同分类器的性能不同，多分类器集成在遥感影像分类中得到了广泛应用。此外，可靠的遥感影像预处理、辅助信息的获取和应用也在遥感影像分类中发挥着重要作用。

1.3 常用遥感影像分类方法

1.3.1 常规监督分类方法

最小距离分类法是以特征空间中的距离作为像元分类的判别准则。每个像元由该像元各波段的反射率或灰度值构成的向量表示，以向量之间的距离作为分类的度量准则。最小距离分类法中通常使用欧氏距离、绝对值距离、马氏距离等距离判决函数。

在最小距离分类中，首先由训练样本得到每个类别的均值向量和协方差矩阵，然后以各类的均值向量作为该类在多维空间中的中心位置。计算输入影像中每个像元到各类中心的距离，到哪一类中心的距离最小，则该像元就归入哪一类。最小距离分类法原理简单，计算速度快，可在快速浏览分类概况中使用。

最大似然分类法是基于贝叶斯分类准则的监督分类方法。最大似然分类的基本前提是认为每一类的概率密度呈正态分布，由每一类的均值向量和协方差矩阵可以得到它在多维空间的多维正态分布密度函数。将未知类别的像元向量代入各类别的概率密度函数中，通过计算像元属于各类别的归属概率，将像元归入概率最大的类别中。

平行多面体分类法相当于在多维数据特征空间中划分出若干个互不重叠的平行多面体块段（特征子空间），如二维情况下为矩形，每一块段是一类。应用这种方法进行分类需要由训练样本学习产生基本统计量信息，包括每个类别的均值向量和标准差向量。平行多面体分类法比较简单，计算速度比较快。该方法按照各个波段的均值与标准差划分平行多面体，其与实际地物类别数据点分布的点群形态不一致，因此会造成两类互相重叠、混淆不清的情况。

直接基于像元光谱相似性进行分类也是一种常用的方法，尤其是对高光谱遥感影像。最小距离分类实际上是基于光谱相似性度量的一种分类方案，以距离作为光谱相似性度量指标。基于光谱相似性度量的分类方法非常简便，即对每个类别确定其参考光谱（向量），再针对每个待确定类别的测试光谱，计算其与各参考光谱的相似性，取相似性最高的参考光谱类别作为该测试光谱的最终类别（van de Meer，2006；杜培军等，2006）。最为常用的度量指标包括光谱角（spectral angle，SA）、光谱信息散度（spectral information divergence，SID）、光谱互相关（spectral correlation measure，SCM）等。

1.3.2 人工神经网络分类器

人工神经网络（artificial neural network，ANN）是 20 世纪 90 年代以来飞速发展的计算智能技术的主要组成部分。人工神经网络是人脑的一种抽象、简化和模拟，是由大量处理单元（神经元）相互连接的网络结构，用于模仿人的大脑进行数据接收、处理、存储和传输。人工神经网络信息处理是由神经元之间的相互作用来实现的，知识和信息的存储表现为网络结构分布式的物理联系，网络的学习和决策过程取决于各神经元连接权值的动态变化过程。人工神经网络由于具有强抗干扰、高容错性、并行分布式处理、自组织学习和分类精度高等特点而得到广泛应用（靳蕃，2000；周成虎等，1999；骆剑承等，2002；韩力群，2006）。

人工神经网络由 3 个基本要素构成：处理单元、网络拓扑结构、训练规则。处理单元是人工操作的基本单元，模拟人脑神经元的功能。一个处理单元有多个输入及输出路径，输入端模拟人脑神经的树突功能，起到信息传递的作用，输出端模拟人脑神经的轴突功能，将处理后的信息从一个处理单元传给下一个处理单元，具有相同功能的处理单元构成处理层。

人工神经网络学习的本质特征在于神经元特殊的突触结构所具有的可塑性连接，而不同调整连接权值的方式构成了不同的学习算法。人工神经网络学习规则主要有联想式学习、误差传播学习、概率式学习和竞争式学习 4 种规则（靳蕃，2000；韩力群，2006）。

根据不同的规则，人工神经网络可以有不同的分类体系，表 1.1 列出了几种有代表性的人工神经网络模型。

表 1.1　常用的人工神经网络模型

网络模型名称	学习规则	主要用途
ART1、ART2	竞争式学习	复杂模式分类
BAM	HEBB 规则	语音处理
BP	误差传播学习	模式识别
Perceptron	误差传播学习	线性分类、预测
Adaline	误差传播学习	分类、噪声抑制
BM	模拟退火	组合优化
Neocognitron	HEBB 规则	模式识别
RBF	误差传播修正	模式识别
Hopfield	无学习	优化、联想
Kohonen	自组织特征映射、学习矢量量化	聚类
BSB	HEBB 规则	分类

国内外众多学者将人工神经网络应用到遥感各领域，取得了丰富的成果，主要包括：① 遥感影像分类；② 遥感影像分割和压缩；③ 遥感数据参数反演；④ 遥感地学模型的构建。其中，应用最多的是影像分类和信息提取（Gopal et al., 1999; Kavzoglu and Mather, 2003; 周成虎等, 1999; 骆剑承等, 2001, 2002; Liu et al., 2004）。

人工神经网络遥感影像分类是通过建立统一框架，利用人工神经网络技术的并行分布式知识处理手段，实现对影像的视觉识别和并行推理（周成虎等, 1999; 骆剑承等, 2001）。实践表明，人工神经网络在数据处理速度和地物分类精度上通常优于传统遥感影像分类方法，特别是当地物统计分析明显偏离假设的高斯分布时，其优势更为突出。

目前，人工神经网络应用于遥感影像处理的主要实现方法如下：

（1）部分商业遥感影像处理软件中已具有人工神经网络分类功能，可以应用这些软件进行遥感影像分类。

（2）应用一些工具软件的神经网络工具包进行遥感影像处理。MATLAB 神经网络工具箱是遥感影像处理非常有效的工具软件，不仅在于其本身提供的丰富的神经网络学习算法、应用函数，还在于其可以充分应用 MATLAB 提供的矩阵运算、影像处理、影像变换、影像输入/输出等强大的功能。此外，IDL 也提供了大量神经网络函数可以应用于遥感影像处理。

（3）采用某种程序开发语言从底层进行人工神经网络算法编程，并进行应用分析。

相对而言，采用商业软件中的人工神经网络模块进行处理最为方便高效，在一些算法试验分析中，则可以采用 MATLAB 和 IDL 进行试验。

反向传播神经网络（back propagation neural network, BPNN）是由 Rumelhart 和 McCelland 等提出的、采用误差反传算法作为其学习规则进行有监督学习的前馈网络，它需要相当数量的已知样本进行学习训练，以便找出且记住输入样本模式与分类类别之间的关系。通常把待分类的地物对象的条件集合或特征组合作为反向传播网络的输入模式，并给出期望输出模式（预测类型）（Rumelhart, 1986; Kavzoglu and Mather, 2003）。

反向传播神经网络是一种单向传播的多层前馈神经网络，其结构包括输入层、隐含层和输出层。同一层神经元之间不互连，不同层神经元之间则全互连。神经网络的权重通过若干个神经元（计算元素）由前馈或反馈相互连接，这些神经元位于隐含层，用于连接输入层和输出层。输入信号从输入层结点依次传过各隐含层结点，然后传到输出层结点，每一结点的输出只影响下一层结点的输入。在结构上最简单，也是最常用的是由输入层、隐含层、输出层构成的三层反向传播网络，如图 1.11 所示。

其中，输入层的 L 个结点对应 L 个输入特征（对应遥感影像分类中的波段数），输出层有 N 个结点，与网络的 N 个输出响应相对应（对应遥感影像分类中的类别）。隐含层的结点数则要根据实际确定，现在通用的方法是设置不同的隐含层数比较其效率。也有学者认为，隐含层结点数目应大于输入层结点数目的 2 倍。可以证明，在隐含层结点可以根据需要自由设

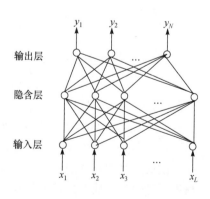

图 1.11　反向传播神经网络的结构

置的情况下，用三层反向传播网络可以任意精度逼近任意连续函数，因此在实际中应用较多的都是三层网络。

对反向传播网络进行训练实质上就是不断输入训练样本，根据网络输出与期望输出的差值，对权值进行调整，直到误差小于限差；当网络满足所有的训练样本时可用于对未知样本进行分类。

但是，反向传播算法也存在一些限制，主要如下：① 易于停留在局部极小而无法得到全局最优解；② 网络的收敛速度慢；③ 神经网络的结构难以确定；④ 在学习中新样本有遗忘旧样本的趋势，且要求表征每个样本的特征数目相同；⑤ 缺乏反馈连接，影响了信息交换的速度和效率；⑥ 学习速率缺乏有效的选择方法。

由于反向传播网络存在以上限制，在实际应用时，必须根据处理和分析对象的特点以及预期目标，对算法和模型进行改进和优化。一般可从以下几方面对反向传播算法进行改进（周成虎等，1999；Kavzoglu and Mather，2003）：输入向量的预处理；网络结构优化设置；学习速率 η 的自适应性动态调整；引入动量项，加大权值间隔；各权值及阈值的初始值应设定为均匀分布的小数经验值；利用遗传算法（genetic algorithm，GA）进行网络权值和网络结构的优化；地理信息及知识的辅助决策；神经网络模型之间或与统计模型、语义处理模型等相结合形成结构化神经网络模型。

径向基函数神经网络（radial basis function neural network，RBFNN）是参数化的统计分布模型与非参数化线性感知器模型相结合的一种前向神经网络模型。根据模式识别理论，低维空间的非线性可分问题可映射到一个高维空间，且其在此高维空间中线性可分。径向基函数的映射原理就是用分解的统计密度分布来表示稀疏样本空间中的非统计混合密度分布，然后用神经网络连接结构来获得各类别的映射。通过径向基函数，把低维空间的非线性可分问题映射到一个高维空间，使其在高维空间中线性可分。径向基函数分类算法中关键的环节是如何选择径向基中心，最常用的方法是 K 均值法（Camps-Valls et al.，2004；周成虎等，1999）。

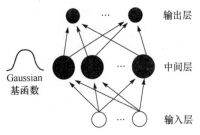

图 1.12　径向基函数神经网络结构

径向基函数神经网络结构为 3 层（图 1.12）。中间层表示特征空间按照一定密度分布的中心点，样本输入分别对应各中心点，通过一个非线性径向基函数得到中间层的竞争输出。中间层的状态包括中间层结点的个数及其状态值，反映了样本空间中数据的离散分布状况。输出层是对中间层输出的线性映射。从输入层到中间层的学习可通过一般的聚类算法形成中间层的状态，从中间层到输出层的学习可通过最小均方误差算法实现线性映射关系。

图 1.13 为径向基函数神经网络遥感影像分类模型的流程图（骆剑承等，2001）。主要过程包括遥感影像聚类处理（A）、径向基函数神经网络学习（B）、遥感影像分类（C）3 个模块。其中，遥感影像聚类处理模块包括遥感影像采样、生成样本数据集及样本数据集通过聚类生成径向基函数神经网络的中间层结点 2 个子模块。径向基函数神经网络的中间层和输出层之间的权值 W 通过对样本数据的输入（X，Y）进行梯度下降运算使得误差达到最小。输入向量 X，通过径向基函数得到中间层的输出值，再与 W 线性乘积获

得输出层的输入，通过最大值竞争获得 X 的归属类别（C）。

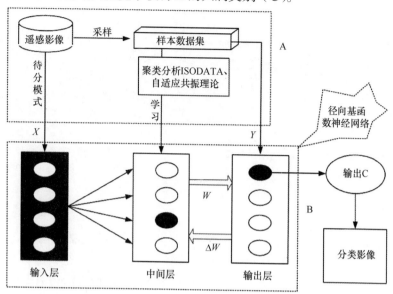

图 1.13　径向基函数神经网络遥感影像分类模型的流程图
资料来源：骆剑承等（2001）

自适应共振理论（adaptive resonance theory，ART）是一种自组织产生认知编码的神经网络理论，通过其自组织反馈功能，实现增量式学习，使系统能兼顾适应性和稳定性。自适应共振理论的目的是将竞争学习模型嵌入一个自调节控制机构，使得当输入充分类似于某一已存模式时系统才接受它，而当不够类似时则作为新的类别来处理。Carpenter 等（1992，1997）提出将自适应共振理论网络用于非监督聚类分析、二进制数据监督分类，于 1992 年提出模糊 ARTMAP 网络。模糊 ARTMAP 网络由两个自适应共振理论模块组成，采用模糊算子处理连续数据。对于遥感影像提供的高维数据，普通的模糊 ARTMAP 网络往往不适合使用，因为模糊 ARTMAP 网络结构较复杂，而补码算法又进一步使神经元的数量增加，严重影响样本训练和影像分类。在综合模糊 ARTMAP 网络和 HypersphereARTMAP 网络优势的基础上，可以构建适用于高维遥感影像的分类器——简化模糊 H-ARTMAP（simplified fuzzy H-ARTMAP）网络。网络结构如图 1.14 所示（张伟等，2008）。

简化模糊 H-ARTMAP 网络主要有两层结构：第一层用于输入特征数据，神经元数目等于数据的特征维数；第二层用于遥感影像的增加式学习或分类，神经元数目由训练学习过程决定。最上层只是一个类标签层，标明类输出层神经元的模式类别，m 为模式类别个数。

熊桢等（2000）提出了一种高阶神经网络，该神经网络没有隐含层，其模式划分界面是非线性的，试验表明该神经网络在速度、精度和结构方面相对其他神经网络算法具有一定的优势。高阶神经网络结构简单，没有隐含层，训练速度快，分类精度高，可以有效地避免局部最小问题，能够很快收敛于全局最小，对复杂训练样本具有很好的适应能力。只要网络结构设置合理，训练样本选择恰当，输入特征有效，高阶神经网络就会得到很高的分类精度。图 1.15 为高阶神经网络结构图。

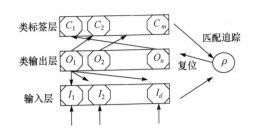

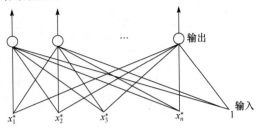

图 1.14　简化模糊 H-ARTMAP 网络结构图
资料来源：张伟等（2008）

图 1.15　高阶神经网络结构图
资料来源：熊桢等（2000）

1.3.3　决策树分类器

决策树（decision tree，DT）分类器是一种多级分类方法，在机器学习、知识发现等领域得到广泛应用。对一个分类问题或规则问题，决策树的生成是一个从上至下、分而治之的过程（Quinlan，1986，1993）。在数据处理过程中，该方法将数据按树状结构分成若干分枝，每个分枝包含数据的类别归属共性，这样可从每个分枝中提取有用信息，形成分类规则。

决策树由一个根结点（root nodes）、一系列内部结点（internal nodes，决策点）及终级结点（terminal nodes，叶结点）组成，每个结点只有一个父结点和两个或多个子结点。在分类时常以两类别的判别分析为基础，分层次逐步比较，层层过滤，直到达到分类目的。如图 1.16 所示，一次比较总能分割成两个组，每一组新的分类又在新的决策下可再

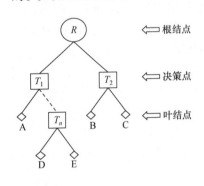

图 1.16　决策树分类器

分。如此不断地往下细分，直到所要求的终级（叶结点）类别分出。于是在根级与叶级之间就形成了一个分类树结构，在树结构的每一分枝点处可以选择不同的特征用于进一步地有效细分类。

任何一次分类在分类树中都叫作一个决策点，分类过程可以有多个决策点，每个决策点的决策函数可以来源于多种类型的数据。在决策树分类方法中常使用的分类特征包括原始光谱数据及利用光谱数据计算出的指数（如植被指数）、光谱运算值、主成分分量等。

事实上，决策树分类器的特征选择过程不是由根级到叶级的顺序过程，而是由叶级到根级的逆过程，即在预先已知叶级类别样本数据的情况下，根据各类别的相似程度逐级往上聚类，每一级聚类形成一个树结点，在该结点处选择对其往下细分的有效特征。由此往上发展到根级，完成对各级各类的特征选择。在此基础上，再根据已选出的特征，从根级到叶级对整个影像全面地逐级往下分类。对于每一级处的特征选择，为了使一个可分离性准则既能用于特征选择，又能用于聚类，可使用 Bhattacharyya 距离准则（简称 B 距离准则）来表征两个类别 C_i 和 C_j 之间的可分性，其表达式为

$$D_{ij} = \frac{1}{8}(\boldsymbol{M}_i - \boldsymbol{M}_j)^\mathrm{T} \left[\frac{\boldsymbol{\Sigma}_i + \boldsymbol{\Sigma}_j}{2} \right]^{-1} (\boldsymbol{M}_i - \boldsymbol{M}_j) + \frac{1}{2} \ln \frac{\left| \frac{1}{2}(\boldsymbol{M}_i + \boldsymbol{M}_j) \right|}{\left| \boldsymbol{M}_i \right|^{\frac{1}{2}} + \left| \boldsymbol{M}_j \right|^{\frac{1}{2}}} \qquad (1.2)$$

式中，$\boldsymbol{M}_i$ 和 $\boldsymbol{M}_j$ 分别为 C_i 和 C_j 类集群的均值向量；$\boldsymbol{\Sigma}_i$ 和 $\boldsymbol{\Sigma}_j$ 分别为 C_i 和 C_j 类集群的协方差矩阵；D_{ij} 为 C_i 和 C_j 类集群之间的 B 距离。

依据上述分类思想，以样本数据为对象逐级找到分类树的结点，并且在每个结点上记录所选特征影像编号及相应判别函数的参数，则可以从根结点到叶结点逐级进行决策判断，按"若 $D_{ij} > 0$，则 X 属于 C_i，否则 X 属于 C_j"的判别规则，逐级地在每个结点上对样本以外的待分类数据进行分类，这便是决策树分类法的原理。由此可知，判别函数的确定通常与特征选择密切相关。一旦分类结束，不仅各类之间得到区分，而且还确定了各类类别属性。

构造一个决策树分类器通常分为两步：树的生成和剪枝。

1）树的生成

树的生成采用自上而下的递归分治法。如果当前训练样本集合中的所有实例是同类的，构造一个叶结点，结点内容即该类别。否则，根据某种策略选择一个属性，按照该属性的不同取值，把当前实例集合划分为若干子集合。对每个子集合重复此过程，直到当前集合中的实例为同类。

2）剪枝

剪枝是对上一阶段生成的决策树进行检验、校正和修正的过程，剪枝就是剪去那些不会增大树的错误预测率的分枝。其实质是采用新的测试数据集中的数据检验决策树生成过程中产生的初步规则，将那些影响预测准确率的分枝剪除。剪枝的目的是获得结构紧凑、分类准确率更高、稳定的决策树。经过剪枝，不仅能有效地克服噪声，还能使树变得简单，容易理解。

常用的决策树构建算法主要包括 ID3、C4.5/5.0、CART 等（Quinlan，1986，1993；Breiman et al.，1984）。相比其他分类模型，决策树具有以下优点：① 原理简单易懂，易于生成可理解的规则；② 速度较快，计算量较小；③ 可以清晰显示哪些属性对分类比较重要。但决策树也存在如下缺点：① 类别较多时，错误可能会增加得比较快；② 决策树分类算法是一种"贪心"搜索算法，因此决策树模型往往只是达到某种意义上的局部最优，没有达到全局最优。

1.3.4 支持向量机分类器

支持向量机的理论基础是 Vapnik 和 Chervonenkis 提出的统计学习理论（statistical learning theory，SLT）（Vapnik，1995，2009）。支持向量机作为一个监督的非参数学习过程，可以看作一个训练多项式的基本函数，或者是多层感知分类器，利用线性不等式和等式约束条件，通过解决一个二次规划（quadratic programming，QP）问题来查找分类器的权重。支持向量机使用了结构风险最小化（structural risk minimization）准则。经验风险使训练集的误分类误差最小化，而结构风险使对一个先前看不见的、随机地从某个确定但未知的概率分布中提取的数据点进行错误分类的概率最小化。

支持向量机具有适用于高维特征空间、小样本统计学习、抗噪声能力强等特点，在遥感影像分类中的一些试验表明其具有比传统最大似然分类器、人工神经网络分类器（如反向传播神经网络、径向基函数等）更高的精度。Gualtieri 和 Cromp（1999）率先将支持向量机应用于高光谱遥感影像分类，Huang 等（2002）评价了支持向量机在土地覆盖遥感分类中的应用效果，Melgani 和 Bruzzone（2004）深入研究了支持向量机在高光谱遥感影像分类中的应用。关于支持向量机应用于遥感领域的最新进展，可以参考 Mountrakis 等（2011）的综述论文。

假设 k 个训练样本表示为 $\{x_i, y_i\}$，$i = 1, \cdots, k$。这里 $x \in R^n$ 为一个 n 维的向量，$y \in \{-1, 1\}$ 为类标识。如果能定义一个向量 w 和一个标量 b 且满足式（1.3）和式（1.4），那么这些训练模式是线性可分的。

$$w \cdot x_i + b \geqslant 1，\text{当} y = 1 \text{时} \tag{1.3}$$

$$w \cdot x_i + b \leqslant -1，\text{当} y = -1 \text{时} \tag{1.4}$$

支持向量机的目的是找到能分开数据的超平面（hyperplane），以使所有具有相同类别标识的点都处于超平面的同一边，即寻找 w（超平面的法向量）和 b，满足：

$$y_i(w \cdot x_i + b) > 0 \tag{1.5}$$

如果存在一个满足不等式（1.5）的超平面，那么就说这两类是线性可分的。在这种情形下，总是可以重新调节 w 和 b，使

$$\min_{1 \leqslant i \leqslant k} y_i(w \cdot x_i + b \geqslant 1) \tag{1.6}$$

也就是说，从最近点到超平面的距离是 $1/\|w\|$，则不等式（1.5）可以写成：

$$y_i(w \cdot x_i + b) \geqslant 1 \tag{1.7}$$

到最近点距离为最大的超平面被称为最优分类超平面（optimal separating hyperplane，OSH），如图 1.17 所示。由于从最近点到超平面的距离是 $1/\|w\|$，在式（1.7）约束下，可通过最小化 $\|w\|^2$ 寻找最优分类超平面。最小化程序运用拉格朗日乘子（Lagrange multipliers）和二次规化最优化方法，如果 λ_i $(i = 1, \cdots, k)$ 是与式（1.7）相关联的非负拉格朗日乘子，最优化问题就变成一种最大化求解：

$$L(\lambda) = \sum_i^k \lambda_i - \frac{1}{2} \sum_{i,j}^k \lambda_i \lambda_j y_i y_j (x_i \cdot x_j) \tag{1.8}$$

其约束条件：$\lambda_i > 0$，$i = 1, \cdots, k$。

如果 $\lambda^a = (\lambda_1^a, \cdots, \lambda_k^a)$ 是式（1.8）最大化问题的一个最优解，那么最优分类超平面可表示如下：

$$w^a = \sum_i y_i \lambda_i^a x_i \tag{1.9}$$

当式（1.7）中的等式成立时，支持向量是 $\lambda_i^a > 0$ 的那些点。

如果数据不是线性可分的，如图 1.18 所示则可以引入一个松弛变量（slack variable）$\xi_i \geqslant 0 (i = 1, \cdots, k)$，式（1.7）可改写为

$$y_i(w \cdot x_i + b) + \xi_i \geqslant 1 \tag{1.10}$$

通过运用下列条件式可获得广义的最优分类超平面（generalized OSH），也称软间隔超平面（soft margin hyperplane）的解。

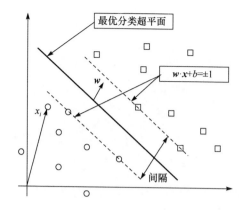

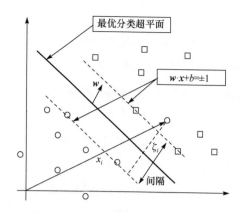

图 1.17　最优分类超平面和支持向量示意图　　　　图 1.18　线性不可分数据集的超平面

$$\min_{\boldsymbol{w},b,\xi_1,\cdots,\xi_k}\left[\frac{1}{2}|\boldsymbol{w}|^2 + C\sum_{i=1}^{k}\xi_i\right] \tag{1.11}$$

$$y_i(\boldsymbol{w}\cdot x_i + b) + \xi_i \geqslant 1 \tag{1.12}$$

$$\xi_i \geqslant 0,\quad i = 1,\cdots,k \tag{1.13}$$

式（1.11）中的第一项与线性可分情况一样是用于控制学习能力的，第二项用于控制被错分的点的数目，惩罚参数 C 可由用户选定。C 值越大，意味着对错误赋予更高的惩罚（图 1.19）。

在不可能利用训练样本通过线性等式定义超平面的情形下，可对线性等式进行扩展，以便对非线性数据的决策面进行定义。通过引入非线性的映射变换，将输入数据映射到更高维的特征空间中，在高维的特征空间中，可寻求线性超平面对数据进行划分。运用 $\boldsymbol{x}$ 在特征空间中的映射 $\varPhi(\boldsymbol{x})$ 替代 x 后，式（1.8）可改写为

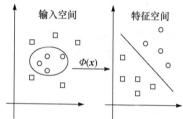

图 1.19　非线性可分情况

$$L(\lambda) = \sum_i \lambda_i - \frac{1}{2}\sum_{i,j}\lambda_i\lambda_j y_i y_j (\varPhi(x_i)\cdot\varPhi(x_j)) \tag{1.14}$$

为了在特征空间中使计算更容易，引入核函数 K（kernel function K）：

$$K(x_i, x_j) = \varPhi(x_i)\cdot\varPhi(x_j) \tag{1.15}$$

如此，解式（1.14）时仅计算核函数，而不是 $\varPhi(\boldsymbol{x})$。

选择不同的核函数可得到不同的支持向量机，常用的核函数如下：

（1）线性核（Linear）：$K(x_i, y_j) = x_i^{\mathrm{T}}\cdot y_j$；

（2）多项式核（Polynonial）：$K(x_i, y_j) = [\gamma(x_i^{\mathrm{T}}\cdot y_j)+r]^d$，$\gamma>0$，$r$ 为常数，通常取 1；d 为自然数；

（3）高斯（径向基函数）核（RBF）：$K(x_i, y_j) = \exp(-\gamma\|x_i - y_j\|)^2/2\sigma^2$，$\gamma>0$，$\sigma$ 为训练中的参数；

最初，支持向量机是为二元分类（two-class）问题设计的。当要处理几个类别时，则需引入多类分类支持向量机（multi-class SVMs，MCSVMs）。

（1）一对多（one against the rest）方法：让一个特定的类与所有其他类在一起比较，产生 n 个分类器（n 是类别的个数）。

（2）一对一（one against one）方法：两类之间进行成对比较，任意两个不同的类需构造一个两类分类器（two-class classifier），k 个类共需构造 $\frac{k(k-1)}{2}$ 个二类支持向量机分类器。

研究人员也提出了其他解决支持向量机多类分类的方法，如有向无环图多类支持向量机（direct acyclic graph SVM，DAG SVM），在训练阶段和一对一方法一样，也要构造出任意两类间的分类器，共 $\frac{k(k-1)}{2}$ 个，但在分类阶段，则将所用分类器构造成一种有向无环图，包括 $\frac{k(k-1)}{2}$ 个中间结点和 k 个叶结点。其中，每个中间结点为一个支持向量机分类器，并与下一层的两个结点（或者叶）相连；每个叶结点对应一样本类别。当对一个未知样本进行分类时，首先从顶部的根结点开始，根据根结点的分类结果用下一层中的左结点或者右结点继续分类，直到达到底层某个叶结点，该叶结点所代表的类别即未知样本的类别。二叉树支持向量机（binary tree support vector machine，BT-SVM）首先将所有类别分成两个子类，再将子类进一步划分成两个次级子类，如此循环下去，直到得到一个单独的类别，最终将得到一个支持向量机的二叉分类树。如此，原有的多类问题被分解成一系列的两类分类问题。如果其中每两个子类间的分类器采用支持向量机，则称该算法为二叉树支持向量机。

经过近 20 年的发展，支持向量机应用于遥感影像分类目前主要体现出以下特点：

（1）针对核函数的研究一直是重要方向。虽然在多数情况下径向基核函数能够取得优于其他核函数的效果，但径向基核函数并非总是最优的核函数。研究人员在核函数参数选择与优化方面开展了大量工作，且进行了新型核函数的研究。通过比较分析常见的核函数，Du 等（2010）提出一种基于再生核 Hilbert 空间（reproducing kernel Hibert space，RKHS）的小波核，可以逼近任意非线性函数，有效地解决了参数估计的影响。Tan 和 Du（2011）提出一种多核分类器，利用小波变换提取纹理特征，分别对纹理特征和光谱特征采用独立的核函数，构建了基于支持向量机的多核分类器。Camps-Valls 等（2006，2008）提出了多种支持向量机混合核函数的概念，在遥感影像分类中得到了有效应用。

（2）各种支持向量机的改进或其他类似分类器成为一个新的热点方向，如相关向量机（relevance vector machine，RVM）、输入向量机（import vector machine，IVM）（Braun et al.，2012）。此外，核方法在遥感影像分类中也得到了广泛应用（Camps-Valls and Bruzzone，2005；Camps-Valls et al.，2006，2008）。

（3）在支持向量机分类器中综合采用多种特征，如光谱特征、结构特征、纹理特征等，其中最具代表性的是光谱特征与空间特征的综合（Huang and Zhang，2013）。结合空间上下文信息能有效地提高遥感影像分类精度，这类方法统称为光谱-空间法。光谱-空间法一般利用两种策略结合空间信息和光谱信息：第一种是将空间上下文信息（如纹理特征、数学形态学特征）与光谱特征融合为一个特征集，然后对该特征集进行分类；

第二种称为空间背景信息决策法，基于空间邻域内像元属于同一类别概率较大的假设，通过重新定义像元在影像中的位置，聚集邻域内类别标签一致的像元，该方法是对分类结果的一种后处理。空间背景信息决策法常用到的集成方法有基于监督分类和分割的集成方法、监督分类和非监督分类的集成方法和基于马尔可夫随机场的方法等。

（4）支持向量机与半监督学习、主动学习等新型机器学习算法结合，进一步推进了支持向量机分类的研究。比较经典的有直推式支持向量机（transductive support vector machine，TSVM）（Joachims，1999）、半监督支持向量机（semi-supervised support vector machines，S^3VM）（Bruzzone et al.，2006）。

（5）支持向量机的应用从纯像元硬分类逐步发展到端元提取、混合像元分解等方面（Filippi and Archibald，2009；王立国和赵春晖，2013），将支持向量机的输出值转化为两两配对的后验概率，再使用两两配对的概率值求得多类后验概率，并将最终像元所属类别的后验概率作为地物的组分信息。

1.3.5　基于人工免疫系统的分类

人工免疫系统（artificial immune system，AIS）是受生物免疫系统的启发而产生的一种新型智能计算方法，钟燕飞等（2005）将人工免疫系统应用于遥感影像分类，取得了优于传统分类方法的分类效果。利用人工免疫系统对遥感影像进行分类可通过以下 3 个步骤实现：首先，选择训练样区；其次，利用人工克隆选择算法对训练样区的样本进行训练，最终得到各个样区所代表类别的聚类中心；最后，利用得到的聚类中心对整幅遥感影像进行分类。人工克隆选择算法基本流程如图 1.20 所示。

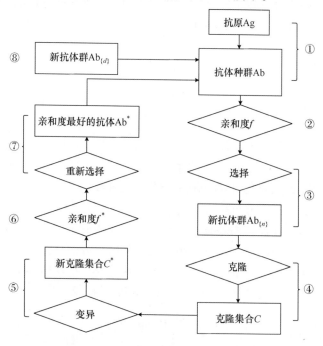

图 1.20　人工克隆选择算法基本流程图

资料来源：钟燕飞等（2005）

1.3.6　基于极化散射机理的 SAR 影像分类

与光学遥感影像处理相比，极化 SAR 影像分类一方面可以基于影像统计特征进行，另一方面可以利用极化 SAR 物理散射机制的固有特性进行。极化 SAR 影像特征可以分为三大类，一是基于测量数据简单变换和选择的特征；二是极化目标分解的特征；三是由传统影像延伸到极化 SAR 影像的特征（焦李成等，2008；王超等，2008；金亚秋和徐丰，2008；Lee et al.，2001）。

基于测量数据简单变换和选择的特征主要包括散射矩阵、协方差矩阵、通道极化强度系数、相关系数对数和相位差特征（王超等，2008；Dong et al.，2001；Borghys et al.，2006）。极化目标分解的特征主要由 Huynen 分解、Krogager 分解、Cameron 分解、H/α分解得出的分解系数、散射量和特征值等观测量组成（王超等，2008；Cloude and Pottier，1996；Yang et al.，2006）。选择极化目标分解中有效的观测量一直是极化 SAR 影像分类、信息提取的重要方面。其中，由 H/α 分解衍生出的具有明确物理意义的特征与其他极化特征的结合在近年来得到广泛应用。例如，Cloude 和 Pottier（1996）提出利用描述散射机制纯度与类型的熵 H 和 alpha（α）描述随机对象的极化特征，进而引入各向异性度 A（anisotropy）提供关于散射成分的信息，H 和 α 参数能够提供极化数据直接分类的基础，A 的引入可以进一步精化分类结果，$H/\alpha/A$ 已在极化 SAR 影像分类中得到广泛应用。

与常规分解方法相比，$H/\alpha/A$ 极化目标分解在分解出表面散射（surface scattering）、二面角散射（dihedral scattering）和体散射（volume scattering）目标的同时，还能提供旋转不变极化散射参数 $\bar{\alpha}$、极化散射熵 H、极化散射各向异性度 A 等衍生参数。根据随机媒介散射的伯努利随机过程概率模型，以及由平均相干得到的特征矢量和特征值，得到旋转不变极化散射参数为 $\bar{\alpha}$（Lee and Pottier，2009）：

$$\bar{\alpha} = \frac{\pi}{2}(P_2 + P_3)$$

$$P_i = \frac{\lambda_i}{\displaystyle\sum_{k=1}^{3} \lambda_k}$$

$$\sum_{k=1}^{3} \lambda_k = 1$$

（1.16）

式中，P_i 为相干矩阵 $\boldsymbol{T}_3$ 特征值 λ_i 的伪概率；极化散射参数 $\bar{\alpha}$ 在有效范围内可用于雷达目标散射机制的连续变化特性分析。

当所有特征值不为 0 且均相等时，相干矩阵 $\boldsymbol{T}_3$ 描述的是一种完全去相关且完全去极化的随机散射过程。然而，绝大多数分布式或部分极化散射目标的散射特性介于以上两种极端情况之间。从信息论的角度来看，极化散射熵 H 可以从整体上描述各种散射类型在统计意义上的无序性，其计算方式为（Lee and Pottier，2009）

$$H = -\sum_{k=1}^{N} P_k \log_N(P_k)$$

（1.17）

式中，P_k 为相干矩阵 $\boldsymbol{T}_3$ 特征值 λ_k 的伪概率；N 为极化维度，即在单站散射体制下 $N=3$。当极化散射熵 H 较低时，可将占主要优势的散射类型看成某一指定的等效点目标散射类型。相反，当极化散射熵 H 较高时，不存在单一散射类型，需从整体特征值分布谱考虑各种可能的点目标散射类型的混合比。

尽管极化散射熵 H 可有效描述散射机制的随机性，但不能完整地描述特征值的比值关系。此外，从实际应用的角度，当 $H > 0.7$ 时目标散射趋于一个随机噪声过程。此时，引入极化散射各向异性度 A（Lee and Pottier，2009）：

$$A = \frac{\lambda_2 - \lambda_3}{\lambda_2 + \lambda_3} \quad\quad (1.18)$$

三维 $H/\bar{\alpha}/A$ 分类空间是将极化散射熵 H 作为一种自然测度来衡量散射数据内在的可逆性，并利用极化散射角识别平均散射，将 $H/\bar{\alpha}$ 划分为 9 个基本区域，进而完成对极化 SAR 影像的分类。图 1.21 中给出了 9 个区域，每个区域分别与特定的散射特性相关，散射特性由相干矩阵来描述。例如，区域⑨中发生的是低熵散射过程，主要包括几何光学表面散射、物理光学表面散射、布拉格表面散射及镜面散射等现象；区域⑧中发生的是强相关散射机制，在水平–水平和垂直–垂直通道之间存在较大的幅度；区域⑦对应低熵二次散射或偶次散射情况，如孤立的介质或金属二面角散射体；区域⑥反映的是由表面粗糙度变化和电磁波冠层传播效应引起的极化熵增大现象；区域⑤包括由各向异性且方向角中度相关的散射体组成的植被表面所发生的散射；区域④对应中等极化熵 H 的二面角散射，可能发生在森林区域；区域③属于不存在的区域，即对于实际的极化 SAR 影像，不可能存在极化熵 $H > 0.9$ 的表面散射；区域②对应森林冠层散射，以及一些包含随机高度各向异性散射单元的植被表面散射；区域①对应的高熵多次散射可能出现在森林应用中，或出现在具有成熟枝干和树冠结构的植被散射中。在基于散射机理和监督性 Wishart 分类器的极化 SAR 影像分类中，为了获得更好的收敛性、区分更多的地物类别

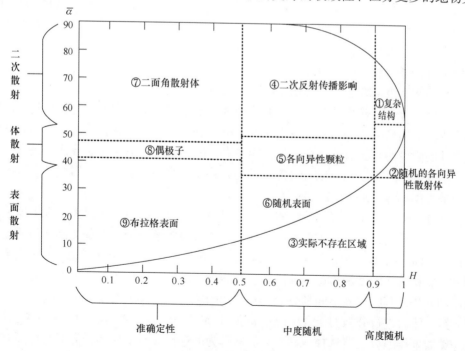

图 1.21　H/α 分类平面

且使分类结果包含更多细节特征，可以将 H/α 平面划分成更多的区域，如 50 个，然后利用类间距离度量合并得到最终的分类结果。

1.4 遥感多分类器集成概述

1.4.1 多分类器系统

在模式分类中，用于一个特定特征集的分类算法不一定适合另外一个特征集，即使特定特征集和分类器能够在某一具体问题中获得更好的结果，也不能断言这一集合和分类方案能够总是取得最好的分类结果。不同分类器在针对不同区域、不同遥感影像时往往能够取得不同性能的分类结果（Benediktsson，1990）。不同分类器可提供关于待分类模式的互补信息，因此组合分类器作为一种有效的方法，可获取比任何一个单一分类器（包括最好的分类器）更优的分类精度（Kittler et al.，1998；Briem et al.，2002；Kuncheva，2004；Zhou，2012；Rokach，2010）。集成学习作为多分类器系统的理论基础，是一种新的机器学习框架（Avidan，2007）。

多分类器系统在模式识别、影像处理、目标识别领域得到了广泛应用，一些成功的应用领域如笔迹识别（Xu et al.，1992）、高分辨率影像分类（Monadjemi et al.，2002）、指纹识别（Marcialis et al.，2003）、故障诊断（谢宗霞等，2006）、人脸识别（董火明等，2004）、印章识别（廖闻剑和成瑜，2002）、遥感分类（Steele，2000；Kuemmerle et al.，2006；柏延臣和王劲峰，2005）、语音识别（Aksela and Laaksonen，2007）等。大量应用表明，多分类器集成能够显著提高分类和识别精度。

选择合适的组合准则是多分类器系统的重要问题（Tax et al.，2000；Roli et al，2001；Kuncheva and Jain，2000）。最简单的规则是基于算术运算的组合规则，其中效果最好的组合规则是加权求和组合。其他常用方法有择多判决法、根据后验概率的线性加权法、贝叶斯估计、证据推理法、模糊推理法、统计意见一致法，以及将分类结果作为新输入特征的神经网络组合方法、多级分类方法、决策树分类法等（Al-Ani and Deriche，2002）。

除组合单分类器输出的方法外，基于训练样本操作的多分类器组合也受到了研究人员的重视，应用最多的是 Boosting 和 Bagging 算法。不同于统计投票理论基于数据源相互独立性的假设而且所有训练样本只使用一次，Boosting 和 Bagging 算法都是基于操作训练样本进行的（Briem et al.，2002）。此外，将先验知识用于多分类器组合也取得了良好的效果（Di Lecce et al.，2000a）。

在多分类器设计中，分类器之间的差异对最后的组合结果影响显著，分类器之间的相关性、多样性是设计多分类器系统面临的一个重要问题。为了对分类器之间的相关性进行评价，Goebel 等（2002）、Goebel 和 Yan（2004）提出了 ρ 相关系数、r 相关系数等作为分类器相关性的度量指标。分治算法（divide and conquer）是一种有效的多分类器系统设计方法，其将输入空间划分为相互叠加的若干子空间，对不同子空间采用不同的处理方案，然后进行分类器组合（Frosyniotis et al.，2003）。此外，动态多分类器选择、基于分类器聚类的分类器选择、基于分类器行为的选择、自适应多分类器选择等方法也都得到了研究人员的重视（Di Lecce et al.，2000b）。

为了保证分类器的多样性和低相关性，采用不同特征是一个有效的选择。Monadjemi 等（2002）将小波变换和多分类器结合，采用纹理特征，对低频、高频分别分类，然后合并分类结果。Bertrand 和 Horst（2006）分别基于全局特征、场景结构特征和区域类型特征，定义每一输出的可信度，每个分类器的后验概率分布在贝叶斯分类器中集成，将支持向量机与图形匹配合并在贝叶斯多分类器系统中，用于影像内容识别。Marcialis 等（2003）则针对指纹识别的需求，将结构分类器与统计分类器相结合以实现异构特征在分类中的综合应用。

针对分类器组合方法的改进，相关学者也进行了大量研究，如赵谊虹等（2002）提出一种直接采用分类器的输出向量来计算各分类器的加权算法；吕岳等（2000）改进了多分类器组合的投票表决规则；唐春生和金以慧（2003）提出基于全信息矩阵的多分类器集成方法；荆晓远和杨静宇（2000）基于相关性和有效互补性分析构建多分类器组合方法；邢春晓等（2000）提出基于小波变换的多分类器融合分类系统；刘汝杰等（2001）提出一种新的多分类器融合算法，可找出各分类器在特征空间中局部性能较好的区域，并将具有最优局部性能的分类器的输出作为最终融合结果。

1.4.2 遥感影像多分类器集成研究进展

多分类器系统在不同领域应用的优越性得到了遥感研究者的重视，并被视为控制遥感影像分类不确定性、提高分类精度的有效策略之一（Doan and Foody，2007；柏延臣和王劲峰，2003，2005；承继成等，2004；Foody et al.，2007）。Du 等（2012a）对多分类器集成在遥感影像分类中的应用进行了综述，并利用高光谱影像、高分辨率影像和多光谱影像对多分类器集成的效果进行了分析评价。

Briem 等（2002）系统研究了用于多源遥感影像的多分类器问题，针对多源遥感影像和地理数据分类的要求，提出了一些适用的单独和多分类器系统，重点将基于 Bagging、Boosting 和统计一致性理论的多分类器集成策略应用于多源遥感影像，研究表明多分类器的总体精度、生产者精度和用户精度都优于单一分类器。Doan 和 Foody（2007）将分类器集成应用于软分类、单一类别区分等问题，取得了高于任何一个单分类器的精度，说明了其有效性和优越性。Steele（2000）将多分类器组合应用于土地覆盖分类制图，采用乘积规则和简单非参数分类器两种方法，试验表明乘积规则合并分类器后的性能与非约束堆栈回归方法相近，精度比约束堆栈回归方法更优，当土地覆盖的空间分布格局存在时，简单非参数分类器能够提高分类精度。Kuemmerle 等（2006）提出一种将非监督分类和监督分类方法相结合的混合分类技术，采用主成分集作为输入并利用非监督算法 ISODATA 进行聚类，然后采用超类进行类别合并。Cihlar 等（1998）提出一种影像增强、非监督分类、可视化分析相结合的渐进式推广分类（classification by progressive generalization，CPG）方法，该方法的目的在于识别出数据中潜在有用的所有重要光谱特征，然后进行分组后再次分类，直到获得合理的聚类结果。Debeir 等（2001）基于多分类器将光谱、空间和上下文信息综合应用于遥感影像分类，构建了一个以高分辨率遥感光谱信息、上下文信息和纹理信息为输入的多分类器系统，采用 Bagging 算法和子集选择算法进行多分类器组合，试验表明分类精度优于最邻近分类法和 C4.5 决策树方法。Kumar 等（2002）提出一种层次型递归高光谱多分类器系统，将 C 类问题递归分解为

$C-1$ 个二类问题,设计的层次型多分类器用于 183 维高光谱数据中的 12 种土地覆盖分类,分类精度相对其他特征提取与模块学习算法改进 4%～10%。柏延臣和王劲峰（2005）以多光谱遥感数据土地覆被分类为例,将最大似然分类器、最小距离分类器、马氏距离分类器、多层感知器神经网络分类器等相结合,结果表明每一种多分类器结合的方法都能较显著地提高总体分类精度。

多分类器集成用于遥感变化检测和多时相遥感影像分类的研究也受到了研究人员的重视,如基于多支持向量机集成的城市变化检测（Nemmour and Chibani, 2006）、基于分类器集合的多时相 SAR 影像土地覆盖分类与制图（Waske and Braun, 2009）。Du 等（2012b, 2013）也将多分类器集成的思想应用于变化检测,提出了基于多算子集成、数据–特征–决策级融合集成的变化检测算法。

第 2 章将详细介绍集成学习与多分类器系统的研究进展,第 3～6 章将全面探讨遥感多分类器集成的实现方法与应用实例。

1.5　遥感影像分类研究进展

分类一直是遥感科学、模式识别等领域研究的热点之一。综合国内外研究,当前遥感影像分类研究呈现出以下发展趋势:

（1）新型分类器的引入和应用。机器学习和模式识别领域新理论、新方法的应用,各种新型机器学习方法如深度学习、半监督学习、主动学习、迁移学习等的引入是一个重要方向（Camps-Valls et al., 2014）。

（2）光谱特征和空间特征综合分类,以及其他辅助数据和先验知识的应用。充分应用原始遥感影像及各种派生的结构、形状、空间、上下文等特征,引入各种辅助数据和先验知识,有效克服“同谱异物”“同物异谱”等的影响,提高分类结果与地学知识、专题分析的关联度（Fauvel et al., 2013）。

（3）多源、多分辨率和多时相遥感数据融合分类。针对多源、多分辨率、主被动数据的互补性,综合不同数据的优势提高分类精度。利用多时相遥感数据可以减少影像获取时相对地面目标判别的影响,提高分类结果的可靠性。

（4）面向对象的遥感影像分类。通过影像分割处理、矢量数据引入等获取均质区域对象,以均质区域为基本单元进行分类,是实现遥感影像分类结果地学解译和分析应用的重要途径（Blaschke et al., 2014）。

（5）混合像元分解和软分类。软分类尤其是混合像元分解近年来得到了快速发展,非线性混合分解模型、基于稀疏表示的混合像元分解等成为新的研究热点（Bioucas-Dias et al., 2012; Ma et al., 2014）。

（6）多分类器集成和集成学习理论方法的应用。通过引入集成学习理论与方法,实现遥感多分类器集成,从而减弱分类器和参数设置对分类性能的影响,提高分类结果的稳定性（Du et al., 2012a）。

新型分类器研究是国内外广泛关注的热点,特别是将机器学习、模式识别领域新的理论和方法应用于遥感影像分类（Waske et al., 2009; Plaza et al., 2009）。目前,在遥感影像分类领域性能较好的分类器主要有支持向量机、多项式逻辑回归、随机森林、决策树等。在支持向量机分类中，Camps-Valls 等（2006，2008）研究了多种支持向量机混合核函数对高光谱遥感影像分类的影响，提出了交叉信息核的概念。Bruzzone 等（2006）提出了一种可用于半监督遥感影像分类的传导支持向量机，其能够应用无标识的样本进行分类，在小样本学习中更具优势。Huang 等（2007）提出了一种多尺度空间特征融合的分类方法，用小波变换压缩空间邻域特征，并结合支持向量机得到不同尺度下的分类结果，然后根据尺度选择因子为每个像元选择最佳的类别，该方法能有效提高高分辨率遥感影像解译的精度。多项式逻辑回归与主动学习、半监督学习的结合也在遥感影像分类中取得了良好效果，Li 等（2010）应用半监督主动学习方法研究了高光谱影像分割，通过视图方法结合多项式逻辑回归模型进行高光谱遥感影像分割（Li et al., 2011, 2012）。在随机森林、旋转森林等新型分类器应用方面，Xia 等（2014）利用主成分降维后的高光谱数据，对随机森林、旋转森林、Bagging 等进行了比较研究。

由于单个分类器自适应性差，近年来多分类器集成方面的研究得到了遥感研究者的重视，并被视为控制遥感影像分类不确定性、提高遥感影像分类精度的有效策略之一。Briem 等（2002）研究了用于多源遥感数据的集成学习分类问题，针对多源遥感数据和地理数据分类的要求，提出了一些适用的单独和集成学习分类系统，重点将基于 Bagging、Boosting 和统计一致性理论的集成学习算法应用于多源遥感数据，结果表明多分类器的总体精度都优于单一分类器。Du 等（2012a）和夏俊士等（2011）总结了遥感影像集成学习分类算法，其中包括 Bagging、AdaBoost、基于串行/并行结构的集成学习算法等。

多源遥感影像的融合模式主要有多时相融合、多角度融合、多光谱与全色影像融合、可见光与 SAR 影像融合、光学与红外影像融合、高光谱影像与 LiDAR 点云融合。通常可将信息融合技术分为三个层次（Pohl and Van Genderen, 1998）：像素级、特征级和决策级。在遥感影像融合中，像素级的融合以单像元为基础进行融合处理，不仅可以提高影像的空间分辨率和清晰程度，还可以有效提高影像分类精度，同时也为多时相遥感影像变化检测构造更加丰富和高质量的影像数据（Chien and Tsai, 2014; Aguilar et al., 2013; Palsson et al., 2014）。特征级融合属于中等层次的数据融合，是指对从高精度配准影像数据中提取的不同特征（如纹理、边缘等）进行融合，以利于分析和决策（Chen et al., 2013; Shi et al., 2013）。决策级融合对不同数据源的处理结果进行融合决策，得到用于描述被感知对象的综合信息，属于最高层级的数据融合，对融合后的数据进行分类能有效提高分类精度和分类器性能（Du et al., 2012a）。

近年来，随着各种新型遥感传感器的发展，对地观测技术已经实现了对地球表面的连续重复遥感观测，积累了海量的多源、多尺度、多分辨率遥感数据。这些数据详细记录了地表上各种地物的变化过程，使得基于遥感影像分类的全球变化研究成为可能，并极大地推动了遥感影像处理方法和应用的研究。Du 等（2013）针对多时相遥感数据，提出一种决策级融合方法用于分类后的变化检测。殷守敬等（2013）对多时相遥感数据处理方法的发展现状进行分析，并根据输入数据类型和数量的不同将这些方法分成单时相分类比较法、双时相比较法和时序分析法三类。

面向对象的遥感影像分类方法主要是利用多尺度分割形成影像对象，建立对象的层次结构，计算对象的光谱、空间、几何、形状等特征，利用对象、特征形成分类规则，并通过不同对象层间信息的传递和合并实现影像分类(陈云浩等,2006)。Long 等(2013)提出一种针对农作物的面向对象分类方法,以多时相 Landsat 数据为例进行试验,精度优于传统的像素级分类。Aguilar 等(2013)针对城市环境,以 GeoEye-1 和 WorldView-2 高分辨率全色影像为数据源进行面向对象的分类,用户精度和生产者精度达到95%和91%。

混合像元普遍存在于遥感影像中,混合像元分解是遥感影像处理中一个重要的技术难题,是影响地物识别分类精度的主要因素。混合像元产生的根源是遥感影像单位像元记录的是某瞬时探测视场所对应地面某个范围内目标地物的辐射能量总和。由于地物具有不同的辐射特性,混合像元无论直接归属到哪一种典型地物都是不确切的。继统计模型、几何模型之后,近年来非线性分解模型、基于稀疏回归的模型和其他信号处理视角的分解模型发展迅速,相关综述论文见 Bioucas-Dias 等(2012)和 Ma 等(2014)。软分类和硬分类的综合应用也取得了良好的效果,Pan 等(2012)应用软/硬分类模型进行农作物分布研究,针对北京东南部的遥感影像进行试验,分析了两种分类模型的优缺点。胡潭高等(2013)针对硬分类与软分类各自存在的问题及优势,在分析硬分类模型和软分类模型的理论基础上,通过研究两种模型的优缺点取长补短,优化分类模型。

综上所述,随着现代遥感技术在不同领域的广泛应用,以及多源、多分辨率、多时相遥感影像的积累,遥感影像分类的研究也将得到越来越快的发展。一方面,将与机器学习和模式识别领域的新进展结合,出现更多先进的分类模型和算法;另一方面,遥感影像分类与地学应用、专题分析的结合将越来越紧密,从而实现从遥感数据到专题信息,再到地学知识的转移和提升。

面向以上发展趋势,本书以多分类器集成为切入点,同时兼顾新型分类器研发与应用、多源多时相数据分析、光谱–空间分类等研究热点,系统介绍遥感多分类器集成的基本方法,并结合高光谱、多光谱、SAR 等多源数据,对多分类器集成方法的应用进行探讨。

参 考 文 献

柏延臣, 王劲峰. 2003. 遥感信息的不确定性研究: 分类与尺度效应模型. 北京: 地质出版社.

柏延臣, 王劲峰. 2005. 结合多分类器的遥感数据专题分类方法研究. 遥感学报, 9(5): 555-563.

陈述彭. 1990. 遥感大辞典. 北京: 科学出版社.

陈云浩, 冯通, 史培军, 等. 2006. 基于面向对象和规则的遥感影像分类研究. 武汉大学学报(信息科学版), 31(4): 316-320.

承继成, 郭华东, 史文中, 等. 2004. 遥感数据的不确定性问题. 北京: 科学出版社.

董火明, 高隽, 汪荣贵. 2004. 多分类器融合的人脸识别与身份认证. 系统仿真学报, 16(8): 1849-1853.

杜培军, 谭琨, 夏俊士. 2012. 高光谱遥感影像分类与支持向量机应用研究. 北京: 科学出版社.

杜培军, 唐宏, 方涛. 2006. 高光谱遥感光谱相似性度量算法与若干新方法研究. 武汉大学学报(信息科学版), 31(2): 112-115.

冯学智, 肖鹏峰, 赵书河, 等. 2011. 遥感数字图像处理与应用. 北京: 商务印书馆.

宫鹏. 2009. 遥感科学与技术中的一些前沿问题. 遥感学报, 13(1): 1-23.

龚健雅. 2007. 对地观测数据处理与分析研究进展. 武汉: 武汉大学出版社.

韩力群. 2006. 人工神经网络教程. 北京: 北京邮电大学出版社.

胡潭高, 徐俊锋, 张登荣, 等. 2013. 自适应阈值的多光谱遥感影像软硬分类方法研究. 光谱学与光谱分析, 33(4): 1038-1042.

焦李成, 张向荣, 侯彪, 等. 2008. 智能 SAR 图像处理与解译. 北京: 科学出版社.

金亚秋, 徐丰. 2008. 极化散射与 SAR 遥感信息理论与方法. 北京: 科学出版社.

靳蕃. 2000. 神经计算智能基础原理·方法. 成都: 西南交通大学出版社.

荆晓远, 杨静宇. 2000. 基于相关性和有效互补性分析的多分类器组合方法. 自动化学报, 26(6): 741-747.

廖闻剑, 成瑜. 2002. 基于多分类器决策融合的印鉴真伪鉴别方法. 南京航空航天大学学报, 34(4): 368-371.

刘汝杰, 袁保宗, 唐晓芳. 2001. 一种新的基于聚类的多分类器融合算法. 计算机研究与发展, 38(10): 1236-1241.

骆剑承, 王钦敏, 周成虎, 等. 2002. 基于自适应共振模型的遥感影像分类方法研究. 测绘学报, 31(2): 145-150.

骆剑承, 周成虎, 杨艳. 2001. 人工神经网络遥感影像分类模型及其与知识集成方法研究. 遥感学报, 5(2): 122-129.

吕岳, 施鹏飞, 赵宇明. 2000. 多分类器组合的投票表决规则. 上海交通大学学报, 34(5): 680-683.

浦瑞良, 宫鹏. 2000. 高光谱遥感及其应用. 北京: 高等教育出版社.

唐春生, 金以慧. 2003. 基于全信息矩阵的多分类器集成方法. 软件学报, 14(6): 1103-1109.

童庆禧, 张兵, 郑兰芬. 2006. 高光谱遥感——原理、技术与应用. 北京: 高等教育出版社.

王超, 张红, 陈曦, 等. 2008. 全极化合成孔径雷达图像处理. 北京: 科学出版社.

王立国, 赵春晖. 2013. 高光谱图像处理技术. 北京: 国防工业出版社.

夏俊士, 杜培军, 张伟. 2011. 遥感影像多分类器集成的关键技术与系统实现. 科技导报, 29(21): 22-26.

谢宗霞, 于达仁, 胡清华. 2006. 多 SVM 分类器融合的传感器故障容错研究. 哈尔滨工程大学学报, 27(增): 389-342.

邢春晓, 谷晓微, 潘泉. 2000. 基于小波变换的多分类器融合分类系统. 模式识别与人工智能, 13(1): 22-27.

熊桢, 童庆禧, 郑兰芬. 2000. 用于高光谱遥感图象分类的一种高阶神经网络算法. 中国图象图形学报, 5(3): 96-101.

徐希孺. 2005. 遥感物理. 北京: 北京大学出版社.

阎守邕, 刘亚岚, 余涛, 等. 2013. 现代遥感科学技术体系及其理论方法. 北京: 电子工业出版社.

殷守敬, 吴传庆, 王桥, 等. 2013. 多时相遥感影像变化检测方法研究进展综述. 光谱学与光谱分析, 33(12): 3339-3342.

张伟, 杜培军, 尹作霞. 2008. 简化模糊 H-ARTMAP 神经网络在高光谱遥感分类中的应用. 测绘科学, 33(5): 113-115.

赵谊虹, 程国华, 史习智. 2002. 多分类器融合中一种新的加权算法. 上海交通大学学报, 36(6): 765-768.

赵银娣, 张良培, 李平湘. 2006. 广义马尔可夫随机场及其在多光谱纹理影像分类中的应用. 遥感学报, 10(1): 123-129.

赵英时, 等. 2003. 遥感应用分析原理与方法. 北京: 科学出版社.

钟燕飞, 张良培, 龚健雅, 等. 2005. 基于人工免疫系统的遥感图像分类. 遥感学报, 7(4): 374-380.

周成虎, 骆剑承, 杨晓梅, 等. 1999. 遥感影像地学理解与分析. 北京: 科学出版社.

周成虎, 骆剑承, 杨晓梅, 等. 2009. 高分辨率卫星遥感影像地学计算. 北京: 科学出版社.

Vapnik V N. 2009. 统计学习理论. 许建华, 张学工, 译. 北京: 电子工业出版社.

Aguilar M A, Saldana M M, Aguilar F J. 2013. GeoEye-1 and WorldView-2 pan-sharpened imagery for object-based classification in urban environments. International Journal of Remote Sensing, 34(7): 2583-2606.

Aksela M, Laaksonen J. 2007. Adaptive combination of adaptive classifiers for handwritten character recognition. Pattern Recognition Letters, 28(1): 136-143.

Aksela M. 2004. Classifier combination in speech recognition. http://www.cis.hut.fi/Opinnot/T-61. 6040/pellom- 2004/project-reports/project-11.PDd[2017-08-15].

Al-Ani A, Deriche M. 2002. A new technique for combining multiple classifiers using the Dempster-Shafer theory of evidence. Journal of Artificial Intelligence Research, 17: 333-361.

Avidan S. 2007. Ensemble tracking. IEEE Transactions on Pattern Analysis and Machine Intelligence, 29(2): 261-271.

Bazi Y, Melgani F. 2006. Toward an optimal SVM classification system for hyperspectral remote sensing images. IEEE Transactions on Geoscience and Remote Sensing, 44(11): 3374-3385.

Benediktsson J A, Palmason J A, Sveinsson J R. 2005. Classification of hyperspectral data from urban areas based on extended morphological profiles. IEEE Transactions on Geoscience and Remote Sensing, 43(3): 480-491.

Benediktsson J A, Pesaresi M, Aranson K. 2003. Classification and feature extraction for remote sensing images from urban areas based on morphological transformations. IEEE Transactions on Geoscience and Remote Sensing, 41(9): 1940-1949.

Benediktsson J A. 1990. Neural network approaches versus statistical methods in classification of multisource remote sensing data. IEEE Transactions on Geoscience and Remote Sensing, 28(7): 540-551.

Bertrand L S, Horst B. 2006. Combining SVM and graph matching in a Bayesian multiple classifier system for image content recognition. Lecture Notes in Computer Science, 4109: 696-704.

Bioucas-Dias J M, Plaza A, Dobigeon N, et al. 2012. Hyperspectral unmixing overview: geometrical, statistical, and sparse regression-based approaches. IEEE Journal of Selected Topics in Applied Earth Observations and Remote Sensing, 5(2): 354-379.

Blaschke T, Hay G J, Kelly M, et al. 2014. Geographic object-based image analysis-towards a new paradigm. ISPRS Journal of Photogrammetry and Remote Sensing, 87: 180-191.

Blaschke T. 2010. Object based image analysis for remote sensing. ISPRS Journal of Photogrammetry and Remote Sensing, 65(1): 2-16.

Blaschke T, Lang S, Hay G. 2008. Object Based Image Analysis. Berlin, Heidelberg, DE: Springer-Verlag.

Borghys D, Yvinec Y, Perneel C, et al. 2006. Supervised feature-based classification of multi-channel SAR images. Pattern Recognition Letters, 27(4): 252-258.

Braun A C, Weidner U, Hinz S. 2012. Classification in high-dimensional feature spaces-assessment using SVM, IVM and RVM with focus on simulated EnMAP data. IEEE Journal of Selected Topics in Applied Earth Observations and Remote Sensing, 5(2): 436-443.

Breiman L, Friedman J, Olshen R, et al. 1984. Classification and Regression Trees. Boca Raton: Chapman& Hall/CRC.

Briem G J, Benediktsson J A, Sveinsson J R. 2001. Boosting, bagging, and consensus based classification of multisource remote sensing data. The second International Workshop on Multiple Classifier Systems(MCS 2001). Berlin, Heidelberg, DE: Springer-Verlag: 279-288.

Briem G J, Benediktsson J A, Sveinsson J R. 2002. Multiple classifiers applied to multisource remote sensing data. IEEE Transactions on Geoscience and Remote Sensing, 40(10): 2291-2299.

Brown M, Lewis H G, Gunn S R. 2000. Linear spectral mixture models and support vector machines for remote sensing. IEEE Transactions on Geoscience and Remote Sensing, 38(5): 2346-2360.

Bruzzone L, Chi M, Marconcini M. 2006. A novel transductive SVM for the semisupervised classification of remote sensing images. IEEE Transactions on Geoscience and Remote Sensing, 44(11): 3363-3373.

Camps-Valls G, Bruzzone L. 2005. Kernel-based methods for hyperspectral image classification. IEEE Transactions on Geoscience and Remote Sensing, 43(6): 1351-1362.

Camps-Valls G, Gomez-Chova L, Muñoz-Mari J, et al. 2006. Composite kernels for hyperspectral image classification. IEEE Geoscience and Remote Sensing Letters, 3(1): 93-97.

Camps-Valls G, Gomez-Chova L, Rojo-álvarez L J, et al. 2008. Kernel-based framework for multitemporal and multisource remote sensing data classification and change detection. IEEE Transactions on Geoscience and Remote Sensing, 46(6): 1822-1835.

Camps-Valls G, Serrano-López A J, Gómez L, et al. 2004. Regularized RBF networks for hyperspectral data classification. Image Analysis and Recognition, Lecture Notes in Computer Science, 3212: 429-436.

Camps-Valls G, Tuia D, Bruzzone L, et al. 2014. Advances in hyperspectral image classification-earth monitoring with statistical learning methods. IEEE Signal Processing Magazine, 31(1): 45-54.

Carpenter G A, Gjaja M N, Sucharita G, et al. 1997. ART neural networks for remote sensing: vegetation classification from Landsat TM and terrain data. IEEE Transactions on Geoscience and Remote Sensing, 35(2): 308-325.

Carpenter G A, Grossberg S, Markuzon N. 1992. Fuzzy ARTMAP: a neural network architecture for incremental supervised learning of analog multidimensional maps. IEEE Transaction on Neural Networks, 3(5): 698-713.

Chen S H, Su H B, Tian J, et al. 2013. Best tradeoff for remote sensing image fusion based on three-dimensional variation an a trous wavelet. Journal of Applied Remote Sensing, 7(1): 073491-1-073491-18.

Chen X, Zhao H, Li P, et al. 2006. Remote sensing image-based analysis on the relationship between urban heat island and land use/cover change. Remote Sensing of Environment, 104(2): 133-146.

Chien C L, Tsai W H. 2014. Image fusion with no gamut problem by improved nonlinear IHS transforms for remote sensing. IEEE Transactions on Geoscience and Remote Sensing, 52(1): 651-663.

Cihlar J, Xiao W, Chen J, et al. 1998. Classification by progressive generalization: a new automated methodology for remote sensing multichannel data. International Journal of Remote Sensing, 19(14): 2685-2704.

Cloude S R, Pottier E. 1996. A review of target decomposition theorems in radar polarimetry. IEEE Transactions on Geoscience and Remote Sensing, 34(2): 498-518.

Debeir O, Latinne P, Van Den Steen I. 2001.Remote sensing classification of spectral, spatial and contextual data using multiple classifier systems. Image Analysis Stereology, 20(1): 584-589.

Demir B, Bovolo F, Bruzzone L. 2013. Updating land-cover maps by classification of image time series: a novel change-detection-driven transfer learning approach. IEEE Transactions on Geoscience and Remote Sensing, 51(1): 300-312.

Di Lecce V, Dimauro G, Guerriero A, et al. 2000a. A perturbation-based approach for multi-classifier system design. Amsterdam: Proceedings of the Seventh International Workshop on Frontiers in Handwriting Recognition: 553-558.

Di Lecce V, Dimauro G, Guerriero A, et al. 2000b. Classification combination: the role of a-priori knowledge. Amsterdam: Proceedings of the Seventh International Workshop on Frontiers in Handwriting Recognition: 143-152.

Doan H T X, Foody G M. 2007. Increasing soft classification accuracy through the use of an ensemble of classifiers. International Journal of Remote Sensing, 28(20): 4606-4623.

Dong Y, Milne A K, Forster B. 2001.Segmentation and classification of vegetated areas using polarimetric SAR image data. IEEE Transactions on Geoscience and Remote Sensing, 39(2): 321-329.

Du P J, Xia J S, Zhang W, et al. 2012a. Multiple classifier system for remote sensing image classification: a review. Sensors, 12: 4764-4792.

Du P J, Liu S C, Gamba P, et al. 2012b. Fusion of difference images for change detection over urban areas. IEEE Journal of Selected Topics in Applied Earth Observations and Remote Sensing, 5(4): 1076-1086.

Du P J, Liu S C, Xia J S, et al. 2013. Information fusion techniques for change detection from multi-temporal remote sensing images. Information Fusion, 14(1): 19-27.

Du P J, Tan K, Xing X S. 2010. Wavelet SVM in reproducing kernel Hilbert space for hyperspectral remote sensing image classification. Optics Communications, 283: 4978-4984.

Fauvel M, Benediktsson J A, Chanussot J, et al. 2008. Spectral and spatial classification of hyperspectral data using svms and morphological profiles. IEEE Transactions on Geoscience and Remote Sensing, 46(11): 3804-3814.

Fauvel M, Tarabalka Y, Benediktsson J A, et al. 2013. Advances in spectral-spatial classification of hyperspectral images. Proceedings of the IEEE, 101(3): 652-675.

Filippi A M, Archibald R. 2009. Support vector machine-based endmember extraction. IEEE Transactions on Geoscience and Remote Sensing, 47(3): 771-791.

Foody G M, Boyd M, Sanchez H C, et al. 2007. Mapping a specific class with an ensemble of classifiers. International Journal of Remote Sensing, 28(8): 1733-1746.

Foody G M, Mathur A. 2006. The use of small training sets containing mixed pixels for accurate hard image classification: training on mixed spectral responses for classification by a SVM. Remote Sensing of Environment, 103(2): 179-189.

Frosyniotis D, Stafylopatis A, Likas A. 2003. A divide-and-conquer method for multi-net classifiers. Pattern Analysis and Applications, 6: 32-40.

Goebel K, Yan W, Cheetham W. 2002. A method to calculate classifier correlation for decision fusion. Proceedings of Decision and Control, 135-140.

Goebel K, Yan W. 2004. Choosing classifiers for decision fusion. Proceedings of the Seventh International Conference on Information Fusion, 1: 563-568.

Gopal S, Woodcock C E, Strahler A H. 1999. Fuzzy neural network classification of global land cover from a 1° AVHRR data set. Remote Sensing of Environment, 67(2): 230-243.

Gu Y, Brown J F, Miura T, et al. 2010. Phenological classification of the United States: a geographic framework for extending multi-sensor time-series data. Remote Sensing, 2(2): 526-544.

Gualtieri J A, Cromp R F. 1999. Support vector machines for hyperspectral remote sensing. 27th AIPR Workshop: Advances in Computer-Assisted Recognition, International Society for Optics and Photonics, 3584: 221-232.

Guindon B, Zhang Y, Dillabaugh C. 2004. Landsat urban mapping based on a combined spectral-spatial methodology. Remote Sensing of Environment, 92(2): 218-232.

Huang C, Davis L S, Townshend J R G. 2002. An assessment of support vector machines for land cover classification. International Journal of Remote Sensing, 23(4):725-749.

Huang X, Zhang L, Li P . 2008. Classification of very high spatial resolution imagery based on the fusion of edge and multispectral information. Photogrammetric Engineering and Remote Sensing, 74(12): 1585-1596.

Huang X, Zhang L. 2013. An SVM ensemble approach combining spectral, structural, and semantic features for the classification of high-resolution remotely sensed imagery. IEEE Transactions on Geoscience and Remote Sensing, 51(1): 257-272.

Huang X, Zhang L, Li P. 2007. An adaptive multiscale information fusion approach for feature extraction and classification of IKONOS multispectral imagery over urban areas. IEEE Geoscience and Remote Sensing Letters, 4(4): 654-658.

Jensen J R. 2005. Introductory Digital Image Processing: A Remote Sensing Perspective(3rd edition). New Jersey: Pearson Prentice Hall.

Joachims T. 1999. Transductive inference for text classification using support vector machines. International

Conference on Machine Learning(ICML), San Francisco: Morgan Kaufmann, 99: 200-209.

Kavzoglu T, Mather P. 2003. The use of back propagating artificial neural networks in land cover classification. International Journal of Remote Sensing, 24(23): 4907-4938.

Kittler J, Hatef M, Duin R P W, et al. 1998. On combining classifiers. IEEE Transactions on Pattern Analysis & Machine Intelligence, 20(3): 226-239.

Kuemmerle T, Radeloff V C, Perzanowski K, et al. 2006. Cross-border comparison of land cover and landscape pattern in Eastern Europe using a hybrid classification technique. Remote Sensing of Environment, 103(4): 449-464.

Kumar S, Ghosh J, Melba M, et al. 2002. Hierarchical fusion of multiple classifiers for hyperspectral data analysis. Pattern Analysis and Applications, 5(2): 210-220.

Kuncheva L I, Jain L C. 2000. Designing classifier fusion systems by genetic algorithms. IEEE Transactions on Evolutionary Computation, 4(4): 327-336.

Kuncheva L I. 2004. Combining Pattern Classifiers: Methods and Algorithms. New Jersey: John Wiley & Sons.

Lee J S, Grunes M R, Pottier E. 2001. Quantitative comparison of classification capability: fully polarimetric versus dual and single-polarization SAR. IEEE Transactions on Geoscience and Remote Sensing, 39(11): 2343-2351.

Lee J S, Pottier E. 2009. Polarimetric Radar Imaging: From Basics to Applications. Boca Raton: CRC Press.

Lhermitte S, Verbesselt J, Verstraeten W W, et al. 2011. A comparison of time series similarity measures for classification and change detection of ecosystem dynamics. Remote Sensing of Environment, 115(12): 3129-3152.

Li J, Bioucas-Dias J M, Plaza A. 2010. Semisupervised hyperspectral image segmentation using multinomial logistic regression with active learning. IEEE Transactions on Geoscience and Remote Sensing, 48(11): 4085-4098.

Li J, Bioucas-Dias J M, Plaza A. 2011. Hyperspectral image segmentation using a new Bayesian approach with active learning. IEEE Transactions on Geoscience and Remote Sensing, 49(10): 3947-3960.

Li J, Bioucas-Dias J M, Plaza A. 2012. Spectral spatial hyperspectral image segmentation using subspace multinomial logistic regression and Markov random fields. IEEE Transactions on Geoscience and Remote Sensing, 50(3): 809-823.

Liu W, Seto K, Wu E, et al. 2004. A neural network approach to subpixel classification. IEEE Transactions on Geoscience and Remote Sensing, 42(9): 1976-1983.

Long J A, Lawrence R L, Greenwood M C, et al. 2013. Object-oriented crop classification using multitemporal ETM plus SLC-off imagery and random forest. GIScience & Remote Sensing, 50(4): 418-436.

Lu D, Weng Q. 2006. Use of impervious surface in urban land use classification. Remote Sensing of Environment, 102(1-2): 146-160.

Lu D, Weng Q. 2007. A survey of image classification methods and techniques for improving classification performance. International Journal of Remote Sensing, 28(5): 823-870.

Ma W K, Bioucas-Dias J M, Chan T H, et al. 2014. A signal processing perspective on hyperspectral unmixing. IEEE Signal Processing Magazine, 31(1): 67-81.

Marcialis G L, Roli F, Serrau A. 2003. Fusion of Statistical and Structural Fingerprint Classifiers. 4th International Conference on Audio-and Video-Based Biometric Person Authentication. Berlin Heidelberg, DE: Springer-Verlag, 2688: 310-317.

Mather P. 2004. Computer Processing of Remotely-sensed Images, an Introduction(3rd Edition). New Jersey: John Wiley & Sons.

Melgani F, Bruzzone L. 2004. Classification of hyperspectral remote sensing images with support vector machines. IEEE Transactions on Geoscience and Remote Sensing, 42(8): 1778-1790.

Monadjemi A, Thomas B T, Mirmehdi M. 2002. Classification in high resolution images with multiple classifiers. IASTED Visualization, Imaging and Image Processing VIIP 2002 Conference: 417-421.

Mountrakis G, Im J, Ogole C. 2011. Support vector machines in remote sensing: a review. ISPRS Journal of Photogrammetry and Remote Sensing, 66(3): 247-259.

Mura M D, Benediktsson J A, Bruzzone L. 2010a. Classification of hyperspectral images with extended attribute profiles and feature extraction techniques. IEEE Geoscience and Remote Sensing Symposium, 2010: 76-79.

Mura M D, Benediktsson J A, Waske B, et al. 2010b. Extended profiles with morphological attribute filters for the analysis of hyperspectral data. International Journal of Remote Sensing, 31(22): 5975-5991.

Navulur K. 2007. Multispectral Image Analysis using the Object-oriented Paradigm. Boca Raton: CRC Press.

Nemmour H, Chibani Y. 2006. Multiple support vector machines for land cover change detection: an application for mapping urban extensions. ISPRS Journal of Photogrammetry and Remote Sensing, 61(2): 125-133.

Ouma Y O, Tetuko J, Tateishi R. 2008. Analysis of co-occurrence and discrete wavelet transform textures for differentiation of forest and non-forest vegetation in very-high-resolution optical-sensor imagery. International Journal of Remote Sensing, 29(12): 3417-3456.

Palsson F, Sveinsson J R, Ulfarsson M O. 2014. A new pansharpening algorithm based on total variation. IEEE Geoscience and Remote Sensing Letters, 11(1): 318-322.

Pan Y Z, Hu T G, Zhu X F, et al. 2012. Mapping cropland distributions using a hard and soft classification model. IEEE Transactions on Geoscience and Remote Sensing, 50(11): 4301-4312.

Plaza A, Benediktsson J A, Boardman J W, et al. 2009. Recent advances in techniques for hyperspectral image processing. Remote Sensing of Environment, 113(1): 110-122.

Pohl C, van Genderen J L. 1998. Multisensor image fusion in remote sensing: concepts, methods and applications. International Journal of Remote Sensing, 19(5): 823-854.

Quinlan R. 1986. Induction of decision trees. Machine Learning, 1(1): 81-106.

Quinlan R. 1993. C4.5: Programs for Machine Learning. San Francisco: Morgan Kaufmann.

Rajasekaran S, Vijayalakshmi G A. 2000. Image recognition using simplified fuzzy ARTMAP augmented with a moment based feature extractor. International Journal of Pattern Recognition and Artificial Intelligence, 14(8): 1084-1095.

Redo D, Millington A C. 2011. A hybrid approach to mapping land-use modification and land-cover transition from MODIS time-series data: a case study from the Bolivian seasonal tropics. Remote Sensing of Environment, 115(2): 353-372.

Richards J A, Jia X P. 2006. Remote Sensing Digital Image Analysis: An Introduction(4th Edition). Berlin, Heidelberg, DE: Springer-Verlag.

Rokach L. 2010. Pattern Classification Using Ensemble Methods. Singapore:World Scientific.

Roli F, Giacinto G, Vernazza G. 2001. Methods for designing multiple classifier systems. Proceedings of MCS: 78-87.

Rumelhart D E. 1986. Learning representation by BP errors. Nature, 7: 149-154.

Seni G, Elder J F. 2010. Ensemble methods in data mining: improving accuracy through combining predictions. Synthesis Lectures on Data Mining and Knowledge Discovery, 2(1): 1-126.

Shi C, Miao Q G, Xu P F. 2013. A novel algorithm of remote sensing image fusion based on shearlets and PCNN. Neurocomputing, 117(10): 47-53.

Steele B M. 2000. Combining multiple classifiers: an application using spatial and remotely sensed information for land cover type mapping. Remote Sensing of Environment, 74(5): 545-556.

Tan K, Du P J. 2011. Combined multi-kernel support vector machine and wavelet analysis for hyperspectral remote sensing image classification. Chinese Optics Letters, 9(1): 011003-011006.

Tax D M, van Breukelen M, Duin R P, et al. 2000. Combining multiple classifiers by averaging or by multiplying. Pattern Recognition, 33(9): 1475-1485.

van de Meer F. 2006. The effectiveness of spectral similarity measures for the analysis of hyperspectral imagery. International Journal of Applied Earth Observation and Geoinformation, 8(1): 3-17.

Vapnik V N.1995.The Nature of Statistical Learning Theory. New York: Springer-Verlag.

Waske B, Benedikstoon J A, Arnason K, et al. 2009. Mapping of hyperspectral AVIRIS data using machine-learning algorithms. Canadian Journal of Remote Sensing, 35(1): 106-116.

Waske B, Braun M. 2009. Classifier ensembles for land cover mapping using multitemporal SAR imagery. ISPRS Journal of Photogrammetry and Remote Sensing, 64(5): 450-457.

Xia J S, Du P J, He X Y, et al. 2014. Hyperspectral remote sensing image classification based on rotation forest. IEEE Geoscience and Remote Sensing Letters, 11(1): 239-243.

Xu L, Krzyzak A, Suen C Y. 1992. Methods of combining multiple classifiers and their applications to handwriting recognition. IEEE Transactions on Systems, Man, and Cybernetics, 22(3):418-435.

Yang J, Peng Y, Yamguchi Y, et al. 2006. On Huynen's decomposition of a Kennaugh matrix. IEEE Transaction on Geoscience and Remote Sensing Letters, 3(3): 369-372.

Zhou Z H. 2012. Ensemble Methods: Foundations and Algorithms. Boca Raton: Chapman & Hall/CRC.

第 2 章 集成学习与多分类器系统

集成学习将多个学习机输出的结果以一定的方式组合起来，从而得到更优的解决方案，可以有效地提高学习机的泛化性能。多分类器系统作为集成学习的一个重要分支，通过组合不同分类器的输出来提高系统的性能。集成学习具有坚实的理论基础，因而与大规模数据的监督学习、强化学习和复杂随机模型学习共同成为机器学习领域的 4 个研究热点（Mairal et al.，2009）。

目前，集成学习仍处于不断发展中，关于集成学习的定义在机器学习领域仍然没有达成共识。通常集成学习有狭义和广义两种定义方式，狭义定义认为集成学习是指利用多个同质的学习算法对同一个问题进行学习，这里的同质是指使用同一类型的学习算法，如神经网络算法等；广义定义则认为只要使用多个学习算法来解决问题，就是集成学习。

在集成学习的早期研究阶段，采用狭义定义比较多，而随着该领域的发展，广义定义被越来越多的研究人员所接受。采用广义定义的好处是：名称不同但本质上很接近的分支，如多分类器系统、基于委员会的学习等，都可以在集成学习框架下进行研究。这些分支拥有很多共性，将其作为一个整体突出共性理论基础和关键技术，不再强调相互之间的差别，有利于新算法的研发和多领域应用的推进。

本章从集成学习的理论基础出发，全面介绍多分类器系统在遥感影像分类中应用的实现方法和关键问题等。

2.1 集成学习理论基础

为了能够理解集成学习系统为什么比单个学习算法具有更好的泛化能力，Dieterich（2000a，2000b，2002）从统计学角度、计算角度和表示角度分析了集成学习的有效性。

（1）从统计学角度出发，一个学习算法可以看作在一个假设空间中寻找一个最好的假设。当缺少足够的训练样本时，学习结果可能只是满足于训练样本集的假设，这些假设往往在实际应用中表现较差。通过集成学习将多个假设联合起来，能够降低各个假设和目标假设之间的误差，从而提高分类性能。

（2）从计算角度出发，许多分类算法通过局部搜索来获取分类结果，如神经网络通过梯度下降使训练样本集的误差达到最小，决策树则利用贪心算法构造决策树，但上述两种分类算法容易陷入局部极小值。即使以上算法有足够多的训练样本集，仍然很难找到假设空间的最佳解。相比单个分类算法，集成学习通过对不同出发点进行局部搜索，可以更好地逼近未知函数。

（3）从表示角度出发，在机器学习的大多数应用中，在假设空间中假设目标往往不存在，通过对假设空间得出的结果进行合成，可能需要扩展假设目标空间，即增强泛化能力。例如，对有限的训练样本集而言，神经网络和决策树算法往往只能搜索到有限的假设空间，当找到一种假设适合训练样本集时就会停止搜索。

在两类问题中，若有 N 个分类器且相互独立，分类精度都为 P，k 为正确分类的分类器数目，使用投票法组合这些分类器，其错误分类概率如式（2.1）（Dieterich, 2000b, 2002）：

$$P_{\text{error}} = \sum_{k=\frac{N}{2}+1}^{N} (N,k) p^k (1-p)^{N-k} \qquad (2.1)$$

由式（2.1）可以看出，P_{error} 随 N 的增大而递减。如果每个成员分类器的分类精度都高于 0.5 且相互独立，集成分类器中的数目越多，精度就越高。当 N 趋向于无穷大时，集成精度趋向于 1。如果基分类器的精度 $p < 0.5$，那么进行投票集成的精度反而会降低，当 N 趋向于无穷大时，集成精度趋向于 0。

考虑 3 个分类器 $\{f_1(x), f_2(x), f_3(x)\}$ 对未知样本 x 进行分类，如果 3 个分类器完全相同，即差异性为 0，集成这些分类结果没有任何意义。但如果 3 个分类器的分类精度不相关，如 $f_1(x)$ 是错误的，$f_2(x)$ 和 $f_3(x)$ 可能是正确的，此时采用多数投票法就可以将 x 正确归类。

综上所述，有效的集成学习应具备两个基本条件：① 单个学习算法的精度应当高于 0.5，否则集成结果有可能会损失精度；② 参与集成的分类器之间具有差异性（Seung et al., 1992；Kittler et al., 1998；Valentini and Masulli, 2002）。如果参与集成的单分类器结果相似，则集成结果和单分类器结果不会有太大差异，很难保证其性能的提高。

下面从弱可再学习、no free lunch 等方面对集成学习的理论基础进一步予以阐述。

2.1.1 弱可再学习理论

在机器学习领域，概率近似正确（probably approximately correct，PAC）学习模型是指学习算法不需要完全正确地对未知对象进行学习，只需要在一定误差内，从概率的意义上对未知对象进行近似正确学习即可（Kearns and Vazirani, 1994；Kearns and Valiant, 1988）。如果利用某种算法对一个问题进行学习，且学习正确率很高，那么该算法就是强学习的；如果正确率仅比随机猜测略高，那么该算法就是弱学习的（Valiant, 1984）。Kearns 和 Valiant（1988）、Schapire（1990）提出了弱学习算法与强学习算法的等效性，意味着不必直接去找实际情况下很难获得的强学习算法，只需找到一个比随机猜测算法略好的弱学习算法，即可通过相关途径将其转化为强学习算法。

通过集成学习，可以找到一种有效途径将弱学习算法转化为强学习算法，从而获得更强的泛化能力。Bagging 算法利用随机有放回的选择训练样本，通过不同分布的样本来学习弱分类器，经过融合转化为强分类器，从而提高分类性能（Breiman, 1996）。Schapire（1990）构造出 Boosting 算法，对弱分类器是否转化为强分类器进行了论证。Freund（1990）提出了一种更有效的投票 Boosting 算法。但是以上两种算法都要求知道弱学习算法学习正确的下限，这大大制约了其在实际情况中的运用。为了解决这一难题，Freund 和 Schapire（1997）提出了 AdaBoost 算法，该算法的效率与 Freund（1990）的算法相当，但不需要弱学习算法的先验知识。此外，相关学者通过改变 Boosting 投票的权重，进一步提出了 AdaBoost.M1、AdaBoost.M2 等算法（Freund and Schapire, 1997；Freund,

2001）。Boosting 的常用算法还有 AdaBoost.MH（Schapire and Singer，1999）和 BrownBoost（Freund，2001）等。

2.1.2 no free lunch 理论

Wolpert 提出了 no free lunch（NFL）理论，是优化领域中的一个重要理论研究成果，其结论概括如下（Wolpert，2001）：

假设 A、B 两种任意（随机或确定）算法，对于所有问题集，其平均性能是相同的。

该理论可以扩展到机器学习的各个应用中，说明任何一个分类器不可能总是表现最优。在遥感领域中，Giacinto 和 Roli（1997）、Roli 等（1997）比较了不同分类器的性能，发现在不同情况下，分类器的性能表现迥异。

no free lunch 理论的出现，使得在分析新的分类问题时通常面临两难的选择：需要解决一个什么样的分类问题，应该使用哪种分类算法，选择哪种特征等？不同分类器在不同情况下能够获得不同的性能，集成学习通过结合大量分类器的输出，能够有效克服 no free lunch 的两难处境。在遇到一个新的问题时，通常使用经验和分析相结合的方法。在理想情况下，集成学习算法将一直执行分类器成员中性能最好的或通过某种结合方式产生比个体分类器性能优越的分类结果。

2.1.3 偏差-方差分解

偏差-方差分解（bias-variance decomposition）是对集成分类器作用机制进行分析的有效工具之一（Geman et al.，1992；Domingos and Pazzani，1997；Holte，1993；Wahba et al.，1999）。在机器学习中误差通常可以分解为固有误差、偏差和方差。固有误差在实际问题中是很难获得的，如果假定实际观测到的类别标签为训练样本的真正类别标签，那么可以假定固有误差为 0。

偏差-方差分解是由 Geman 等在 1992 年提出的，它适用于二次损失误差函数。泛化误差可以分解为偏差和方差，泛化误差越小，说明该算法的学习能力越强（Geman et al.，1992）。假设固有误差为 0，偏差-方差分解可通过式（2.2）得到：

$$E\left\{(f(x)-y)^2\right\} = (E\{f(x)\}-y)^2 + E\left\{(f(x)-E\{f(x)\})^2\right\} \tag{2.2}$$

式中，左侧 $E\{\cdot\}$ 是所有训练样本对应的期望。$E\left\{(f(x)-y)^2\right\}$ 代表偏差，表示分类器输出和实际类别之间的距离；$E\left\{(f(x)-E\{f(x)\})^2\right\}$ 代表方差，表示从分类器输出的可能值的均方根误差。在机器学习算法中，方差和偏差往往不能兼顾，如果试图通过降低方差来提高泛化能力，势必会增大偏差，反之亦然。例如，对于 Bagging 算法，它能够大大降低分类器的方差，但偏差基本上保持不变，从而提高了单个分类器的分类性能（Breiman，1996）。AdaBoost 算法能够兼顾方差和偏差，在大多数情况下，AdBoost 算法的性能优于 Bagging 算法（Freund and Schapire，1997）。

2.1.4 偏差-方差-协方差分解

相比偏差-方差分解，偏差-方差-协方差分解将集成后的误差分解为偏差、方差和协方差，如式（2.3）所示（Brown et al.，2005a；Islam et al.，2003；Liu and Yao，1999a，1999b；Ueda and Nakano，1996）：

$$E\left\{\left(f_{\text{ens}}-y\right)^2\right\}=\overline{\text{bias}}+\frac{1}{N}\overline{\text{var}}+\left(1-\frac{1}{N}\right)\overline{\text{cov}} \tag{2.3}$$

其中，偏差 $\overline{\text{bias}}$［式（2.5）］、方差 $\overline{\text{var}}$［式（2.6）］和协方差 $\overline{\text{cov}}$［式（2.7）］定义如下：

$$f_{\text{ens}}=\frac{1}{N}\sum_i f_i \tag{2.4}$$

$$\overline{\text{bias}}=\left(\frac{1}{N}\sum_i\left(E_i\{f_i\}-y\right)\right)^2 \tag{2.5}$$

$$\overline{\text{var}}=\frac{1}{N}\sum_i E_i\left\{\left(y-E_i\{f_i\}\right)^2\right\} \tag{2.6}$$

$$\overline{\text{cov}}=\frac{1}{N}\sum_i\sum_j E_{i,j}\left\{\left(f_i-E_i\{f_i\}\right)\left(f_j-E_j\{f_i\}\right)\right\} \tag{2.7}$$

可以看出，集成学习结果的误差不仅取决于成员分类器的偏差和方差，还取决于成员分类器之间的相关性，如果成员分类器的相关性较强，势必会增大泛化误差，从而降低整体分类器的性能。因此，一个好的集成学习分类系统不仅要降低成员分类器的偏差和方差，还要使成员分类器之间的差异性足够大。

2.2 多分类器系统

在模式分类中，每一种分类器都有自身的优势和局限性，用于一个特征集的分类算法不一定适合其他的特征组合，没有一种分类器是万能的。因此，除了发展鲁棒性更好的先进分类器外，利用集成学习进行模式识别和信息提取已经在众多领域得到广泛应用，包括指纹识别、人脸识别和语音识别等（Xu et al.，1992；谢宗霞等，2006；董火明等，2004；廖闻剑和成瑜，2002；Steele，2000；Tobias et al.，2006；柏延臣和王劲峰，2005）。多分类器系统的原理是利用多个分类器的分类结果，通过某种组合将单分类器的分类结果进行合并，以期提高分类器的泛化能力，提取更为准确的信息（Kuncheva，2004，Benediktsson et al.，2007；Du et al.，2012a）。

在多分类器系统中，最重要的是如何有效地产生精度较高且差异性较大的基分类器。基分类器的精度和差异性是衡量多分类器系统性能的两个重要指标（Hansen and Salamon，1990；Optiz and Maclin，1999）。如何有效度量基分类器之间的差异性并利用这些差异性来选择基分类器进行组合，是一个非常关键的问题（Kuncheva and Whitaker，2003；Windeatt，2005；Banfield et al.，2005；Ruta and Gabrys，2005；Tsymbal et al.，2005）。

多分类器系统的构建一般分为两部分：基分类器的生成和合并策略。常用的基分类器生成方法可以简单地分为两大类：① 将不同学习算法应用于相同数据集上；② 将同一学习算法应用于不同的训练样本集或特征集，可以对训练样本进行随机抽样或者是改变输入特征（张春霞，2010）。前者称为异质集成学习算法，后者称为同质集成学习算法。

对于同质类型的基分类器生成,通常可以采用如下三种策略:① 对训练样本进行重抽样;② 构造不同的输入特征集;③ 相同分类算法的不同参数组合。

通过不同策略构造异质或者同质的集成学习算法取得了较好的分类结果。它们之间可以看作基分类器组合的构造过程或结构体系不同。按照结构,可将集成学习分类系统分为并行结构、串行结构和混合结构。并行结构是直接利用某种策略综合单分类器的分类结果,串行结构是将前一层的分类结果(类别标签或概率)作为后一层的输入,混合结构是并行结构和串行结构的综合。

生成多个分类器结果后,如何将它们进行组合才能生成性能较好的集成结果?许多研究者针对这一问题,提出了大量分类器组合策略。Xu 等(1992)根据基分类器提供的信息水平将现有的合并准则分为三大类:抽象级、排序级和量测级。抽象级组合策略对分类器输出的类别标签进行操作,排序级组合策略是根据基分类器的分类效果好坏对类别赋予从高到低的排列顺序,量测级组合策略则对分类器输出的后验概率进行操作。目前,在集成学习算法中,常用的组合策略有投票法、贝叶斯平均、证据理论、意见一致性、分类器动态选择等(Xu et al.,1992;Kuncheva,2004;王旭红等,2004;刘安斐等,2006;孙怀江等,2001;邓文胜等,2007;石爱业等,2005;石绥祥等,2005;林剑等,2004;肖刚等,2005;Benediktsson et al.,1992,2000;Smits,2002)。

在构建基分类器的过程中,现有的很多方法都是将所有基分类器的结果全部用于集成学习分类系统。相比单个分类器,其预测速度明显下降,且所需要的内存空间明显增多。为了有效地解决以上难题,Zhou 等(2002)提出了选择性集成的思想,主要思想是挑选一些性能较好的基分类器用于构建集成学习分类系统,而将作用不大和性能不好的基分类器剔除,该算法在降低内存空间的同时,能够加快预测速度并提高原有集成分类器的预测精度。

集成学习被认为是提高遥感影像分类精度和控制分类不确定性的有效途径之一(Benediktsson et al.,1992,2000;Smits,2002)。Briem 等(2002)针对多源遥感影像(包括地理数据),实现了基于 Boosting、Bagging 和一致性理论的集成学习分类系统,试验结果表明经过集成学习分类系统,总体精度可得到显著提高。Foody 等(2007)利用分类器集合实现特定目标类分类与制图,获得了高于任何一个单分类器的精度,说明了其有效性和优越性。Doan 和 Foody(2007)通过分类器集合的应用提高了遥感影像软分类的精度。Brian(2000)将乘积规则和含有空间信息的简单非参数分类器用于土地覆盖分类制图,试验结果表明乘积规则能够提高分类精度且无需任何费用或努力。Olivier 等(2001)将光谱、空间和上下文信息综合应用于遥感影像分类,构建了一个以高分辨率遥感影像、上下文信息和纹理信息为输入的集成学习分类系统,采用 Bagging 算法和随机子空间(random subspace)算法进行多分类器组合,分类精度优于最邻近分类法和 C4.5 决策树方法。Du 等(2012a)总结了遥感影像集成学习分类算法,包括 Bagging、AdaBoost 和基于串行/并行结构的集成学习算法等。

针对高光谱遥感影像,Waske 等(2010)构造了基于随机子空间的支持向量机集成算法,发现能够有效提高分类精度。随机森林使用分裂的方式来限制变量数目,能够有效地降低计算复杂度和树结点之间的相关性,使得随机森林能够很好地处理高维数据(Breiman,2001)。Ham 等(2005)首次将随机森林应用于高光谱遥感影像分类,取得了令人满意的结果。Lawrence 等（2006）利用随机森林技术检测南美牧场的入侵植物。Chan 和 Paelinckx（2008）利用机载高光谱影像对生态区地物进行分类，并对比了基于 AdaBoost 的决策树、随机森林和神经网络分类的性能，发现随机森林能够快速获取高性能的专题图。Du 等（2012a）运用改进后的证据理论和意见一致性集成国产 OMISII 高光谱数据的支持向量机、神经网络和决策树分类结果，集成精度均优于单一分类器的分类精度。

多分类器系统在极化 SAR 影像分类中也得到了初步应用。例如，Waske 和 Braun（2009）将分类器集合决策树和随机森林用于多时相 C 波段 SAR 影像分类，表明分类器集合尤其是随机森林优于单一决策树和传统最大似然分类器。此外，多分类器系统用于遥感变化检测的研究也受到了研究人员的重视，Nemmour 和 Chibani（2006）将多支持向量机集成用于城市变化检测，Du 等（2012b）利用多分类器系统组合多时相差异影像进行城市变化检测，检测精度优于单一差异检测算法。

2.3 遥感多分类器集成实现方法

多分类器系统的实现一般可分为两大步骤：首先构造不同的基分类器，其次运用相关策略对这些分类器生成的结果进行集成。一个有效的多分类器系统不仅要包括精度较高的分类器，而且这些分类器的差异要尽可能大。图 2.1 给出了多分类器系统的整体构造过程，在分类的各个阶段（样本–特征–分类器）运用不同的算法可以构造不同的基分类器（焦李成等，2008）。

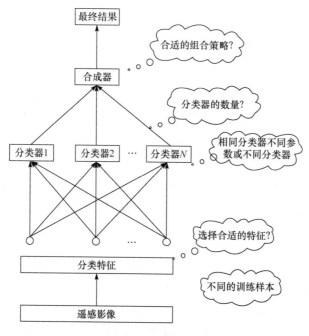

图 2.1　多分类器系统的整体构造过程

根据遥感影像的分类流程，多分类器系统可通过以下方式进行构造：

（1）基于不同训练样本集的构造方式。主要是对相同的训练样本集，采用不同的抽样技术得到不同样本子集输入分类器，实现对同一分类器不同样本的表达，组合这些分类器，构建一个集成学习系统。最经典的基于训练样本构造多分类器系统的算法是Bagging 和 Boosting，前者对训练样本进行随机有放回重采样，各轮训练样本子集相互独立；后者通过重赋权重来代替重采样（Breiman，1996；Freund and Schapire，1997）。基于不同训练样本集的遥感影像分类策略如图 2.2 所示。

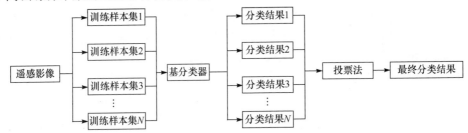

图 2.2　基于不同训练样本集的遥感影像分类策略

（2）基于不同特征集的构造方式。对于遥感影像，可以从光谱维和空间维提取反映该影像不同性质的特征集，针对不同的特征分别训练分类器，然后组合这些分类器，得到一个多分类器学习系统。该构造方式的原理和基于不同训练样本集的构造方式一致，但其强调的是对同一训练样本集的不同特征表达，可通过随机子空间法、特征选择或提取等方法来实现（Ho，1998；Breiman，2001）。基于不同特征集的遥感影像分类策略如图 2.3 所示。

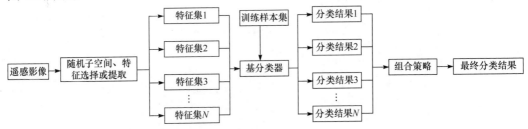

图 2.3　基于不同特征集的遥感影像分类策略

（3）基于分类器的构造方式。在经过样本选择和特征提取之后，训练不同性质的个体分类器，然后组合这些分类器得到一个多分类器系统。这里的分类器可以采用不同分类器，也可以采用相同分类器的不同参数组合，前者称为异质集成，后者称为同质集成（Kearns and Mansour，1996；Ricardo and Youssef，2002）。

（4）基于不同数量分类器组合的构造方式。当得到多个成员分类器结果时，可以将它们全部用于集成学习分类。尽管用所有成员分类器得到的分类结果精度显著高于成员分类结果的精度，但是与成员分类器相比，集成学习的预测性能可能会降低，且随着成员分类器的数目增多，计算复杂度和存储空间急剧上升。因此，是否可以考虑运用少数的成员分类器达到期望的分类性能？Zhou 等（2002）提出选择性集成的概念，结合理论和试验分析，从已有的基分类器中将作用不大和性能不好的成员分类器剔除，只挑选一些性能较好的成员分类器参与集成便可得到很好的分类性能。选择性集成的算法主要有基于聚类的算法、基于排序的算法、基于选择的算法、基于进化的算法等（张春霞和张讲社，2011）。

（5）选择合适的组合策略。经过以上几个步骤可以得到多个分类结果，下一步的关键是如何选择合适的组合策略进行集成。通常而言，可以将组合策略分为三大类：并行结构、串行结构和混合结构（图2.4）。并行结构认为分类器的结果是独立的，Xu等（1992）将并行结构分为三个层次：抽象层次、排序层次和测量层次。总体而言，并行结构的集成分类算法主要有投票法、贝叶斯平均法、统计意见一致法、D-S证据理论（Dempster-Shafer evidence theory）和模糊积分法等（Xu et al.，1992；Kuncheva，2004；王旭红等，2004；刘安斐等，2006；孙怀江等，2001；邓文胜等，2007；石爱业等，2005；石绥祥等，2005；林剑等，2004；肖刚等，2005；Benediktsson et al.，1992，2000；Smits，2002）。串行结构中的分类器在构造过程中存在前后依赖关系，即当前分类器的构造是在之前分类器结果的基础上进行的，分类器呈现一种次序关系。混合结构中分类器结构较前两种要复杂一些，可以看作串行和并行结构的复合，一般同层间为并行结构，不同层间为串行结构。Du等（2012a）设计了3种不同的串行结构和混合结构的分类器，其精度均高于并行结构的分类结果。

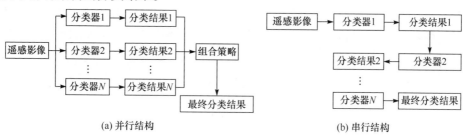

(a) 并行结构　　　　　　　　　　　　　(b) 串行结构

图 2.4　组合策略中的并行结构和串行结构

（6）其他构造方式。在实际应用中，针对特定分类器，可以通过不止一种方式构造集成学习系统，以提高个体间的差异，因此上述构造方式可以互相融合、共同作用。

2.4　遥感多分类器集成关键问题

2.4.1　分类器多样性和差异性

基分类器的精度和差异性是衡量多分类器系统性能的两个重要指标（Hansen and Salamon，1990；Optiz and Maclin，1999）。一个好的多分类器系统不仅取决于组合规则，还取决于分类器成员选择的好坏（Kang and Doermann，2005）。几个分类精度较高的分类器进行组合并不一定优于包含较差分类器的分类器组合，如果分类器选择不当，也会出现组合分类器精度低于单一分类器的情况。研究表明，在组合策略一定的情况下，除了各分类器精度的影响外，组合结果的好坏在一定程度上还与各个分类器输出之间的多样性有关（Petrakos and Benediktsson，2001）。组合多个完全一致的分类器（输入输出均完全一样）不会对性能有任何帮助，而一致性较差的分类器进行组合可以充分发挥分类器之间的互补性，具有提高分类精度的潜力。测量分类器之间的多样性有助于选择合适的成员分类器，从而提高组合分类器的分类精度。

多样性是度量测量值之间差异程度的一个指标。多样性测度多用于测量方法间的多样性。统计学中常用的多样性测度方法如 Q 统计量等可直接用于多分类器系统。但在实际应用中，应该根据研究目的和数据特点选择合适的多样性测度方法。

2000 年 Dietterich 最早提出分类器多样性度量的概念，研究认为参与组合的分类器必须存在差异（Dietterich，2000b）。2005 年 Elsevier 出版的 *Information Fusion* 杂志出了一期 "A Special Issue on Diversity Measure in Multiple Classifier System" 的专辑，提出了多样性度量这一新颖的研究方向，即找到一种方法来度量多分类器系统中分类器之间的关系，用于预测它们之间相互结合的能力，并且通过这种预测能力对多分类器系统的设计进行指导（Brown et al.，2005a，2005b）。

表 2.1 给出了多分类器系统中常用的多样性测度，包括其取值范围、参考文献等，p 代表该多样性测量方法属于一对一多样性测量；n 代表非一对一测量；s、div 和 c 分别代表相似度度量、相异度度量和相关性度量；↓代表随着多样性指标值的减小，多样性程度减小；↑代表随着多样性指标值的增大，多样性程度增大。取值范围中的 "/" 代表范围不明确。分类器的多样性测度大体分为一对一多样性测度和非一对一多样性测度。前者是计算分类器两两之间的多样性，然后取平均值作为整个分类器集合的多样性度量值；后者并不强调分类器两两之间的关系，而是直接着眼于整个分类器集合，计算整体的多样性。

表 2.1 常用的多样性测度

测度指标	p/n	s/div/c	取值范围	↑/↓	参考文献
Q 统计量	p	c/s	$[-1, 1]$	↓	Kuncheva et al.，2000
ρ（相关系数）	p	c/s	$[-1, 1]$	↓	Kuncheva and Whitaker，2003
Dis（不一致性）	p	Div	$[0, 1]$	↑	Skalak，1996
MI（交互信息）	p	c/s	/	↓	Kang and Lee，2000
DF（双错）	p	S	$[0, 1]$	↓	Giacinto and Roli，2001a
κ 统计量	p/n	S	$[-1, 1]$	↓	Kuncheva，2004
Entropy（熵）	n	S	$[0, 1]$	↑	Kuncheva and Whitaker，2003
SF（同错）	p	S	$[0, 1]$	↓	Aksela and Laaksonen，2006
WCEC（权重错误比）	p	S	/	↑	Aksela and Laaksonen，2006
EEC（错误指数）	n	S	$[0, 1]$	↓	Aksela and Laaksonen，2006
SD（概率测度）	p	div	$[0, 1]$	↑	Fan et al.，2008
kw 测度	n	div	$[0, 0.5]$	↑	Kohavi and Wolpert，1996

测度指标	p/n	s/div/c	取值范围	↑/↓	参考文献
θ （难度变量）	n	div	$[0, 0.25]$	↓	Shipp and Kuncheva，2002
GD（广义多样性）	n	div	$[0, 1]$	↑	Shipp and Kuncheva，2002
CFD（一致错误）	n	div	$[0, 1]$	↑	Partridge and Krzanowski，1997
Ch's Div	n	S	$[0, 0.5]$	↓	Chandra and Yao，2004

Chen 等（2005）研究了分类器多样性和独立性的关系，并用 Kappa 统计量测度一致性程度。Kuncheva 等介绍了 10 种多样性测度方法并探索了它们与组合分类器精度提高之间的关系，认为在实际问题中，它们可能表现不同，可以形成互补集进行综合应用（Kuncheva and Whitaker，2003；Kuncheva，2000；Skalak，1996；Giacinto and Roli，2001a；Hansen and Salamon，1990）。Chung 等（2008）研究了多种多样性测度之间的关系，并将测度值范围引入研究，通过试验说明这些方法密切相关，可以在实际应用中采用较少的多样性测度方法解决问题。Fan 等（2008）对 7 种多样性测度方法存在的缺点进行阐述，并提出了一种新的基于软类别标签的分类器多样性测度方法。多分类器系统多样性分析在遥感土地覆盖分类方面的应用较少，Wong 和 Yan（2008）运用 5 种贝叶斯决策准则对 4 个分类器组合进行分析，运用 McNemar 检验、Q 检验和 F 检验对分类器多样性进行检验，试验表明增加组合分类器成员的数目并不一定能提高组合分类器的精度。

在实际应用中，不同差异性测度选择的分类器组合往往不太相同。为了发挥不同多样性测度的优势，李光丽（2010）运用多目标函数优化（理想点法、线性加权法和 Pareto 占优法）综合多种多样性测度方法来选择分类器组合。

2.4.2 分类器选择方法

在多分类器系统中，通常的做法是将所有的成员分类器都参与分类，但是这一做法有很多负面影响。一方面导致更大的计算和存储开销，另一方面随着个体分类器数目的增加，分类器之间的差异性也变得更难获取。因此，为了解决这一问题，人们开始考虑是否可以使用少量个体分类器达到更好的性能，Zhou 等（2002）提出了选择性集成的概念。研究表明，从已有的个体分类器中选择出部分学习器然后集成，就可以获得比原有组合更好的性能。选择性集成的基本思想就是利用较多的个体分类器，进行适当的选择，将所选择的结果进行结合从而得到更好的分类结果。现有的选择性集成算法可分为以下四大类（张春霞和张讲社，2011）。

（1）基于聚类的方法（Giacinto and Roli，2001b）。这类算法的主要过程是利用每个基分类器对验证集中的个体进行预测，得到预测结果矩阵，利用聚类方法对结果矩阵进行聚类，找出具有类似结果的基分类器子集，接着对每个基分类器子集进行修剪，选择出具有代表性的基分类器组合。这类方法主要有 3 个关键问题需要解决：如何衡量两个基分类器之间的差异性或相似性？聚类算法选用何种算法？如何确定基分类器子集的个数？

（2）基于排序的方法（Martinez-Munoz and Suarez，2007；Martinez-Munoz et al.，2009）。通过对基分类器进行排序来实现修剪分类器集合是一种比较常用的选择性集成学习算法，其基本步骤如下：利用某种衡量标准（如精度）对基分类器进行排序，采用合适的停止准则（如事先指定选取的基分类器个数）选取一定数量的基分类器。

（3）基于选择的方法。依据某种选择标准，只选择部分基分类器来参与集成学习是最直观的选择集成学习方法，现有的多数相关算法都属于此类。基于排序的方法与此类方法密切相关，从广义上讲，基于排序的方法也属于选择类的方法，按照是否采用统一模型对所有个体进行预测，选择类方法可分为静态选择法和动态选择法。静态选择法是基于已有的基分类器，从中选择一部分构建集成分类器，并对其所有的检验个体进行预测，各种方法的区别是采用不同的度量标准来选择基分类器。比较典型的如 Banfield 等（2005）基于基分类器的准确性设计了顺序后向选择（sequential back-ward selection）方法、多样性精度（accuracy in diversity，AID）修剪算法和协同（concurrency）修剪算法。Meynet 和 Thiran（2010）根据信息论建立了基分类器的准确性和差异性之间的联系，并建议采用信息理论得分（information theoretic score，ITS）来修剪集成分类器，相比使用多样性来选择最优基分类器子集的方法，信息理论得分算法更具有优势。动态选择法是对检验集中的每个样本，从已有的基分类器中动态挑选一部分对其进行预测，每个个体选用的基分类器子集一般是不同的。Woods 等（1997）提出了一种基于局部精度的动态选择法（dynamic classifier selection-local accuracy，DCS-LA），发现 DCS-LA 总能改进具有最高预测精度的单个分类器的性能。Giacinto 和 Roli（2001）提出了基于多分类器行为的动态选择法（dynamic classifier selection-multiple classifier behavior，DCS-MCB），该算法与 DCS-LA 算法存在两点差别，一是邻近距离是随着检验样本的不同而发生变化的，二是只有当一个基分类器的局部精度明显高于其他分类器时，DCS-MCB 才选择单个分类器对样本进行预测；否则，采用简单多数投票的方式对样本进行分类。与 DCS-MCB 算法相关的还有 Kuncheva（2002）提出的决策模板动态选择法（dynamic classifier selection-decision templates，DCS-DT），该算法的主要思想与 DCS-MCB 类似，但它采用成对的 T 检验来判别一个基分类器是否在局部精度方面具有显著优势，如果各个基分类器局部精度之间的差别不显著，则基于决策表矩阵来构建集成分类器对样本的预测。

（4）基于优化的方法。此类方法的主要思想是在基分类器的合并过程中对它们赋予权重，通过稀疏性约束或设置阈值，借助优化算法来选择最优的基分类器子集。Zhou 等（2002）提出了基于实值编码遗传算法的选择性集成（genetic algorithm based selective ensemble，GASEN）算法，通过实例证明 GASEN 算法可以用较少的神经网络得到更好的泛化结果。Dos Santos 等（2009）将决策树和 K 最近邻作为基学习算法，采用 Bagging 和随机子空间技术训练基分类器，提出以分类误差和多样性为优化目标，用单目标和多目标的遗传算法（multi-objective genetic algorithm）进行优化求解，试验结果表明多目标优化的遗传算法除了能找到近似最优的基分类器子集之外，还可以控制过拟合现象的产生。Zhang 和 Chau（2009）提出了基于多子群粒子群优化（multi-sub-swarm particle swarm optimization，MSSPSO）算法的多层次修剪模型，在每一层修剪过程中，模型假定每个基分类器都产生一个明智的输出，并把基分类器的选择看成多模态的优化问题，基于前一层基分类器的输出采用 MSSPSO 算法进行求解，最终选择出包含重要信息的基分类器。

选择性集成极大地丰富了集成学习的相关理论，并为其他相关领域的研究提供了新技术和新思路，研究前景开阔，近年来虽然有很多研究人员致力于该方面的研究，但其中尚有一些问题需要在未来研究中得以突破。

（1）关键参数的确定。例如，在优化的方法中，如何设置权重的阈值以剔除某些效果较差的基学习机？如果选择不合适的参数，则会大大影响预测效果，如何根据具体问题，自适应地选取关键参数是一个值得研究的内容。

（2）基分类器衡量指标的选定。基分类器的准确性和它们之间的多样性在多分类器系统构建过程中起着至关重要的作用，只有当两者达到一个较好的折中，多分类器系统才能具有较强的泛化能力。然而，多样性在实际应用中难以衡量，且多样性和准确性与集成学习机预测性能之间的有效联系较难建立，在选择性集成学习算法的设计中，如何选取合适的准则或度量标准将准确性和多样性因素充分考虑在内，也是一个需要解决的关键问题。

（3）选择性集成算法已经应用到疾病诊断、人脸识别、影像挖掘等方面，研究该类方法在遥感领域的应用具有十分重要的意义。

2.5　本　章　小　结

本章首先从弱可再学习理论、no free lunch 理论、偏差-方差分解、偏差-方差-协方差分解阐述集成学习的基础。在此基础上，概括总结了多分类器系统在遥感领域的应用。根据传统分类流程，分别从样本层、特征层等方面系统描述多分类器系统的构建方式。同时，从多分类器差异性测度和分类器的选择两大方面叙述分类器集成的两大关键问题，并指明了未来可研究的方向。

参 考 文 献

柏延臣, 王劲峰. 2005. 结合多分类器的遥感数据专题分类方法研究. 遥感学报, 9(5): 555-563.

邓文胜, 邵晓莉, 刘海, 等. 2007. 基于证据理论的遥感图像分类方法探讨. 遥感学报, 11(4):568-573.

董火明, 高隽, 汪荣贵. 2004. 多分类器融合的人脸识别与身份认证. 系统仿真学报, 16(8): 1849-1853.

焦李成, 公茂国, 王爽, 等. 2008. 自然计算、机器学习与图像理解前沿. 西安: 西安电子科技大学出版社.

李光丽. 2010. 遥感影像分类多样性测度方法与应用研究. 徐州:中国矿业大学硕士学位论文.

廖闻剑, 成瑜. 2002. 基于多分类器决策融合的印鉴真伪鉴别方法. 南京航空航天大学学报, 34(4): 368-371.

林剑, 鲍光淑, 林强. 2004. 基于模糊分析的多光谱遥感图像的纹理特征. 中南大学学报, 4: 281-284.

刘安斐, 李弼程, 张先飞. 2006. 基于数据融合的多特征遥感图像分类. 数据采集与处理, 12: 463-467.

石爱业, 徐立中, 杨先一, 等. 2005. 基于神经网络-证据理论的遥感图像数据融合与湖泊水质状况识别. 中国图象图形学报, 3: 372-377.

石绥祥, 夏登文, 于戈. 2005. 基于 D-S 理论的卫星遥感海表面温度和同化数据融合方法. 海洋学报, 7: 31-37.

孙怀江, 胡钟山, 杨静宇. 2001. 基于证据理论的多分类器融合方法研究. 计算机学报, 3: 231-235.

王旭红, 周明全, 耿国华. 2004. "Dempster-Shafer"证据理论在智能化遥感分类中应用研究. 计算机应用与软件, 9: 28-29.

肖刚, 敬忠良, 李建勋, 等. 2005. 一种基于模糊积分的图像最优融合方法. 上海交通大学学报, 8: 1312-1316.

谢宗霞, 于达仁, 胡清华. 2006. 多 SVM 分类器融合的传感器故障容错研究. 哈尔滨工程大学学报, 27:

389-342.

张春霞. 2010. 集成学习中有关算法的研究. 西安: 西安交通大学博士学位论文.

张春霞, 张讲社. 2011. 选择性集成学习算法综述. 计算机学报, 34(8): 1399-1410.

Aksela M, Laaksonen J. 2006. Using diversity of errors for selecting members of a committee classifier. Pattern Recognition, 39: 608-623.

Banfield R E, Hall L O, Bowyer K W, et al. 2005. Ensemble diversity measures and their application to thinning. Information Fusion, 6(1): 49-62.

Benediktsson J A, Chanussot J, Fauvel M. 2007. Multiple classifier systems in remote sensing: from basics to recent developments. In Multiple Classifier Systems, 4472: 501-512.

Benediktsson J A, Philip H S. 1992. Consensus theoretic classification methods. IEEE Transactions on Systems, Man, and Cybernetics, 22(4): 688-704.

Benediktsson J A, Sveinsson J R. 2000. Consensus based classification of multisource remote sensing data. International Workshop on Multiple Classifier Systems, (Lecture Notes in Computer Science, LNCS), 1857: 280-289.

Breiman L. 1996. Bagging predictors. Machine Learning, 24(2): 123-140.

Breiman L. 2001. Random forest. Machine Learning, 45(1): 5-32.

Briem G J, Benediktsson J A, Sveinsson J R. 2002. Multiple classifiers applied to multisource remote sensing data. IEEE Transactions on Geoscience and Remote Sensing, 40(10): 2291-2299.

Brown G, Wyatt J, Harris R, et al. 2005a. Diversity creation methods: a survey and categorization. Information Fusion, 6(1): 5-20.

Brown G, Wyatt J, Tino P. 2005b. Managing diversity in regression ensembles. Journal of Machine Learning Research, 6: 1621-1650.

Chan J C, Paelinckx D. 2008. Evaluation of Random Forest and Adaboost tree-based ensemble classification and spectral band selection for ecotope mapping using airborne hyperspectral imagery. Remote Sensing of Environment, 112: 2999-3011.

Chandra A, Yao X. 2004. DIVACE: diverse and accurate ensemble learning algorithm. International Conference on Intelligent Data Engineering and Automated Learning. Berlin, Heidelberg, DE: Springer-Verlag: 619-625.

Chen D, Sirlantzis K, Dong H, et al. 2005. On the relation between dependence and diversity in multiple classifier systems. Proceedings of International Conference on Information Technology: Coding and Computing, 1: 134-139.

Chung Y, Hsu D F, Tang C Y. 2008. On the relationships among various diversity measures in multiple classifier systems. Sydney: 2008 International Symposium on Parallel Architectures, Algorithms, and Networks(i-span 2008): 184-190.

Dietterich T G. 2000a. An experimental comparison of three methods for construction ensembles of decision trees: bagging, boosting, and randomization. Machine Learning, 40(2): 139-157.

Dietterich T G. 2000b. Ensemble methods in machine learning. First International Workshop on Multiple Classifier Systems. New York: Springer-Verlag: 1-15.

Dietterich T G. 2002. Ensemble Learning(2nd Edition)//Arbib M A. The Handbook of Brain Theory and Neural Networks. Cambridge: MIT Press: 110-125.

Doan H T, Foody G M. 2007. Increasing soft classification accuracy through the use of an ensemble of classifiers. International Journal of Remote Sensing, 28(20): 4606-4623.

Domingos P, Pazzani M. 1997. On the optimality of the simple bayesian classifier under zero-one loss. Machine Learning, 29(2-3): 103-130.

Dos Santos E M, Sabourin R, Maupin P. 2009. Overfitting cautious selection of classifier ensembles with genetic algorithms. Information Fusion, 10(2): 150-162.

Du P, Xia J, Zhang W, et al. 2012a. Multiple classifier system for remote sensing image classification: a review. Sensors, 12(4): 4764-4792.

Du P, Liu S, Gamba P, et al. 2012b. Fusion of difference images for change detection over urban areas. IEEE Journal of Selected Topics in Applied Earth Observations and Remote Sensing, 5(4): 1076-1086.

Fan T G, Zhu Y, Chen J M. 2008. A new measure of classifier diversity in multiple classifier system. Proceedings of the Seventh International Conference on Machine Learning and Cybernetics, IEEE, 1: 18-21.

Foody G M, Boyd D S, Sanchez-Hernandez C. 2007. Mapping a specific class with an ensemble of classifiers. International Journal of Remote Sensing, 28(8): 1733-1746.

Freund Y, Schapire R E. 1997. A decision-theoretic generalization of on-line learning and an application to boosting. Journal of Computer and System Sciences, 55(1): 119-139.

Freund Y. 1990. Boosting a weak learning algorithm by majority. Proceedings of the 3rd Annual Workshop on Computational Learning Theory: 202-216.

Freund Y. 2001. An adaptive version of the boost by majority algorithm. Machine Learning, 43(3): 293-318.

Geman S, Bienenstock E, Doursat R. 1992. Neural networks and the bias/variance dilemma. Neural Computation, 4(1): 1-58.

Gincinto G, Roli F. 1997. Ensembles of neural networks for soft classification of remote sensing images. Proceedings of the European Symposium on Intelligent Techniques: 166-170.

Giacinto G, Roli F. 2001a. Design of effective neural network ensembles for image classification processes. Image Vision and Computing Journal, 19: 699-707.

Giacinto G, Roli F. 2001b. Dynamic classifier selection based on multiple classifier behavior. Pattern Recognition, 34(9): 1879-1881.

Gislason P, Benediktsson J A, Sveinsson J R. 2006. Random forests for land cover classification. Pattern Recognition Letters, 27(4): 294-300.

Ham J, Chen Y, Crawford M M, et al. 2005. Investigation of the random forest framework for classification of hyperspectral data. IEEE Transactions on Geoscience and Remote Sensing, 43(3): 492-501.

Hansen L K, Salamon P. 1990. Neural network ensembles. IEEE Transactions on Pattern Analysis and Machine Intelligence, 12(10): 993-1001.

Ho T K. 1998. The random subspace method for constructing decision forest. IEEE Transactions on Pattern Analysis and Machine Intelligence, 20(8): 832-844.

Holte R C. 1993. Very simple classification rules perform well on most commonly used datasets. Machine Learning, 11(1): 63-90.

Islam M M, Yao X, Murase K. 2003. A constructive algorithm for training cooperative neural network ensembles. IEEE Transaction on Neural Networks, 14(4): 820-834.

Kang H J, Doermann D. 2005. Selection of classifiers for the construction of multiple classifier systems. Proceedings of the Eight International Conference on Document Analysis and Recognition: 1194-1198.

Kang H J, Lee S W. 2000. An information-theoretic strategy for constructing multiple classifier systems. Proceedings of the 15th ICPR, 2: 483-486.

Kearns M, Mansour Y. 1996. On the boosting ability of top-down decision tree learning algorithms. Proceedings of the Twenty-Eighth Annual ACM Symposium on the Theory of Computing. New York: ACM Press: 459-468.

Kearns M, Valiant L G. 1988. Learning Boolean formulae or finite automata is as hard as factoring. Technical Report, TR-14-88. Cambridge: Harvard University.

Kearns M, Vazirani U. 1994. An Introduction to Computational Learning Theory. Cambridge: MIT Press.

Kittler J, Hatef M, Duin R P, et al. 1998. On combining classifiers. IEEE Transactions on Pattern Analysis and Machine Intelligence, 20(3): 226-239.

Kohavi R, Wolpert D H. 1996. Bias plus variance decomposition for zero-one loss functions. Proceedings of the 13th International Conference on International Conference on Machine Learning. Los Altos, CA: Morgan Kaufmann: 275-283.

Kuncheva L I, Whitaker C J, Shipp C A, et al. 2000. Is independence good for combining classifiers?. Proceedings of the 15th International Conference on Pattern Recognition, IEEE, 2: 168-171.

Kuncheva L I, Whitaker C J. 2003. Measures of diversity in classifier ensembles and their relationship with the ensemble accuracy. Machine Learning, 51: 181-207.

Kuncheva L I. 2000. Fuzzy Classifier Design. Berlin, Heidelberg, DE: Springer-Verlag.

Kuncheva L I. 2002. Switching between selection and fusion in combining classifiers: an experiment. IEEE Transactions on System, Man and Cybernetics, Part B(Cybernetics), 32(2): 146-156.

Kuncheva L I. 2004.Combining Pattern Classifiers: Methods and Algorithms. New York: Wiley.

Lawrence R L, Wood S D, Sheley R L. 2006. Mapping invasive plants using hyperspectral imagery and Breiman Cutler classifications(random forest). Remote Sensing of Environment, 100(3): 356-362.

Liu Y, Yao X. 1999a. Simultaneous training of negatively correlated neural networks in an ensemble. IEEE Transactions on Systems, Man, and Cybernetics, Part B(Cybernetics), 29(6): 716-725.

Liu Y, Yao X. 1999b. Ensemble learning via negative correlation. Neural Networks, 12(10): 1399-1404.

Mairal J, Bach F, Ponce J, et al. 2009. Non-local sparse models for image restoration. Proceedings of IEEE Conference on Computer Vision: 2272-2279.

Martinez-Munoz G, Hernandez-Lobato D, Suarez A. 2009. An analysis of ensemble pruning technique based on ordered aggregation. IEEE Transactions on Pattern Analysis and Machine Intelligence, 31(2): 245-259.

Martinez-Munoz G, Suarez A. 2007. Using boosting to prune bagging ensembles. Pattern Recognition Letters, 28(1): 156-165.

Meynet J, Thiran J P. 2010. Information theoretic combination of pattern classifiers. Pattern Recognition Letters, 43(10): 3412-3421.

Nemmour H, Chibani Y. 2006. Multiple support vector machines for land cover change detection: an application for mapping urban extensions. ISPRS Journal of Photogrammetry and Remote Sensing, 61: 25-33.

Olivier D, Patrice L, Isabelle V D S. 2001. Remote sensing classification of spectral, spatial and contextual data using multiple classifier systems. Image Analysis Sterology, 20(1): 584-589.

Optiz D, Maclin R. 1999. Popular ensemble methods: an empirical study. Journal of Artificial Intelligence Research, 11: 169-198.

Partridge D, Krzanowski W J. 1997. Software diversity: Practical statistics for its measurement and exploitation. Information & Software Technology, 39: 707-717.

Petrakos M, Benediktsson J A. 2001. The effect of classifier agreement on the accuracy of the combined classifier in decision level fusion. IEEE Transactions on Geoscience and Remote Sensing, 39(11): 2539-2545.

Ricardo V, Youssef D. 2002. A perspective view and survey of meta-learning. Artificial Intelligence Review, 18(2): 77-95.

Roli F, Giacinto G, Vernazza G. 1997. Comparison and combination of statistical and neural network algorithms for remote sensing image classification. Neurocomputation in Remote Sensing Data Analysis. Berlin, Heidelberg, DE: Springer-Verlag: 117-124.

Ruta D, Gabrys B. 2005. Classifier selection for majority voting. Information Fusion, 6(1): 63-81.

Schapire R E, Singer Y. 1999. Improved boosting algorithms using confidence-rated predictions. Machine

Learning, 37(3): 297-336.

Schapire R E. 1990. The strength of weak learnability. Machine Learning, 5(2): 197-227.

Seung H S, Opper M, Sompolinsky H. 1992. Query by committee. Proceedings of the 5th Workshop on Computaional Learning Theory: 287-294.

Shipp C A, Kuncheva L I. 2002. Relationships between combination methods and measures of diversity in combining classifiers. Information Fusion, 3(2): 135-148.

Skalak D B. 1996. The sources of increased accuracy for two proposed boosting algorithms. Proceedings of American Association for Artificial Intelligence(AAAI-96), Integrating Multiple Learned Models Workshop: 120-125.

Smits P C. 2002. Multiple classifier systems for supervised remote sensing image classification based on dynamic classifier selection. IEEE Transactions of Geosciences and Remote Sensing, 40(4): 801-813.

Steele B M. 2000. Combining multiple classifiers: an application using spatial and remotely sensed information for land cover type mapping. Remote Sensing of Environment, 74(3): 545-556.

Tang C Y. 2008. On the relationships among various diversity measures in multiple classifier systems. Proceedings of the International Symposium on Parallel Architectures, Algorithms and Networks: 184-190.

Tobias K, Volker C R, Kajetan P, et al. 2006. Cross-border comparison of land cover and landscape pattern in Eastern Europe using a hybrid classification technique. Remote Sensing of Environment, 103: 449-464.

Tsymbal A, Pechenizkiy M, Cunningham P. 2005. Diversity in search strategies for ensemble feature selection. Information Fusion, 6(1): 83-98.

Ueda P, Nakano R. 1996. Generalization error of ensemble estimators. Proceedings of International Conference on Neural Networks: 90-95.

Valentini G, Masulli F. 2002. Ensembles of learning machines. Italian Workshop on Neural Nets. Berlin, Heidelberg, DE: Springer-Verlag: 3-20.

Valiant L G. 1984. A theory of the learnable. Communications of the ACM, 27(11): 1134-1142.

Wahba G, Lin X, Gao F, et al. 1999.The bias-variance tradeoff and the randomized GACV. Proceedings of the 1998 conference on Advances in neural information processing systems II: 620-626.

Waske B, Braun M. 2009. Classifier ensembles for land cover mapping using multitemporal SAR imagery. ISPRS Journal of Photogrammetry and Remote Sensing, 64: 450-457.

Waske B, Linden S V D, Benediktsson J A, et al. 2010. Sensitivity of support vector machines to random feature selection in classification of hyperspectral data. IEEE Transactions on Geoscience and Remote Sensing, 48(7): 2880-2889.

Windeatt T. 2005. Diversity measures for multiple classifier system analysis and design. Information Fusion, 6(1): 21-36.

Wolpert D H. 2001. The supervised learning no-free-lunch theorems. Proceedings of the 6th Online World Conference on Soft Computing in Industrial Applications: 25-42.

Wong M S, Yan W Y. 2008. Investigation of diversity and accuracy in ensemble of classifiers using Bayesian decision rules. 2008 International Workshop on Earth Observation and Remote Sensing Applications: 1-6.

Woods K, Kegelmeyer Jr W P, Bowyer K. 1997. Combination of multiple classifiers using local accuracy estimates. IEEE Transactions on Pattern Analysis and Machine Intelligence, 19(4): 405-410.

Xu L, Krzyzak A, Suen C Y. 1992. Methods of combining multiple classifiers and their applications to handwriting recognition. IEEE Transactions on Systems, Man, and Cybernetics, 22(3): 418-435.

Zhang J, Chau K W. 2009. Multilayer ensemble pruning via novel multi-sub-swarm particle swarm optimization. Journal of Universal Computer Science, 15(4): 840-858.

Zhou Z H, Wu J X, Tang W. 2002. Ensemble neural networks: many could be better than all. Artificial Intelligence, 137(1-2): 239-263.

第3章 基于样本和特征的多分类器集成

基于样本和特征的多分类器集成方式是从训练样本集或特征集中选择若干训练样本子集或特征子集，根据每个新的子集得到相应成员分类器的输出，最后再集成所有成员分类器的输出得到最终分类结果。一些学习算法对训练样本的变动很敏感，如决策树、神经网络、规则学习等，训练样本集的微小变化会导致分类结果的较大变化，这种学习算法称为不稳定的学习算法。与之相对应的是稳定的学习算法，如 K 近邻、线性回归等，训练样本集的微小变化不会对学习结果有大的影响（Kuncheva，2004）。基于训练样本集的分类器集成算法对不稳定的学习算法效果明显，而对稳定的学习算法则没有明显作用。本章主要介绍基于样本和特征的多分类器集成典型算法，包括 Boosting（Freundand Schapire，1996）、Bagging（Breiman，1996）、MultiBoost（Webb，2000）、随机子空间（Ho，1998）和随机森林（Breiman，2001）等算法，并结合实例说明这些方法在遥感领域的应用效果。

3.1 Boosting 算法实现与应用

Boosting 起源于 Valiant 提出的概率近似正确（PAC）学习模型，它是一种试图提升弱分类器精度的算法（Valiant，1984）。Kearns 和 Valiant（1988）提出如下问题：一个性能仅比随机猜测稍好的弱学习算法是否能被提升为一个具有任意精度的强学习算法？1990 年，Schapire 提出了第一个可证明的 Boosting 算法，对这个问题做出了肯定的回答，证明如果将多个 PAC 分类器集成在一起，将具有 PAC 强分类器的泛化能力（Schapire，1990）。之后，Freund（1995）设计了一个更加高效的通过重取样的 Boost by majority 算法，该算法尽管在某种意义上是优化的，但在实践上却有一些缺陷。1996 年，Freund 和 Schapire 提出了 AdaBoost 算法。该算法和 Boost by majority 算法的效率相近，却可以很容易地应用到实践中（Freund and Schapire，1996）。之后，Boosting 算法经过进一步改进又有了较大的发展，如通过调整权重而运作的 AdaBoost.M1 算法等（Freund and Schapire，1996）。

作为集成学习的经典算法之一，Boosting 算法的主要思想是将粗糙的、不太正确的、简单的、单凭经验的初级预测方法作为基学习机，对容易分类错误的训练样本加强学习，按照一定的组合规则，最终得到精确度更高的预测结果（Freund and Schapire，1996）。和其他算法相比较，Boosting 算法具有以下优点：简单容易实现，在分类的同时能够进行特征选取；在弱分类器确定后，除了迭代次数 T 之外不需要调节其他参数。Boosting 算法不需要弱分类器的先验知识，只要给定足够多的数据，通过寻找比随机猜测稍好的弱分类器，就能够得到一个比较好的强分类器，而不是一开始就试图设计一个分类非常精确的算法。

从理论上讲，Boosting 算法是一种可以集成任何弱分类算法的算法框架，它具有比较完整的数学理论基础，而且还有大量试验表明该算法对有限样本、高维数据具有很好的适用性（Freund and Schapire，1990）。本节主要介绍 Boosting 算法和 AdaBoost 算法实现以及 Boosting 算法在遥感领域的应用。

3.1.1 Boosting 算法实现

在处理实际分类问题时，Boosting 算法利用基分类器上样本的错分率来调整其概率分布，增大在分类错误样本上的权值，同时减小在正确分类样本上的权值，有针对性的在下一轮处理错误分类的样本。在训练过程中，基分类器按照如上规则对每轮训练样本集上的精度进行加权，最后根据基分类器的加权投票总和得到最终分类器。Boosting 算法只要求基分类器的精度大于50%，这样就可以将准确率不高的弱分类器集成为准确率很高的强分类器。事实上，寻找一个准确率较高的强学习算法比寻找多个准确率不高的弱学习算法要困难得多。

Boosting 分类算法的具体实现步骤如下（Freund，1995）：

输入：给定训练样本集 $\{(x_1, y_1), \cdots, (x_n, y_n)\}$，其中 $y_i \in \{-1, +1\}$，迭代次数为 T，弱分类器。

步骤1：初始化每一个样本的权重系数 $\omega_i^1 = \dfrac{1}{n}, i = 1, \cdots, n$。

步骤2：在每一个循环 $t = 1, \cdots, T$，执行步骤3～步骤6。

步骤3：使用弱分类器对有权重的训练样本进行训练得到一个适当的成员分类器 $h_t: X \to \{-1, +1\}$，计算 h_t 的权重训练误差 $\varepsilon_t = \sum_{i=1}^{n} \omega_i^t I(y_i, h_t(x_i))$。

步骤4：根据训练误差，设计一个终止准则。

步骤5：选择弱分类器权重 α_t，α_t 是训练误差 ε_t 的固定函数。

步骤6：更新权重系数 ω，ω 在样本空间越大的情况下，分类越困难。

输出：输出强分类器 $H(x) = \arg \max\limits_{t: h_t(x) = y} \alpha_t$。

根据上述步骤，经过 T 次迭代训练可产生 T 个基分类器分类结果，将 T 个基分类器进行加权融合，最终产生一个强分类器。

3.1.2 AdaBoost 算法实现

Boosting 算法在实际应用中存在如下问题（Freund，1995）：

（1）该算法要求预先知道弱分类器识别准确率的下限；

（2）如何对训练样本集进行采样得到相应的训练样本子集，从而进一步利用这些训练样本子集来训练弱分类器；

（3）如何将训练得到的各弱分类器集成得到强分类器。

针对 Boosting 算法存在的问题，Freund 和 Schapire 提出了一种改进的 Boosting 算法，即 AdaBoost 算法（Freund and Schapire，1996）。AdaBoost 算法有效解决了以下两个问题：

（1）使用加权后选取的训练样本代替随机选取的训练样本，从而可将下一轮训练的重点集中在比较难分的训练样本上；

（2）将弱分类器有效地集成起来，使用加权投票机制代替平均投票机制，从而使识别率较高的弱分类器具有较大的权重，识别率较低的弱分类器具有较小的权重。

与传统的 Boosting 算法相比，AdaBoost 算法不需要预先获取弱分类器识别准确率的下限，只关注于所有弱分类算法的分类精度。AdaBoost 算法是一种自适应提升的算法，在训练过程中可以重复使用相同的训练样本集，因此不需要大量训练样本集，其自身就可以组合任意数量的基分类器。在 AdaBoost 算法中，不同的基分类器使用的训练样本集稍有差异，这种差异是由前一个基分类器的误差函数和随机选择造成的。AdaBoost 算法提升的过程往往会依赖于具体的数据和单个基分类器的性能，在训练过程中样本数据必须充足，基分类器为准确率大于 0.5 的弱分类器。进一步研究表明，AdaBoost 算法的成功源于其扩展边界，如果边界增加，训练样本就可以很好地被分割且错误分类不易发生。Freund 和 Schapire（1997）对 AdaBoost 算法错误率的上限问题进行了详细分析，并给出了集成后强分类器的错误率、算法所选择的最大迭代次数。

AdaBoost 算法实现步骤如下（Freund and Schapire，1996）：

输入：给定训练样本集 $\{(x_1,y_1),\cdots,(x_n,y_n)\}$，其中 $y_i \in \{-1,+1\}$，迭代次数为 T，弱分类器。

步骤 1：初始化每一个样本的权重系数 $\omega_i^1 = \dfrac{1}{n}, i = 1,\cdots,n$。

步骤 2：在每一个循环 $t = 1,\cdots,T$，执行步骤 3～步骤 7。

步骤 3：使用弱分类器对有权重的训练样本进行训练得到一个适当的成员分类器 $h_t : X \to \{-1,+1\}$。

步骤 4：计算 h_t 的权重训练误差 $\varepsilon_t = \sum_{i=1}^{n} \omega_i^t I(y_i, h_t(x_i))$，若 $y_i \neq h_t(x_i)$，则 $I = 1$，反之，则 $I = 0$。

步骤 5：若 $\varepsilon_t = 0$ 或 $\varepsilon_t > \dfrac{1}{2}$，则设定 $T = t - 1$ 然后跳至步骤 8。

步骤 6：令弱分类器权重 $\alpha_t = \dfrac{1}{2}\ln\left(\dfrac{1-\varepsilon_t}{\varepsilon_t}\right)$。

步骤 7：更新权重系数 $\omega_i^{t+1} = \dfrac{\omega_i^t \exp(-\alpha_t y_i h_t(x_i))}{z_t}$，其中 z_t 为归一化系数，使 $\sum_{i=1}^{n} \omega_i^t = 1$。

输出（步骤 8）：输出强分类器 $H(x) = \text{sign}\left(\sum_{t=1}^{T} \alpha_t h_t(x)\right)$。

AdaBoost 算法通过每次循环的训练调整样本的权重系数，得到不同的训练样本集参与下一轮训练。在初始状态下，每个训练样本拥有相同的权重，在此样本分布下训练得到一个基分类器。对于错误分类的样本增大其权重，同时减小正确分类样本的权重，这样即可达到在下一轮训练时关注错误分类样本的目的，从而得到一个新的样本分布。分类准确率越高的基分类器，权重越大。经过权重的调整，样本组成一个新的分布，再次对基分类器进行训练。经过 T 次迭代循环，得到 T 个基分类器分类结果，以及 T 个基分类器对应的权重，最后把这 T 个基分类器按权重叠加得到最终的强分类器分类结果。其中，特别要注意的是迭代系数的控制（即要求损失函数达到最小），在强分类器的组合中增加一个加权的弱分类器，使得分类的准确率提高，损失函数值减小。

AdaBoost 算法最早是针对二类问题，但在实际情况中，往往要面对多类的情况，多分类 AdaBoost 算法可分为直接多类分类和二类拆解分类两大类。直接多类分类算法最著名的是 Freund 和 Schapire（1996）提出的 AdaBoost.M1 算法，该算法能够解决多分类问题，尤其是在弱分类器算法达到要求的精度时非常有效。

AdaBoost. M1 算法实现步骤如下（Freund and Schapire，1996）：

输入：给定训练样本集 $\{(x_1,y_1),\cdots,(x_n,y_n)\}$，其中 $y_i \in \{1,\cdots,C\}$，迭代次数 T，弱分类器。

步骤 1：初始化每一个样本的权重系数 $\omega_i^1 = \dfrac{1}{n}, i = 1,\cdots,n$。

步骤 2：在每一个循环 $t = 1,\cdots,T$，执行步骤 3～步骤 7。

步骤 3：使用弱分类器对有权重的训练样本进行训练得到一个适当的成员分类器 $h_t : X \to \{1,\cdots,C\}$。

步骤 4：计算 h_t 的权重训练误差 $\varepsilon_t = \sum_{i=1}^{n} \omega_i^t I(y_i, h_t(x_i))$，若 $y_i \neq h_t(x_i)$，则 $I = 1$，反之，则 $I = 0$。

步骤 5：若 $\varepsilon_t = 0$ 或 $\varepsilon_t > \dfrac{1}{2}$，则设定 $T = t-1$ 然后跳至步骤 8。

步骤 6：令弱分类器权重 $\alpha_t = \dfrac{1}{2}\ln\left(\dfrac{1-\varepsilon_t}{\varepsilon_t}\right)$。

步骤 7：更新权重系数 $\omega_i^{t+1} = \dfrac{\omega_i^t \exp(-\alpha_t y_i h_t(x_i))}{z_t}$，其中 z_t 为归一化系数，使 $\sum_{i=1}^{n} \omega_i^t = 1$。

输出（步骤 8）：输出强分类器 $H(x) = \arg\max \sum_{t:h(x)=y} \ln\dfrac{1}{\alpha_t}$。

AdaBoost. M1 算法最主要的缺点是不能处理那些误差大于 1/2 的弱假设。随机猜测的假设的期望误差是 $1 - \dfrac{1}{C}$，其中 C 是类别标签的数量。因此当 $C = 2$ 时，AdaBoost.M1 算法有效的必要条件是预测仅仅好于随机猜测。当 $C > 2$ 时，AdaBoost.M1 算法是 AdaBoost 算法直接的多类扩展。当弱分类器在 AdaBoost 算法产生的困难分布上也能获得合适的高精度时，就足以解决多类的问题。如果弱分类器不能在这些困难分布上获得至少 50%的精度，AdaBoost.M1 算法将失效。在遇到复杂的多类问题时，常常把它简化为多个二类问题利用拆解法加以解决。

拆解法将多类问题拆解成多个二类问题，这种拆解方式隐式地假设使用与二分类相同的弱分类器条件，从而避免了求解复杂多类下的弱分类器。拆解法主要可分为一对一（one against one）、一对多（one against all）、纠错输出编码（error correcting output code，ECOC）和层次分解法等（Dietterich and Bakiri，1995）。一对一拆解法的典型代表是 AdaBoost. M2 算法，而 AdaBoost.MH 算法、AdaBoost.MO 算法和 AdaBoost.MR 算法则采用一对多拆分思想（Schapire and Singer，1999）。在纠错输出编码法中，分类问题被看作一个通信任务，使用纠错编码对输出类别标签进行变换，从而将多类问题转化为多个二类问题。多类到二类的分解对应了编码过程，二类到多类的合成对应了解码过程，其主要目的是通过编码矩阵的纠错能力来提高分类准确率，代表算法包含 AdaBoost.ECC 算法（Guruswami and Sahai，1999）、AdaBoost.ERP 算法（Li，2006）、AdaBoost.SECC 算法（Sun et al.，2007）和 HigeBoost 算法（Gao and Koller，2011）等。纠错输出编码法的一个缺点是没有有效利用每一个原始类别的结构信息（Wang et al.，2012）。层次分解法按照类别之间的相似性，将 C 分类问题拆解成以二叉树形式组织的 $C-1$ 个二分类问题，典型代表有 AdaBoost.asBHC 算法（Jun and Ghosh，2009）。层次分解法可以避免一对多造成的数据集偏斜、一对一法造成的子分类器数目过多导致错误累积的问题（Kumar et al.，2002）。

AdaBoost 算法中将多类拆解为多个二分类的优点是使用与二分类相同的弱分类器条件，即每个子分类器的准确率高于 50%，从而克服了直接多类分类 AdaBoost 算法中难以确定弱分类器条件这一难点。但在 AdaBoost. MH 算法中所需弱分类器条件依然较高，因此拆解法对多类分类 AdaBoost 算法问题不一定总是最合适的（Mukherjee and Schapire，2010）。直接多类分类 AdaBoost 算法一方面通过选择 CART 等直接支持多分类的算法作为基分类器，能够直接对原有的二分类 AdaBoost 算法进行推广。相比二分类 Boosting 算法，多类分类 Boosting 算法的理论基础还有待完善，主要是如何寻找精确的弱分类器条件，并在此条件内设计直接多类分类算法以有效地减小训练误差、提高分类器的泛化能力（Mukherjee and Schapire，2010）。

AdaBoost 算法对噪声或粗差（outliers）非常敏感。近年来，研究人员针对 AdaBoost 算法的这种缺陷，从不同角度提出了不同的改进算法，如 Friedman 等（2000）将软边界引入 AdaBoost 算法中，提出了较少强调粗差点的 Gentle AdaBoost 算法，在解决类别数较大的多类问题时特别有效。进一步地，Freund（1999）提出了 BrownBoost 算法，该算法不强调那些太困难以至于无法正确分类的粗差点，赋予误分类样本很小的权重。与 AdaBoost 算法类似，BrownBoost 算法具有自适应性，但引入了时间参数用以反映训练样本集的噪声部分，该算法预先知道需要迭代的次数，可以不用考虑那些剩下的时间内不太可能正确分类的样本，试验表明在存在分类噪声的情况下，BrownBoost 算法的分类效果要优于 AdaBoost 算法。

AdaBoost 算法自出现以来就受到了广大学者的关注，对其的改进主要集中在三个方面：

（1）调整权值更新方法。Nakamura 等（2004）通过设置困难样本的权值上限，达到减缓过学习的目的。Lozano 和 Abe（2008）将代价敏感（cost-sensitive）算法引入 AdaBoost 算法中优化分类器的效果。

（2）改进 AdaBoost 算法的基分类器。其核心在于替换表现不好的弱分类器，使得达到相同效果时采用的特征数远小于 AdaBoost 算法。FloatBoost 算法在训练上更为烦琐，但在检测效果上有显著提升（Li and Zhang，2004）。Mallapragada 等（2009）提出了 SemiBoost 算法，每次迭代选择一部分置信度较高的未标记样本加入训练样本集，以解决样本标注瓶颈的问题。Samat 等（2014）将极限学习机作为 Bagging 算法和 Boosting 算法的基分类器，取得了比支持向量机更好的分类精度。

（3）结合 AdaBoost 算法和其他算法来组成新的算法。Xiao 等（2003）提出了 Boosting Chain 算法，用链表的方式来组织分类器，该算法先用 Boosting 特征快速排除大量非目标窗口，再用 Boosting Chain 和支持向量机分类器进行判别，试验效果相比 FloatBoost 算法略好。Huang 等（2005）提出了将 AdaBoost 算法结合投影思想的新算法，实现了多视角的人脸检测，拓展了应用范围，适应性更强。AdaBoost 算法具有高度拟合的特点，噪声会对训练产生很大影响，Gao 等（2011）在 AdaBoost 算法的基础上加入了最近邻算法，对噪声样本进行了有效处理，提高了算法的精确度。

3.1.3 Boosting 算法在遥感领域的应用

Friedl 等（1999）将 Boosting 算法引入遥感领域，对多时相区域和全球尺度的 AVHRR 遥感影像进行分类，结果表明 Boosting 算法能够降低 20%～50%的分类误差。Lawrence 等（2004）利用随机梯度 Boosting 算法对 IKONOS、Landsat ETM+多光谱影像和 Probe-1 高光谱影像进行分类，发现该算法对 IKONOS 和 Probe-1 高光谱影像精度的提高较为明显。Nishii 和 Eguchi（2005）考虑遥感影像中邻近像素的关系，基于 AdaBoost 算法提出了一种类似马尔可夫随机场的分类方法。Kawaguchi 和 Nishii（2007）采用决策树桩（decision stump）作为 AdaBoost 算法的基分类器，性能优于支持向量机和人工神经网络等方法。Stavrakoudis 等（2011）提出了一种遗传模糊 Boosting 分类器，以 IKONOS 影像作为数据源，以光谱特征和纹理特征作为输入，与其他算法相比，该算法能够更有效地处理多维特征空间，有效地融合不同的数据源。Dos Santos 等（2013）提出了一种遥感影像多尺度分割交互式分类方法，主要目的是通过 Boosting 算法的主动学习策略在不同的尺度上按用户的相关性选择最合适尺度的训练样本。Ramzi 等（2014）提出了自适应的 AdaBoost SVM 算法，多/高光谱影像首先被分为若干由相邻波段组成的子集，然后利用最优波段组合去除每个子集中的冗余波段，将支持向量机算法应用到每组中，最后利用投票法和朴素贝叶斯集成每组得到的支持向量机结果，该算法的性能优于传统算法，尤其是在类别复杂度较高且训练样本较少的情况下。Tokarczyk 等（2015）提出了利用 Boosting 技术自动选择有效的特征用于遥感影像语义分类，取得了良好的分类精度。

国内学者也对 Boosting 算法在遥感领域的应用做了一些有意义的工作。例如，龚健雅等（2010）通过影像分割构建影像对象，选取若干分割后的影像对象作为训练样本，综合多种特征（光谱、纹理、空间），利用 AdaBoost 算法对影像对象进行分类，在 QuickBird 高分辨率遥感影像分类中取得了较高精度。况小琴等（2014）联合 Adaboost 和 Hough 森林算法进行遥感影像目标检测，利用前者检测出候选目标区域，然后通过后者对这些候选目标区域进行二次筛选，不仅能很好地去除虚假目标，还能保证检测时间的有效性。马潇潇等（2014）提出了基于 Diverse AdaBoost 改进支持向量机的分类方法，采用支持向量机作为 AdaBoost 的基分类器，对无人机遥感影像进行了道路、建筑物的提取，取得了比传统支持向量机更为精确的结果。杜培军等（2013）提出了利用 Bagging 和 AdaBoost 的多示例集成学习算法，将粗包细分、多样性密度和最大似然分类相结合来抑制高分辨率遥感影像分类的不确定性。王奎等（2013）结合影像的边缘特征和灰度特征使用 AdaBoost 分类器进行云图分类，利用影像的空间相关性对分类结果进行修正，经 10 万余幅影像测试结果表明，该算法与传统算法相比，准确度得到极大提高，且运算速度快，满足了实时性要求。慎利等（2013）提出了利用空间像素模板来获取空间邻域关系，结合 AdaBoost 集成学习算法，实现高分辨率遥感影像上河流的精确提取。

3.2　Bagging 算法实现与应用

Bagging 算法是 Breiman 在 1996 年提出的一种与 Boosting 算法类似的集成方法。Bagging 算法利用有放回取样技术，对给定训练集合和弱学习算法进行 T 次调用，每次调用只使用训练样本集中的某个子集作为当前训练样本集，每一个训练样本在某轮训练样本集中可以多次或根本不出现（Breiman，1996）。经过 T 次调用后，可得到 T 个不同的分类器，对一个测试样本 x 进行分类时，分别调用 T 个分类器，得到 T 个分类结果。最后对 T 个分类结果进行投票，将出现次数多的类别赋予测试样本 x。

3.2.1　Bagging 算法实现

Bagging 算法实现步骤如下：

输入：给定训练样本集 $\{(x_1,y_1),\cdots,(x_n,y_n)\}$，其中 $y_i \in \{1,\cdots,C\}$，迭代次数为 T，弱分类器。

步骤 1：在每一个循环 $t = 1,\cdots,T$，执行步骤 2 和步骤 3。

步骤 2：从训练样本集中进行第 t 次取样（有放回取样）。

步骤 3：用弱分类器学习算法进行训练，得到弱的假设模型 h_t。

输出：输出强分类器 $H(x) = \arg\max \sum_{t:h(x)=y} 1$。

Breiman（1996）指出，稳定性是 Bagging 算法能否提高预测准确率的关键因素，Bagging 算法对不稳定的学习算法能够提高预测的准确度，而对稳定的学习算法效果不明显，有时甚至反而会降低预测准确度。Bagging 算法和 Boosting 算法在不稳定的学习算法中都表现得非常好。学习算法的稳定性是指训练样本集有较小的变化，学习算法的结果不会发生较大变化，如最近邻法和朴素贝叶斯(naive Bayes)方法是稳定的，而决策树和神经网络等方法是不稳定的。

Bagging 算法与 Boosting 算法的区别如下（Breiman，1996）：

（1）Bagging 算法的训练样本集是随机选择的，各个训练样本集是独立的，而 Boosting 算法的训练样本集依赖于上一次学习的结果，相互之间不独立。

（2）Bagging 算法的每个基分类器没有权重，而 Boosting 算法根据上一次训练的误差得到该次基分类器的权重。

（3）Bagging 算法的各个基分类器结果可以并行生成，而 Boosting 算法的各个基分类器结果只能顺序生成。对于神经网络等训练时间较长的学习方法，Bagging 算法可通过并行训练节省大量时间。

（4）在分类器为弱分类器的情况下，Bagging 算法总是可以改善学习系统的性能；Boosting 算法在满足有效条件时的性能优于 Bagging 算法，但是一旦不满足条件，可能使学习系统的性能恶化。

3.2.2　Bagging 算法在遥感领域的应用

Olivier 等（2001）构建了一个以高分辨率遥感影像、上下文信息和纹理信息为输入的集成学习分类系统，采用 Bagging 算法和随机子空间算法进行多分类器组合，试验表明分类精度优于最邻近分类法和 C4.5 决策树方法。Chan 等（2001）基于遥感影像分类实践说明 Boosting 算法和 Bagging 算法在基分类器为不稳定分类器时特别有效。Briem 等（2002）针对多源遥感影像（包括地理数据），实现了基于 Boosting 算法、Bagging 算法和一致性理论的集成学习分类系统，结果表明经过集成学习分类系统的学习，总体精度得到显著提高。Tuia 等（2009）将 Bagging 算法应用到遥感影像主动学习分类中。

刘勇洪等（2005）引入 Bagging 和 Boosting 集成技术，对中国华北地区 MODIS 影像进行了土地覆盖决策树分类试验与分析，研究结果表明决策树在满足充分训练样本的条件下，相对传统方法如最大似然法能明显提高分类精度，而在样本量不足的情况下分类表现差于最大似然法。吴春花等（2012）提出了一种基于投票法融合的水体提取方法，首先利 Bagging、随机森林和神经网络分类器对遥感影像进行分类，然后采用多数投票法从决策层融合 3 个水体分类结果，研究表明该方法能够有效去除阴影且能较好地识别狭小水体，具有良好的应用效果。陈绍杰等（2011）利用差异性测定选择不同基分类器并采用 Bagging、Boosting 集成分类算法进行融合，研究表明多分类器集成能够有效提高土地利用分类精度。吕京国（2014）以反向传播、径向基函数和 Hopfield 神经网络为基分类器，采用 Bagging 和 Boosting 集成策略生成个体网络，与单个神经网络分类结果对比，集成后的结果具有较强的泛化能力与较高的分类精度等优势。

3.3　MultiBoost 算法实现与应用

使用 Bagging 算法组合 T 个线性分类器，最终由投票输出的组合模型实质为一个分段线性函数。与原始的单一线性函数相比，组合后的模型具有一定的非线性性质，具备更强的分类性能。Bagging 组合法的非线性性质，使其具有降低分类模型偏差的性能。使用 AdaBoost 算法对若干线性基分类器进行组合时，一般情况下，AdaBoost 算法比Bagging 算法更能有效降低分类模型的偏差。Bagging 算法得到的若干线性基分类器之间的差异性较小，而 AdaBoost 算法得到的若干线性分类器之间的差异性较大。可见，AdaBoost 算法在每一次的迭代中，对训练样本尤其是错分样本的依赖程度较大，因而相比 AdaBoost 算法，Bagging 算法对分类模型方差的降低能力更强。

机器学习方面的研究成果指出，Bagging 算法和 AdaBoost 算法存在较大差异，Bagging 算法主要降低分类模型的方差，而 AdaBoost 算法主要降低分类模型的偏差（Flach，2012；Bauer and Kohavi，1999；Breiman，1998；Quinlan，1996）。

MultiBoost 算法是 Bagging 算法和 AdaBoost 算法的继承和发展，综合了 Bagging 算法和 AdaBoost 算法各自在减小方差和偏差方面的能力，既能有效降低偏差，又能有效降低方差（Webb，2000）。MultiBoost 算法可以看作使用 Bagging 算法组合了若干组由AdaBoost 算法构建的分类器组，每个分类器组中含有若干个基分类器。在 MultiBoost 算法中，每个由 AdaBoost 算法构建的基分类器小组，被称为一个子决策组。若将 T 个基分类器使用 MultiBoost 算法进行组合，可以创建的子决策组数和每个子决策组包含的基分类器数目为 $\sqrt{T}$（Webb，2000）。

MultiBoost 算法与 AdaBoost 算法都是将 T 个基分类器一直迭代 T 轮，不同的是为每个子决策组设置一个迭代终止标志变量 $\dfrac{I_j}{z}$：

$$\begin{cases} n = \left\lfloor \sqrt{T} \right\rfloor \\ I_j = \left\lceil j \times \dfrac{T}{n} \right\rceil, \quad j = 1, \cdots, n-1 \\ I_j = T, \qquad\qquad j = n, \cdots, \infty \end{cases} \qquad （3.1）$$

当每个子决策组的迭代结束后，数据集中的所有样本将进行 1 次等样本权重的 Boostrap 抽样，其本质是为了进行 1 次 Bagging 迭代，以起到降低组合模型方差的作用。组合模型最终的输出类别与 AdaBoost 算法一致，即输出为累计权重最大的类别。

MultiBoost 算法实现步骤如下（Webb，2000）：

输入：给定训练样本集 $S = \left\{ (x_1, y_1), \cdots, (x_n, y_n) \right\}$，其中 $y_i \in \{1, \cdots, C\}$，迭代次数为 T，整数 I_j 子决策组迭代终止标志变量，弱分类器。

步骤 1：设置训练样本集中每个样本的权重为 $\dfrac{1}{n}$。

步骤 2：令 $j = 1$（I_j 下角标初始值为 1）。

步骤 3：在每一个循环 $t = 1, \cdots, T$，执行步骤 4～步骤 11。

步骤 4：根据式（3.1）计算 I_j 值。如 $I_j = t$，则将训练样本集中的每个样本权重均设为 $\dfrac{1}{n}$（当每个子决策组终止后，进行 1 次 Bagging 迭代）。

步骤 5：根据每个样本的权重有放回地抽样 m 次得到数据集 S_i。

步骤 6：将数据集 S_i 输入分类模型得到每个分类结果 φ_i。

步骤 7：计算每个基分类器的误差 ε_i。

步骤 8：若 $\varepsilon_i > 0.5$，则转到步骤 4。

步骤 9：若 $\varepsilon_i = 0$，则令 $\varepsilon_i = 10^{-10}$。

步骤 10：若 $0 < \varepsilon_i \leqslant 0.5$，错分样本的权重乘以 $\dfrac{1}{2}\varepsilon_i$，正分样本的权重乘以 $\dfrac{1}{2}(1 - \varepsilon_i)$。

步骤 11：计算每一个基分类器的权重 $\alpha_t = \dfrac{1}{2}\ln\left(\dfrac{1 - \varepsilon_t}{\varepsilon_t}\right)$。

输出：强分类器 $H(x) = \arg\max \sum\limits_{t:h(x)=y} \ln\dfrac{1}{\alpha_t}$。

Kavzoglu 和 Colkesen（2013）比较了现有的特征层和训练层训练方法，包括 Bagging、AdaBoost、MultiBoost、随机子空间、随机森林、旋转森林，发现 MultiBoost 和 AdaBoost 精度相当，但前者的运行效率比后者高，其中旋转森林的精度最高。吕锋等（2015）针对网络故障诊断中的模式识别问题，提出了一种基于 MultiBoost 的优化支持向量机集成学习方法。有关旋转森林及其改进算法将在第 4 章进行详细介绍。

3.4 随机子空间算法实现与应用

随机子空间是 Ho（1998）提出的一种分类器集成算法。与 Bagging 算法类似，随机子空间算法也是采用随机的采样方法，但是两者之间存在明显的差异。首先，随机子空间算法是对训练样本集的特征空间进行随机采样，而 Bagging 算法是对训练样本集的样本空间进行随机采样。其次，随机子空间是采用无放回的采样方法，而 Bagging 算法是采用有放回的采样方法，一般而言，随机子空间算法得到的特征子集的维度低于原始训练样本集的特征维度。Ho（1998）通过试验证明当基分类器为决策树时，采样的特征子集维度为原始训练样本集特征维度的一半时，得到的集成分类结果性能最优。此外，随机子空间算法能够降低训练样本集的特征维度，可以解决高维数据中存在的维度灾难问题，因此能够很好地应用于训练样本维度高而样本数较少的情况。

3.4.1 随机子空间算法实现

假设训练样本集 S 由 n 个特征维度大小为 N 的样本构成。随机子空间算法的主要思想如下：首先，对所有训练样本的特征空间随机抽取一部分，构成一个新的特征子集；然后，重复 T 次得到 T 个特征子集，将其输入基分类器中得到 T 个基分类结果，最后采用多数投票法组合所有基分类器的输出结果得到最终的分类结果。

随机子空间算法实现步骤如下（Ho，1998）：

输入：给定训练样本集 $S = \left\{ (x_1, y_1), \cdots, (x_n, y_n) \right\}$，其中 $y_i \in \{1, \cdots, C\}$，迭代次数为 T，弱分类器。

步骤 1：在每一个循环 $t = 1, \cdots, T$，执行步骤 2 和步骤 3。

步骤 2：从特征空间进行第 t 次取样得到特征子集 F_t。

步骤 3：用弱学习算法进行训练，得到弱的假设模型 h_t。

输出：强分类器 $H(x) = \arg\max \sum_{t : h(x) = y} 1$。

图 3.1 为随机子空间算法实现流程图。

3.4.2 随机子空间算法在遥感领域的应用

Waske 等（2010）构造了基于随机子空间的支持向量机集成算法，发现该算法能够有效提高高光谱影像的分类精度，尤其是在训练样本比较有限的情况下。Zhang 等（2008）联合随机子空间和光谱聚类对 SAR 影像进行分割，在取得有效结果的同时，克服了常规谱聚类对参数敏感的缺点。Yang 等（2010）根据子空间维度和权重分布提出了动态子空间集成算法，与传统随机子空间算法相比，该算法能够自动确定子空间的维度大小，具有比随机子空间分类精度高、分类噪声低等优点。王圆圆等（2008）将随机子空间算法应用于高光谱数据分类中，验证了其有效性，并采用遗传算法选择部分子空间基模型构成新组合来进一步提高分类精度。

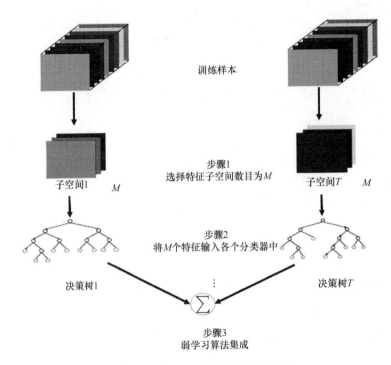

图 3.1   随机子空间算法实现流程图

3.5   随机森林算法实现与应用

随机森林是 Breiman（2001）提出的一种基于决策树的组合算法，是在样本空间、特征空间同时进行的集成学习算法。随机森林中的每一棵决策树依赖于一个由训练确定的参数组成的随机向量，每棵树通过 Bagging 算法生成独立同分布的训练样本集并利用这些样本集进行训练，同时在特征集中选择部分特征进行决策树的构造。

3.5.1   随机森林算法实现

随机森林由若干个决策树组成，其中决策树是用分类回归树（classification and regression tree，CART）算法生成的充分生长、没有剪枝的分类回归树。对于分类问题，采用简单多数投票法的结果作为随机森林的输出。对于回归问题，则采用所有基回归机的结果平均作为随机森林的输出。

随机森林算法实现步骤如下（Breiman，2001）：

输入：给定训练样本集 $S = \{(x_1, y_1), \cdots, (x_n, y_n)\}$，其中 $y_i \in \{1, \cdots, C\}$，迭代次数为 T，训练样本特征数为 D。

步骤 1：在每一个循环 $t = 1, \cdots, T$，执行步骤 2 和步骤 3。

步骤 2：从训练样本集中通过 Bagging 算法得到新的训练样本集。

步骤 3：对新的训练样本集，得到相应的新分类模型 h_t。其生长过程如下：在树的每个内部结点处从 D 个特征中随机挑选 m 个特征作为候选特征（$m < D$），按照结点不纯度最小的原则从这 m 个候选特征中选择一个最优特征对结点进行分裂生长。让每一棵分

类树充分生长直到每个叶子结点的不纯度达到最小，不对树进行剪枝。

输出：输出强分类器 $H(x) = \arg\max \sum\limits_{t:h(x)=y} 1$。

图 3.2 为随机森林算法实现流程图。

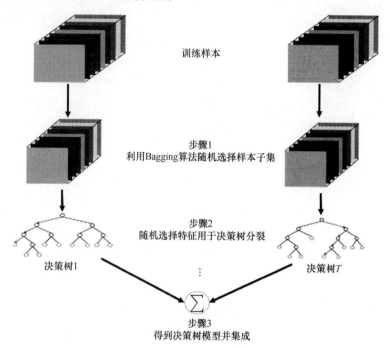

图 3.2   随机森林算法实现流程图

在随机森林算法中，每一次迭代都会生成一个样本子集，全体样本中有近33%的样本不会出现在每一份样本子集，这些数据被称为袋外（out-of-bag，OOB）数据。袋外数据可以用来估计组合分类器的泛化误差，或者用于估计单个特征的重要性。统计这些树对该样本的分类结果，计算错误分类的样本个数占样本总数的比重得到随机森林的袋外数据误分率。Breiman（2001）通过试验证明得到袋外数据误分率是随机森林泛化误差的一个无偏估计。

随机森林具有如下优势（Breiman，2001）：

（1）随机选择训练样本和分裂属性，使得随机森林对噪声数据不敏感，且不容易导致过拟合问题。

（2）将 CART 算法作为基分类器，使得随机森林能够处理离散型和连续型数据，且分类性能较优。

（3）随机森林生成样本相似度矩阵，用于度量样本之间的相似性。

（4）袋外数据可以用来估计模型的泛化误差。通过特征置换对袋外数据准确率进行排序，可以得到特征的重要程度。

（5）随机森林的参数少且简单，只有森林规模大小和每次结点分裂时所选属性个数两个参数。

（6）随机森林算法可以有效解决样本中的类不平衡问题，并且特别适用于一些常规机器学习算法难以处理的高维小样本数据。

从随机森林的构建过程可以看出，随机森林算法在分类精度和算法强度等方面较决策树等单分类器有较大提升。但随着研究的深入，随机森林的缺点逐渐暴露出来，主要体现在以下三个方面：

（1）处理不平衡数据能力有限。不平衡数据是指数据集中某一类的样本数量明显少于其他类样本的数量，其中样本数量较多的一类称为多数类，样本数量较少的一类称为少数类。随机森林算法对不平衡数据的处理不够理想的主要原因如下：一是由于随机森林在构建过程中，使用 Bagging 算法随机选取训练样本时，原训练样本集中的少数类本身样本数较少，因此被选中的概率就很小，这使得 T 个随机选取的训练样本集中含有的少数类的样本数比原有的数据集更少或者没有，这反而加剧了数据集的不平衡性，导致基于此数据集训练出的决策树的规则没有代表性；二是数据集本身少数类所占比例较低，使得训练出的决策树不能很好地体现少数类的特点，只有将少数类的数量加大，使数据集中的数据达到一定程度的平衡，才能使算法更稳定。为解决不平衡数据的问题，可通过改进现有算法或对本身数据进行重采样等。例如，Xie 等（2009）通过改变类分布并结合敏感学习提出一种平衡随机森林分类算法，将其用于预测客户流失，取得了比人工神经网络、常规随机森林和支持向量机更高的预测精度。杜均（2009）从应用代价敏感学习算法解决不平衡数据集分类问题的角度，研究出一种新的代价敏感随机森林算法。

（2）对连续型变量的处理。连续型变量离散化是机器学习和数据挖掘研究与应用中的一个重要方面。连续型变量离散化可以降低系统的粒度数，如果粒度数过高，则每个等价类中所含的个体数过少，使得该信息系统产生的规则支持度降低，导致系统含有更多的冗余信息。如果粒度过低，即每个属性过于离散化，则每个等价类中所含的个体数过多，使得可以正确分类的样本数占整个样本空间的比例过低，导致不相容信息的增加。因此，属性的离散化存在一个度的问题。已经证明，连续型变量的最优离散化问题是一个 NP 问题。在随机森林中，如果存在连续型变量，通用的做法是把这些连续型变量的值分成不同的区间，即离散化。这种方法虽然能将连续型变量转化为离散型变量，但其离散化后算法复杂度和数据集的约简率存在很大的关系，使得随机森林算法在分析计算节点分裂标准时，需要花费很多时间，极大地影响了算法的执行速度，因此在随机森林算法中，连续型变量离散化是一项需要优化的内容。

（3）随机森林算法的分类精度还需进一步提高。精度提高是分类算法优化研究永恒的主题，虽然随机森林是众多分类算法中分类精度较高的算法，但在现有研究文献中，其分类精度在 70%~90%，该数字在某些数据集上表现得更低。随机森林算法在不同数据集上的分类精度不同的主要原因有两个方面：一是数据集本身的原因，有些数据集的属性变量较少，在决策树的形成过程中分类规则过于简单，或者有些数据集具有不平衡性，这两种情况都需要对数据集进行预处理。二是算法本身的问题，算法在分裂的过程中选择分裂规则，或者是随机抽样时存在一些需要改进的方面。另外，随着数据量的增加，数据噪声更加严重，在某些需要更高精度的领域中，该算法还需进一步优化。

针对以上问题，通常从三个方面来进一步提高随机森林的性能：一是通过特征选择和特征提取来选择可靠的属性以及降低维度（Saeys et al.，2008）；二是寻找合适的组合方式来组合随机森林中的决策树，如倾斜随机森林（oblique random forests）等（Menze et al.，2011）；三是将随机森林作为基分类器进一步进行集成（Zhang and Suganthan，2014）。

3.5.2 随机森林算法在遥感领域的应用

随机森林具有人工干预少、运算速度快等特点，在遥感影像分类、模型回归分析等遥感领域有大量应用。

Gislason 等（2006）和 Pal（2005）将随机森林应用于 Landsat ETM+多光谱影像的土地覆盖分类，试验表明随机森林非常适合于土地覆盖分类应用。Ham 等（2005）将随机森林用于基于高光谱数据的土地覆盖分类，研究以较差的训练样本条件下分类器泛化能力增强为目的给出了两种改进，表明了它们相对于传统方法的优越性。Chan 等（2008）比较了航空高光谱图像对生态区分类的 3 种分类方法，其中在准确率方面随机森林和 Adaboost 接近，高于神经网络的准确率（63.7%），但随机森林在训练中比 Adaboost 更快、更稳定。Lawrence 等（2004）利用随机森林检测南美牧场的入侵植物。Waske 和 Braun（2009）将随机森林用于基于多时相 C 波段 SAR 影像的土地覆盖分类，试验表明利用多时相数据信息可以有效地提高分类精度。Guo 等（2011）将随机森林用于机载 LiDAR 数据与多光谱数据相结合的城市量测，给出了对各个类各个特征的重要性。Miao 等（2012）从决策树大小、集成数目、波段选择、精度和效率 5 个方面对 Bagging、AdaBoost 和随机森林进行比较，得出 AdaBoost 的精度最高，但随机森林更有效率。Ismail 和 Mutanga（2010）比较了 Bagging、AdaBoost 和随机森林在回归方面的性能，其中随机森林表现最优。Xia 等（2015）利用半监督特征提取技术对随机森林进行再集成，结果表明该方法能较好地提高高光谱遥感影像的分类精度。

刘毅等（2012）将随机森林引入国产遥感小卫星影像分类中，与传统方法相比，随机森林具有更好的稳定性、更高的分类精度和更快的运算速度。刘蕾等（2013）结合 Landsat TM 影像、ENVISAT ASAR 的 C 波段雷达影像和地形辅助数据，采用随机森林对扎龙湿地进行遥感分类，取得了比常规方法更好的分类结果。宋相法和焦李成（2012）结合稀疏表示、光谱信息和随机森林提出了一种新的高光谱遥感影像分类算法。

随机森林在遥感反演与回归分析方面也取得了良好的应用效果。李旭青等（2014）以氮素光谱敏感指数作为输入变量，以冠层氮素含量数据作为输出变量，利用随机森林算法构建水稻冠层氮素含量高光谱反演模型，结果表明基于随机森林算法的水稻冠层氮素含量高光谱反演模型可解释、所需样本少、不会过拟合、精度高且具有普适性。王丽爱等（2015）使用随机森林回归算法构建小麦叶片叶绿素相对含量值遥感反演模型，随机森林模型在 3 个生育期都表现出最强的学习能力，预测能力高于神经网络和支持向量机回归模型。付建飞等（2012）选取 16 个预测因子（包括 8 个遥感因子、3 个 DEM 因子、4 个土壤因子和 1 个地层岩性），提取泥石流发生当日和前一日累计降水数据为响应因子，建立了随机森林回归树模型，在区域尺度上对凤城市泥石流灾害进行预警预测。

3.6 算法综合试验与比较分析

3.6.1 常用软件工具

基于样本集和特征集的集成学习算法可以在 Weka、R 和 MATLAB 等语言环境中实现。

Weka 的全名是怀卡托智能分析环境（Waikato environment for knowledge analysis），是一款免费、非商业化、基于 Java 环境开源的机器学习与数据挖掘软件。Weka 的优势主要体现在分类领域，包含多种基于样本集和特征集的方法。Weka 是由 Java 编写的数据挖掘工具，所有的数据挖掘程序都包含在软件中，用户只需要到 http://www.cs. waikato.ac.nz/ml/weka/下载最新的软件即可。

R 语言是一套完整的数据处理、数据存储、计算和制图软件系统，其功能包括数组运算工具（其向量、矩阵运算方面的功能尤其强大）；统计分析工具；统计制图功能；编程语言：可操纵数据的输入和输出，用户自定义等。R 语言可方便实现 Bagging、AdaBoost 和随机森林算法，更多的信息可以从 http://blog.revolutionanalytics.com/2014/04/ensemble-packages-in-r.html 获得。

MATLAB 是广泛用于算法开发、数据可视化、数据分析、数值计算的高级技术计算语言和交互式环境。在 MATLAB 中可实现 Bagging、Boosting 和随机子空间算法。

3.6.2 多光谱遥感影像分类试验

多光谱遥感影像分类试验数据分别为 2009 年 1 月 18 日广州市中心城区的 CBERS 影像（空间分辨率为 19.5m）和 2010 年 11 月 30 日徐州市中心城区 HJ-1 影像（空间分辨率为 30m），两幅影像都选择了可见光/近红外的 4 个波段，CBERS 影像大小为 500 像元×500 像元，HJ-1 影像大小为 400 像元×400 像元。根据不同区域的实际地物类型，将 CBERS 影像分为水体、居民区、城市森林、果园、农用地、工业区、建筑用地和休闲地 8 类，HJ-1 影像分为水体、林地、农田、建筑用地和裸地 5 类。

多光谱遥感影像波段数较少，因此在分类中只比较 Bagging、AdaBoost.M1 和 MultiBoost 等分类算法。选用的基分类器为 J48 决策树分类器（不稳定分类器）和 K 近邻（KNN）分类器（稳定分类器）。J48 是在 C4.5 决策树算法基础上加入了改进的剪枝过程。KNN 根据最邻近的样本类别来判断待分样本所属的类别。Bagging、AdaBoost.M1、MultiBoost 的迭代次数设为 100，在此将 MultiBoost 的训练样本分为 10 份。

CBERS 影像和 HJ-1 影像的分类结果如图 3.3 和图 3.4 所示。CBERS 影像和 HJ-1 影像分类精度统计如表 3.1 所示。由表 3.1 可知，KNN 在两幅影像中都取得了较高的分类精度，而 J48 的分类精度低于 KNN。对于稳定的基分类器 KNN 而言，基于训练样本的集成学习算法对提高分类精度没有明显作用。但对于不稳定的分类器 J48 而言，3 种集成学习算法能够明显提高分类精度，特别是 AdaBoost 和 MultiBoost，CBERS 影像的分类精度从 71.06%提高到 76.12%和 76.41%，而 HJ-1 影像的分类精度从 82.08%提高到 86.39%和 87.02%。对比 Bagging、AdaBoost 和 MultiBoost，Bagging 主要是降低分类误差，AdaBoost 不仅能降低分类误差，还能降低分类偏差，而 MultiBoost 是在 Bagging 和 AdaBoost 的基础上进一步降低分类的误差和偏差。因此，在一般情况下，MultiBoost 获得的集成学习分类精度最高，AdaBoost 次之，Bagging 最低，这与两幅影像的试验结果相吻合。但是 MultiBoost 的计算复杂度高于 AdaBoost 和 Bagging，而且 MultiBoost 需要的设置参数变量多于 AdaBoost 和 Bagging。如果追求精度最高，选择 MultiBoost，如果综合考虑精度和效率，选择 AdaBoost。对于稳定的分类器学习算法 KNN 而言，初始训练样本的选择对分类结果的影响较大，该算法要求不同类别的样本尽量平衡，如当一个类别的样本容量过大，而其他类别的样本容量很小时，在决策时待分类样本的邻居中大容量样本占多数，易发生混分现象。另外，KNN 的另一个不足之处是计算量较大，每一个待分类的像元都要计算它到全体已知样本的距离，才能求得其最近邻点。进一步的研究表明，虽然不同训练样本对 J48 和 KNN 分类精度的影响较大，但 J48 可以通过 3 种集成学习算法来有效提高精度，而 KNN 则效果较差；而且在计算速度上，J48 要远远快于 KNN，甚至基于 J48 的 MultiBoost 算法都要快于 KNN。因此，在国产卫星大范围遥感影像制图中，为了保持其稳定性和效率，基于 J48 的训练层集成学习算法不失为一个好的解决方案。

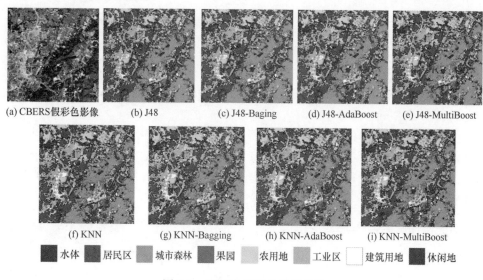

图 3.3　CBERS 影像分类结果图

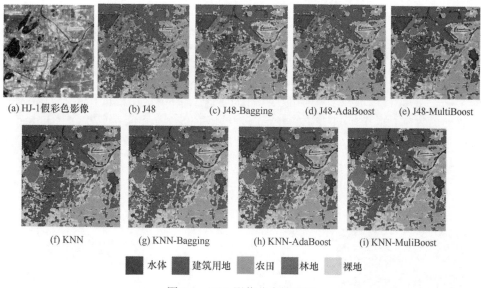

图 3.4　HJ-1 影像分类结果图

表 3.1　CBERS 影像和 HJ-1 影像分类精度

遥感影像分类器	CBERS 影像		HJ-1 影像	
	总体精度/%	Kappa 系数	总体精度/%	Kappa 系数
J48	71.06	0.68	82.08	0.73
J48-Bagging	72.60	0.69	82.91	0.73
J48-AdaBoost	76.12	0.74	86.39	0.79
J48-MultiBoost	76.41	0.74	87.02	0.80
KNN	75.97	0.73	87.19	0.80
KNN-Bagging	75.97	0.73	87.20	0.80
KNN-AdaBoost	76.04	0.73	86.90	0.80
KNN-MultiBoost	76.07	0.73	86.90	0.80

基于如上试验可以初步得到以下结论：

（1）对于不稳定的分类器（如 J48），3 种集成学习算法均能提高多光谱遥感影像的分类精度。MultiBoost 的精度高于 AdaBoost 和 Bagging，但 AdaBoost 和 Bagging 的计算复杂度低于 MultiBoost。

（2）CBERS 影像和 HJ-1 影像现已广泛用于洪涝和干旱灾害、环境污染、生态环境监测等方面，而大范围遥感影像分类正是其中最广泛的应用之一。综合考虑 KNN 和 J48 的精度、效率以及在 3 种集成学习算法中提高精度的潜力，就大范围遥感影像制图而言，基于 J48 的训练层集成学习算法不失为一个好的解决方案。

3.6.3　高光谱遥感影像分类

研究包含的高光谱影像包括 AVIRIS 传感器获取的 Indian Pines 高光谱影像、ROSIS 传感器获取的意大利帕维亚大学（Pavia University）影像。

Indian Pines AVIRIS 影像获取于 1992 年 6 月，覆盖印第安纳西北部的农业区和森林。原始影像包含 220 个波段，去除含有噪声和水汽的 20 个波段，运用 200 个波段进行分类。影像大小为 145 行 145 列，空间分辨率为 20m，包含 16 类地面真实数据（各类括号中数字为类别的训练样本数），包括大豆略耕地（2468 个）、大豆未耕地（968 个）、纯净大豆（614 个）、草地（497 个）、树林（1294 个）、玉米未耕地（1434 个）、树草（747 个）、玉米略耕地（834 个）、堆积干草（489 个）、林间小道（380 个）、苜蓿（54 个）、小麦（212 个）、修剪的牧草（26 个）、玉米（234 个）、钢铁塔（95 个）和燕麦（20 个）。Indian Pines AVIRIS 假彩色影像及其真实地物分布图如图 3.5 所示。

玉米未耕地　树草
玉米略耕地　修剪的牧草
玉米　堆积干草
大豆未耕地　燕麦
大豆略耕地　小麦
纯净大豆　树林
苜蓿　林间小道
草地　钢铁塔

(a) 假彩色影像　　　　(b) 真实地物分布

图 3.5　Indian Pines AVIRIS 假彩色影像及其真实地物分布图（彩图附后）

帕维亚大学 ROSIS 高光谱影像的光谱范围为 0.43～0.86 μm，115 个波段，空间分辨率为 1.3m。原始影像包含 610 行 340 列。去除含有噪声和水汽的 12 个波段，剩余 103 个波段。帕维亚大学 ROSIS 影像包含的类别如下（各类括号中数字分别为类别的训练样本数和测试样本数）：柏油马路（548 个，6641 个）、草地（540 个，18649 个）、沙砾（392 个，2099 个）、树木（524 个，3064 个）、金属板（265 个，1345 个）、裸土（532 个，5029 个）、沥青屋顶（375 个，1330 个）、地砖（514 个，3682 个）、阴影（231 个，947 个）。帕维亚大学 ROSIS 假彩色影像及其真实地物分布图如图 3.6 所示。

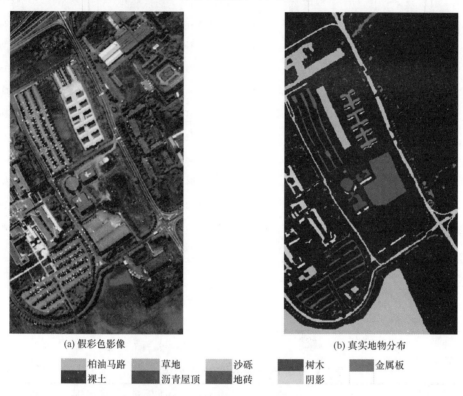

    (a) 假彩色影像   (b) 真实地物分布

柏油马路　草地　沙砾　树木　金属板
裸土　沥青屋顶　地砖　阴影

图 3.6　帕维亚大学 ROSIS 假彩色影像及其真实地物分布图（彩图附后）

基于样本层和特征层的分类集成算法设置参数如下：基分类器选择 Classification and regression tree（CART），迭代次数为 10，MultiBoost 的训练样本分为 10 份，随机子空间的子特征集数为影像特征维数的一半，随机森林的子特征集数为影像特征维数的开方根值。AVIRIS 影像选择 20%的真实样本作为训练样本，剩余样本作为测试样本。

基于样本层和特征层的分类器集成算法在 AVIRIS 影像和 ROSIS 影像中的精度如表 3.2 和表 3.3 所示，对应的分类结果如图 3.7 和图 3.8 所示。从表 3.2 可以看出，CART 的分类结果最差，对高光谱影像的分类噪声没有很好的抑制，Bagging、AdaBoost、MultiBoost、随机子空间和随机森林能够有效地抑制噪声，产生的结果比较平滑，更接近真实地物分布。

表 3.2　AVIRIS 影像不同方法的分类精度　　　　　　（单位：%）

项目	CART	Bagging	AdaBoost	MultiBoost	随机子空间	随机森林
苜蓿	55.56	57.41	59.26	60.31	59.46	40.74
玉米未耕地	49.58	69.74	67.43	70.53	69.42	72.25
玉米略耕地	48.92	62.23	58.03	63.12	64.01	62.83
玉米	28.21	48.72	40.17	50.02	49.12	53.42
草地	82.09	87.32	86.52	86.12	84.51	82.90
树草	78.58	95.98	93.31	95.37	94.31	94.24
修剪的牧草	11.54	26.92	23.08	27.08	27.46	19.23
堆积干草	79.75	96.32	96.93	97.93	95.93	97.75
燕麦	30.00	30.00	20.00	30.00	45.00	45.00
大豆未耕地	55.68	66.53	60.43	62.43	63.41	73.66
大豆略耕地	63.74	83.91	85.82	84.82	82.17	87.72
纯净大豆	39.41	43.16	49.84	45.84	52.15	59.45
小麦	83.49	91.04	91.04	91.04	91.98	91.98
树林	88.18	94.82	93.12	93.58	95.47	95.29
林间小道	48.68	48.16	55.79	57.12	50.14	50.26
钢铁塔	89.47	92.63	88.42	87.23	85.51	82.11
总体精度	63.20	76.89	76.12	77.25	77.62	79.64
平均精度	58.31	68.43	66.82	68.91	69.37	69.30
Kappa 系数	58.40	73.44	72.53	74.21	74.24	76.61

表 3.3　ROSIS 影像不同方法的分类精度　　　　　　（单位：%）

项目	CART	Bagging	AdaBoost	MultiBoost	随机子空间	随机森林
地砖	77.08	90.30	87.48	87.92	88.63	89.92
阴影	89.76	96.83	96.83	96.51	96.12	96.41
金属板	92.94	96.88	98.59	98.93	96.53	99.03
裸土	72.32	76.46	77.43	77.02	74.46	76.02
树木	96.05	97.42	98.53	98.64	98.42	98.73
草地	51.46	54.61	56.67	56.87	53.61	56.58
沙砾	42.88	52.31	49.69	54.25	58.31	53.22
柏油马路	70.94	79.51	80.35	81.05	80.51	80.00
沥青屋顶	78.87	85.64	86.32	86.03	87.64	86.99
总体精度	64.91	70.29	71.22	71.45	70.84	71.38
平均精度	74.70	81.11	81.32	81.91	81.58	81.88
Kappa 系数	57.20	63.55	64.58	64.91	64.13	64.75

由表 3.2 和表 3.3 可得到以下结论：

（1）CART 的总体精度最低，说明 CART 在高光谱遥感影像分类中存在局限性。所有集成算法的分类精度都得到了不同程度的提高，说明了集成学习的有效性。

（2）Bagging、AdaBoost、MultiBoost、随机子空间和随机森林通过不同策略来构造分类器集合，不仅能提高整体分类精度，还能提高各个类别的分类精度。但在不同数据集上，其表现各异。AVIRIS 影像空间分辨率低、噪声较多，使得 AdaBoost 的性能低于 Bagging。MultiBoost 能够较好地结合 Bagging 和 AdaBoost 的优势，在两个数据集上其性能都优于 Bagging 和 AdaBoost。在 AVIRIS 数据集上，随机森林获得最高精度，而在 ROSIS 数据集上，MultiBoost 获得最高精度。

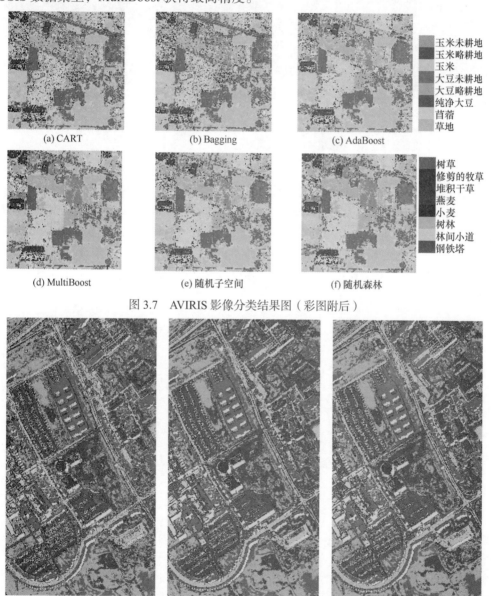

图 3.7　AVIRIS 影像分类结果图（彩图附后）

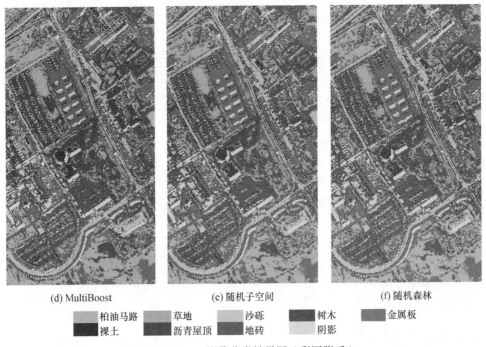

(d) MultiBoost　　　　　　　　(e) 随机子空间　　　　　　　　(f) 随机森林

柏油马路　　草地　　沙砾　　树木　　金属板
裸土　　　沥青屋顶　地砖　　阴影

图 3.8　ROSIS 影像分类结果图（彩图附后）

　　在算法的运算时间方面，随机森林速度最快，其他依次是随机子空间、Bagging、AdaBoost，MultiBoost 最慢。基于特征层和样本层的分类器集成共同参数只有迭代次数，随着迭代次数的增加，分类器集成的精度趋于稳定，但计算复杂度越来越高。当随机子空间的特征维数为原始训练样本集特征维度的一半时，所得到的集成分类精度最优，这与 Ho（1998）的试验结果一致。另外，随机森林的性能对子空间特征维数不太敏感。

3.7　本 章 小 结

　　本章对遥感影像常用的样本层和特征层的分类器集成算法进行了归纳与总结，包括 Bagging、AdaBoost、MultiBoost、随机子空间和随机森林等的理论分析、实现技术、遥感领域应用进展和存在的问题，最后通过多光谱和高光谱影像对以上分类器集成算法进行了比较和分析。

参 考 文 献

陈绍杰, 李光丽, 张伟, 等. 2011. 基于多分类器集成的煤矿区土地利用遥感分类. 中国矿业大学学报, 2: 273-278.

杜均. 2009. 代价敏感学习及其应用. 武汉: 中国地质大学博士学位论文.

杜培军, 阿里木·赛买提. 2013. 高分辨率遥感影像分类的多示例集成学习. 遥感学报, 17(1): 1993-2002.

付建飞, 门业凯, 侯根群, 等. 2012. 基于 Random Forest 的区域性泥石流的预警预测研究——以凤城市为例. 东北大学学报(自然科学版), 11: 1641-1644.

龚健雅, 姚璜, 沈欣. 2010. 利用 AdaBoost 算法进行高分辨率影像的面向对象分类. 武汉大学学报(信息科学版), 12: 1440-1443, 1448.

况小琴, 桑农, 王润民. 2014. 基于 Hough 森林算法的遥感影像目标检测. 测绘通报, S1: 112-115.

李旭青, 刘湘南, 刘美玲, 等. 2014. 水稻冠层氮素含量光谱反演的随机森林算法及区域应用. 遥感学报, 4: 923-945.

刘蕾, 臧淑英, 那晓东, 等. 2013. 兼容光学雷达影像及地形辅助数据的扎龙湿地遥感分类. 地理与地理信息科学, 1: 36-40.

刘毅, 杜培军, 郑辉, 等. 2012. 基于随机森林的国产小卫星遥感影像分类研究. 测绘科学, 4: 194-196.

刘勇洪, 牛铮, 王长耀. 2005. 基于 MODIS 数据的决策树分类方法研究与应用. 遥感学报, 4: 405-412.

吕锋, 李翔, 杜文霞. 2015. 基于 MultiBoost 的集成支持向量机分类方法及其应用. 控制与决策, 1: 81-85.

吕京国. 2014. 基于神经网络集成的遥感图像分类与建模研究. 测绘通报, 3: 17-20.

马潇潇, 王宝山, 李长春, 等. 2014. 基于 Diverse AdaBoost 改进 SVM 算法的无人机影像信息提取. 地理与地理信息科学, 1: 13-17.

慎利, 唐宏, 王世东, 等. 2013. 结合空间像素模板和 Adaboost 算法的高分辨率遥感影像河流提取. 测绘学报, 3: 344-350.

宋相法, 焦李成. 2012. 基于稀疏表示及光谱信息的高光谱遥感图像分类. 电子与信息学报, 2: 268-272.

王奎, 张荣, 尹东, 等. 2013. 基于边缘特征和 AdaBoost 分类的遥感图像云检测. 遥感技术与应用, 2: 263-268.

王丽爱, 马昌, 周旭东, 等. 2015. 基于随机森林回归算法的小麦叶片 SPAD 值遥感估算. 农业机械学报, 1: 259-265.

王圆圆, 陈云浩, 李京. 2008. RSM 组合方法用于高光谱遥感数据的分类研究. 遥感信息, 1: 16-21.

吴春花, 杜培军, 夏俊士. 2012. 一种基于投票法融合的 ASTER 遥感影像水体提取方法. 遥感信息, 2: 51-56.

Bartlett P L. 1998. The sample complexity of pattern classification with neural networks: the size of the weights is more important than the size of the network. IEEE Transactions on Information Theory, 44(2): 525-536.

Bauer E, Kohavi R. 1999. An empirical comparison of voting classification algorithms: bagging, boosting, and variants. Machine Learning, 36: 105-139.

Baum E, Haussler D. 1989. What size net gives valid generalization?. Neural Computation, 1(l): 151-160.

Breiman L. 1996. Bagging predictors. Machine Learning, 24(2): 123-140.

Breiman L. 1998. Arcing classifiers. The Annals of statistics, 26(3): 801-849.

Breiman L. 2001. Random forest. Machine Learning, 45(1): 5-32.

Briem G J, Benediktsson J A, Sveinsson J R. 2002. Multiple classifiers applied to multisource remote sensing data. IEEE Transactions on Geoscience and Remote Sensing, 40(10): 2291-2299.

Bühlmann P. 2003. Boosting methods: why they can be useful for high-dimensional data. Proceedings of the 3rd International Workshop on Distributed Statistical. Computing(DSC2003): 1-9.

Chan J C W, Huang C, DeFries R S. 2001. Enhanced algorithm performance for land cover classification from remotely sensed data using bagging and boosting. IEEE Transactions on Geoscience and Remote Sensing, 39(3): 693-695.

Chan J C W, Paelinckx D. 2008. Evaluation of Random Forest and Adaboost tree-based ensemble classification and spectral band selection for ecotope mapping using airborne hyperspectral imagery. Remote Sensing of Environment, 112(6): 2999-3011.

Dietterich T G, Bakiri G. 1995. Solving multiclass learning problems via error-correcting output codes. Journal of Artificial Intelligence Research, 2(1): 263-286.

Dos Santos J A, Gosselin P H, Philipp-Foliguet S, et al. 2013. Interactive multiscale classification of high-resolution remote sensing images. IEEE Journal of Selected Topics in Applied Earth Observations and Remote Sensing, 6(4): 2020-2034.

Drucker H, Cortes C. 1996. Boosting decision trees. In Advances in Neural Information Processing Systems, 8: 479-485.

Flach P A. 2012. Machine Learning-the Art and Science of Algorithms that Make Sense of Data. New York: Cambridge University Press.

Freund Y, Schapire R E. 1996. Experiments with a new boosting algorithm. International Conference of Machine learning(ICML): 148-156.

Freund Y, Schapire R E. 1997. A decision theoretic generalization of online learning and an application to boosting. Journal of Computer and System Sciences, 55(1): 119-139.

Freund Y. 1995. Boosting a weak learning algorithm by majority. Information and Computation, 121(2): 256-285.

Freund Y. 1999. An adaptive version of the boost by majority algorithm. Proceedings of the 12th Annual Conference on Computational Learning Theory: 209-217.

Friedl M A, Brodley C E, Strahler A H. 1999. Maximizing land cover classification accuracies produced by decision trees at continental to global scales. IEEE Transactions on Geoscience and Remote Sensing, 37(2): 969-977.

Friedman J, Hastie T, Tibshirani R. 2000. Additive logistic regression: a statistical view of boosting. The Annals of Statistics, 28(2): 337-407.

Friedman J. 2001. Greedy function approximation: a gradient boosting machine. The Annals of Statistics, 29(5): 1189-1232.

Gao T S, Koller D. 2011. Multiclass boosting with hinge loss based on output coding. Proceedings of the 28th International Conference on Machine Learning: 569-576

Gao Y, Gao F. 2010. Edited AdaBoost by weighted kNN. Neurocomputing, 73(16-18): 3079-3088.

Gislason P O, Benediktsson J A, Sveinsson J R. 2006. Random forests for land cover classification. Pattern Recognition Letters, 27(4): 294-300.

Grove A J, Sehuurman D. 1998. Boosting in the limit: maximizing the margin of learned ensembles. Proceedings of the 15th National Conference on Artificial Intelligence: 692-699.

Guo L, Chehata N, Mallet C, et al. 2011. Relevance of airborne LiDAR and multispectral image data for urban scene classification using random forests. ISPRS Journal of Photogrammetry and Remote Sensing, 66(1): 56-66.

Guruswami V, Sahai A. 1999. Multiclass learning, boosting, and error-correcting codes. Proceedings of the 12th Annual Conference on Computational Learning Theory, 99: 145-155.

Ham J, Chen Y, Crawford M M, et al. 2005. Investigation of the random forest framework for classification of hyperspectral data. IEEE Transactions on Geoscience and Remote Sensing, 43(3): 492-501.

Ho T K. 1998. The random subspace method for constructing decision forest. IEEE Transactions on Pattern Analysis and Machine Intelligence, 20(8): 832-844.

Huang C, Ai H, Li Y, et al. 2005. Vector boosting for rotation invariant multi-view face detection. The 10th IEEE International Conference on Computer Vision(ICCV), 1: 446-453.

Ismail R, Mutanga O. 2010. A comparison of regression tree ensembles: predicting *Sirex noctilio* induced water stress in *Pinus patula* forests of KwaZulu-Natal, South Africa. International Journal of Applied Earth Observation and Geoinformation, 12(S1): S45-S51.

Jun G, Ghosh J. 2009. Multi-class boosting with class hierarchies. Proceedings of the 8th International Workshop on Multiple Classifier Systems. Berlin, Heidelberg, DE: Springer-Verlarg: 32-41.

Kavzoglu T, Colkesen I. 2013. An assessment of the effectiveness of a rotation forest ensemble for land-use and land-cover mapping. International Journal of Remote Sensing, 34(12): 4224-4241.

Kawaguchi K, Nishii R. 2007. Hyperspectral image classification by bootstrap AdaBoost with random decision stumps. IEEE Transactions on Geoscience and Remote Sensing, 45(11): 3845-3851.

Kearns M, Valiant L G. 1988. Learning Boolean formulae or finite automata is as hard as factoring. Technical Report, TR-14-88. Cambridge, USA: Harvard University.

Kumar S, Ghosh J, Crawford M M. 2002. Hierarchical fusion of multiple classifiers for hyperspectral data analysis. Pattern Analysis & Applications, 5(2): 210-220.

Kuncheva L I. 2004.Combining Pattern Classifiers: Methods and Algorithms. New York: Wiley.

Lawrence R, Bunna A, Powellb S, et al. 2004. Classification of remotely sensed imagery using stochastic gradient boosting as a refinement of classification tree analysis. Remote Sensing of Environment, 90(3): 331-336.

Li L. 2006. Multiclass boosting with repartitioning. Proceedings of the 23rd International Conference on Machine Learning. New York: ACM Press: 569-576.

Li S, Zhang Z. 2004. FloatBoost learning and statistical face detection. IEEE Transactions on Pattern Analysis and Machine Intelligence, 26(9): 1112-1123.

Lozano A C, Abe N. 2008. Multi-class cost sensitive boosting with p-norm loss functions. Proceedings of the 14th ACM SIGKDD International Conference on Knowledge Discovery and Data Mining: 506-514.

Mallapragada P K, Jin R, Jain A K, et al. 2009. SemiBoost: boosting for semi-supervised learning. IEEE Transactions on Pattern Analysis and Machine Intelligence, 31(11): 2000-2014.

Menze B H, Kelm B M, Splitthoff D N, et al. 2011. On oblique random forests. Machine Learning and Knowledge Discovery in Databases, Lecture Notes in Computer Science, 6912: 453-469.

Miao X, Heaton J S, Zheng S, et al. 2012. Applying tree-based ensemble algorithms to the classification of ecological zones using multi-temporal multi-source remote-sensing data. International Journal of Remote Sensing, 33(6): 1823-1849.

Mukherjee I, Schapire R E. 2010. A theory of multiclass boosting. Advances in Neural Information Processing Systems, 23: 1714-1722.

Nakamura P, Nomiya P, Uehara P. 2004. Improvement of boosting algorithm by modifying the weighting rule. Annals of Mathematics and Artificial Intelligence, 41(1): 95-109.

Nishii R, Eguchi, S. 2005. Supervised image classification by contextual AdaBoost based on posteriors in neighborhoods. IEEE Transactions on Geoscience and Remote Sensing, 43(1): 2547-2554.

Olivier D, Patrice L, Isabelle V D S. 2001. Remote sensing classification of spectral, spatial and contextual data using multiple classifier systems. Image Analysis Sterology, 20(1): 584-589.

Pal M. 2005. Random forests for land cover classification. International Journal of Remote Sensing, 26(1): 217-222.

Quinlan J R. 1996. Bagging, boosting and C4.5. Proceedings of the 13rd National Conference on Artificial Intelligence, 1: 725-730.

Ramzi P, Samadzadegan F, Reinartz P. 2014. Classification of hyperspectral data using an SVM-based AdaBoost classifier system. Photogrammetrie-Fernerkundung-Geoinformation: 1-3.

Saeys Y, Abeel T, Van de Peer Y. 2008. Robust feature selection using ensemble feature selection techniques. Joint European Conference on Machine Learning and Knowledge Discovery in Databases. Berlin, Heidelberg, DE: Springer-Verlag: 313-325.

Samat A, Du P, Liu S C, et al. 2014. E^{2}LMs: ensemble extreme learning machines for hyperspectral image classification. IEEE Journal of Selected Topics in Applied Earth Observations and Remote Sensing, 7(4): 1060-1069.

Schapire R E. 1990. The strength of weak learnability. Machine Learning, 5(2): 197-227.

Schapire R E, Freund Y. 1999. A short introduction to boosting. Journal of Japanese Society for Artificial Intelligence, 14(5): 771-780.

Schapire R E, Freund Y, Bartlett P, et al. 1998. Boosting the margin: a new explanation for the effectiveness of voting methods. The Annals of Statistics, 26(5): 1651-1686.

Schapire R E, Singer Y. 1999. Improved boosting algorithms using confidence-rated predictions. Machine Learning, 37(3): 297-336.

Stavrakoudis D G, Theocharis J B, Zalidis G C. 2011. A boosted genetic fuzzy classifier for land cover classification of remote sensing imagery. ISPRS Journal of Photogrammetry and Remote Sensing, 66(4): 529-544.

Sun Y J, Todorovic S, Li J. 2007. Unifying multi-class AdaBoost algorithms with binary base learners under the margin framework. Pattern Recognition Letters, 28(5): 631-643.

Tokarczyk P, Wegner J D, Walk S, et al. 2015. Features, color spaces, and boosting: new insights on semantic classification of remote sensing images. IEEE Transactions on Geoscience and Remote Sensing, 53(1): 280-295.

Tuia D, Ratle F, Pacifici F, et al. 2009. Active learning methods for remote sensing image classification. IEEE Transactions on Geoscience and Remote Sensing, 47(7): 2218-2232.

Valiant L G. 1984. A theory of the learnable. Communications of the ACM, 27(11): 1134-1142.

Wang Y Y, Chen S C, Xue H. 2012. Can under-exploited structure of original-classes help ECOC-based multi-class classification?. Neurocomputing, 89(15): 158-167.

Waske B, Braun M. 2009. Classifier ensembles for land cover mapping using multitemporal SAR imagery. ISPRS Journal of Photogrammetry and Remote Sensing, 64(5): 450-457.

Waske B, van der Linden S, Benediktsson J A, et al. 2010. Sensitivity of support vector machines to random feature selection in classification of hyperspectral data. IEEE Transactions on Geoscience and Remote Sensing, 48(7): 2880-2889.

Webb G I. 2000. Multiboosting: a technique for combining boosting and wagging. Machine Learning, 40(2): 159-196.

Xia J, Liao W, Chanussot J, et al. 2015. Improving random forest with ensemble of features and semisupervised feature extraction. IEEE Geoscience and Remote Sensing Letters, 12(7): 1471-1475.

Xiao R, Zhu L, Zhang H J. 2003. Boosting chain learning for object detection. Proceedings of the 9th IEEE International Conference on Computer Vision(ICCV), 3: 709-715.

Xie Y, Li X, Ngai E W T, et al. 2009. Customer churn prediction using improved balanced random forests. Expert Systems with Applications, 36(3): 5445-5449.

Yang J, Kuo B, Yu P, et al. 2010. A dynamic subspace method for hyperspectral image classification. IEEE Transactions on Geoscience and Remote Sensing, 48(7): 2840-2853.

Zhang L, Suganthan P N. 2014. Random forests with ensemble of feature spaces. Pattern Recognition, 47(1): 3429-3437.

Zhang T, Yu B. 2003. On the convergence of boosting procedures. Proceedings of the 20th International Conference on Machine learning(ICML): 904-911.

Zhang X, Jiao L, Liu F, et al. 2008. Spectral clustering ensemble applied to SAR image segmentation. IEEE Transactions on Geoscience and Remote Sensing, 46(7): 2126-2136.

第 4 章　基于旋转森林的遥感影像分类

旋转森林（rotation forest，RoF）是在第 3 章随机子空间、随机森林的基础上新发展的集成学习算法，其基本思想是在每次迭代中，将原始特征数据集分割成若干子集，对每个子集分别进行特征变换，将得到的变换分量按特征子集原有的顺序进行合并得到新的训练数据集，进而进一步得到差异性较大的决策树分类结果，对分类结果进行决策组合后，得到最终结果，如图 4.1 所示。旋转森林使用特征提取算法生成稀疏旋转矩阵，将原始特征投影到不同的坐标空间，从而使构建的基分类器具有很强的差异性（Rodriguez and Kuncheva，2006）。由于旋转森林能够构建差异性更大的基分类器，其性能往往优于 Bagging、AdaBoost 等算法（Rodriguez and Kuncheva，2006；Kuncheva and Rodriguez，2007；Ozcift and Gulten，2011）。本章将旋转森林引入遥感影像分类，并从特征提取、基分类器、空间特征等方面对其进行改进。4.1 节在传统旋转森林的基础上，构建基于最大噪声分离（maximum noise fraction，MNF）、独立成分分析（independent component analysis，ICA）和局部 Fisher 判别分析的旋转森林，运用不同的特征提取算法来获取旋转矩阵。4.2 节将马尔可夫随机场（Markov random field，MRF）模型引入旋转森林，利用局部线性特征提取来改进旋转森林。4.3 节将扩展形态学剖面引入旋转森林，并将极限学习机（extreme learning machine，ELM）作为基分类器来提高分类性能。4.4 节将旋转森林引入全极化 SAR 影像，结合空间特征和极化特征来提高分类性能。

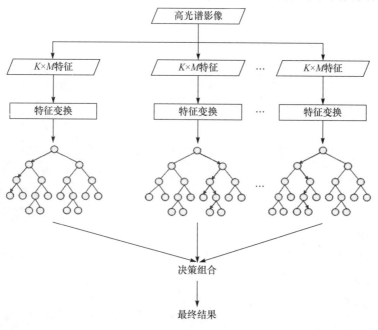

图 4.1　旋转森林基本思路

4.1　旋转森林原理

假设 $\{x_i, y_i\}_{i=1}^n$ 包含 n 个训练样本，其中 $x_i = (x_{i1}, x_{i2}, \cdots, x_{iD})^{\mathrm{T}}$ 是一个 D 维特征向量，$y_i \sim (1, 2, \cdots, C)$ 是类别标签。X 是一个 $n \times D$ 矩阵，$X = (x_1, x_2, \cdots, x_n)^{\mathrm{T}}$，$Y = (y_1, y_2, \cdots, y_n)^{\mathrm{T}}$。$\zeta^*$ 为集成分类器，由 T 个基分类器 $(\zeta_1, \cdots, \zeta_T)$ 组成。旋转森林算法实现的主要步骤如下（Rodriguez and Kuncheva, 2006；Kuncheva and Rodriguez, 2007；Ozcift and Gulten, 2011）：

输入：$[X, Y] = \{x_i, y_i\}_{i=1}^n$，$x_i = (x_{i1}, x_{i2}, \cdots, x_{iD})^{\mathrm{T}}$，$y_i \sim (1, 2, \cdots, C)$；迭代次数 T；特征子集个数 K（或特征子集中的特征数 M）；基分类器 S。

```
For i = 1, 2… T
```
步骤 1：计算第 i 个基分类器 ζ_i 的旋转矩阵 R_i^a。
```
For j = 1, 2… K
```
步骤 2：将特征集 F 随机分成 K 个子集 $F_{i,j}\ (j = 1, \cdots, K)$。

步骤 3：从训练样本 X 中选择对应于子集 $F_{i,j}$ 中包含的特征集，组成一个新矩阵 $X_{i,j}$。

步骤 4：从 $X_{i,j}$ 中用 Bootstrap 方法抽取 75% 的样本组成 $X'_{i,j}$。

步骤 5：利用主成分分析（principal component analysis，PCA）对矩阵 $X'_{i,j}$ 作特征变换，得到矩阵为 $D_{i,j}$，其中 $D_{i,j}$ 的第 i 列为第 j 特征分量的系数。

```
End for
```
步骤 6：利用矩阵 $D_{i,j}$ 组成一个块对角阵 R_i。

步骤 7：调整矩阵 R_i 的行，使其与特征集 F 中的特征顺序相一致，得到旋转矩阵。

$$R_i = \begin{bmatrix} a_{i,1}^{(1)}, \ldots, a_{i,1}^{(M_1)} & 0 & \cdots & 0 \\ 0 & a_{i,2}^{(1)}, \cdots, a_{i,2}^{(M_2)} & \cdots & 0 \\ \vdots & \vdots & & \vdots \\ 0 & 0 & \cdots & a_{i,K}^{(1)}, \cdots, a_{i,K}^{(M_K)} \end{bmatrix} \tag{4.1}$$

步骤 8：将 $\left[X R_i^a, Y \right]$ 作为基分类器 ζ_i 的输入。

```
End for
```
输出：对 $(\zeta_1, \cdots, \zeta_T)$ 结果进行投票，将得票最高的类别赋予最终类别。

在旋转森林中，需要强调的是在将特征集 F 随机划分为 K 个子集时，子集可以相交也可以不相交。为了增强基分类器之间的差异性，本章选择不相交的子集。在步骤 4 中，选择 75% 的样本容量的原因是当基分类器选择相同的特征子集时，训练样本能够有所不同，同时也能进一步增强基分类器之间的差异性。

旋转森林性能的好坏通常取决于基分类器和特征旋转算法。基分类器通常选择决策树，因为决策树对旋转矩阵比较敏感，通过决策树可以建立差异性较大的分类结果。CART 是决策树的一种算法，选择 CART 作为基分类器，CART 是通过 Gini 指数找到预测变量的最佳分裂点，对最佳分裂点进行最大化分裂，循环直到满足停止规则（Breiman et al., 1984；Loh, 2008）。针对特征旋转的影响，可以采用不同的特征提取方法进行数据变换，以评价旋转森林的性能，主要包括非监督的主成分分析、最大噪声分离、独立成分分析和监督的局部 Fisher 判别分析。

主成分分析是最常用的线性非监督特征提取方法，其基本思想是在数据空间中找出一组向量来解释数据的方差，将数据从原来的高维空间降到低维空间，在特征提取后保存数据中的主要信息（Jolliffe，1986；Richards and Jia，2006）。

假设 $X \in \mathbb{R}^D$ 是 D 维的随机向量，均值为 $E(X)$，协方差为 $\Phi(X)$，要使它们的方差最大，就要在 D 维空间 $\mathbb{R}^D$ 中寻找一个投影方向 a，使得 X 在 a 上的投影值 $a^T X$ 的方差最大。其实质是求协方差矩阵的特征值和特征向量。在高光谱遥感影像中，主成分分析的变换过程如下：首先计算高光谱影像波段之间的协方差矩阵，然后通过对协方差矩阵进行特征分解，获得特征值 λ 及相对应的单位特征向量 a，主成分分量可以通过 $Y = a^T X$ 得到。

最大噪声分离是 Green 等（1988）基于主成分分析进一步发展的用于判定影像数据内在维数的方法。最大噪声分离的实质是两次层叠的主成分分析。第一次变换实现噪声的分离，此过程是基于估计的噪声协方差矩阵；第二次变换是标准的主成分分析，实现了噪声白化。与主成分分析不同，最大噪声分离变换后的特征是按照信噪比从大到小进行排列，而不是按照方差从大到小进行排列。

假设高光谱影像中第 i 个波段影像形成的向量 z_i 在理想状况下由噪声向量 υ_i 和无噪声信号向量 s_i 组成，s_i 和 υ_i 不相关，$z_i = s_i + \upsilon_i$。最大噪声分离算法首先利用低通滤波将噪声 υ 从原始影像 z 中分离出来，然后分别求 z 和 υ 的协方差 $\sum_z$ 和 $\sum_\upsilon$。计算 $\sum_\upsilon^{-1} \sum_z$ 的特征值 λ 和相应的特征向量 U，最大噪声分离的变换最终可以表示为 $Y = U^T Z$。

独立成分分析是一种基于盲信号分离（blind source separation，BSS）的技术，从观测信号出发，对已知信息量很少的源信号进行估计，进而获得互相独立的原始信号的近似值（Jutten and Herault，1988；曾生根等，2004；易尧华等，2005）。假设观测信号 X 由独立成分 S 组合而成，即

$$X = A \times S \tag{4.2}$$

独立成分分析法就是描述观测信号 X 如何由独立成分 S 产生，A 为混合矩阵，W 为分离矩阵。

$$S = W \times X \tag{4.3}$$

因为独立成分 S 是隐藏变量，且混合矩阵 A 也是未知量，所以不能直接求解 S。独立成分分析的起始点基于一个非常简单的假设：S 统计独立，且非高斯分布。显然，在基本模型中分布是未知的。在估计出混合矩阵 A 后，可以进一步计算混合矩阵 A 的逆，即分离矩阵 $W = A^{-1}$，从而得到独立成分 S 的值（Jutten and Herault，1988；曾生根等，2004；易尧华等，2005）。

局部 Fisher 判别分析（local Fisher discriminant analysis，LFDA）综合了线性判别分析（linear discriminant analysis，LDA）和局部保持投影（locality preserving projection，LPP）的优点，能够在类别交叉的数据中获得较好的性能（Sugiyama，2007）。局部保持投影是通过能够保持高维数据的局部结构来计算投影方向，线性判别分析则是通过最大化类间散度和最小化类内散度来计算最佳投影方向（Fukunaga，1990；He and Niyogi，2004）。

线性判别分析的目标函数可以定义如下：

$$w_{\text{LDA}} = \arg\max \frac{w^{\text{T}} S_b w}{w^{\text{T}} S_\omega w} \tag{4.4}$$

式中，w 为投影向量，S_b、S_ω 分别为类间散度矩阵、类内散度矩阵，定义为

$$S_b = \sum_{i=1}^{C} n_i \left(\overline{x}_i - \overline{x} \right) \left(\overline{x}_i - \overline{x} \right)^{\text{T}} \tag{4.5}$$

$$S_\omega = \sum_{i=1}^{C} \sum_{j=1}^{n_i} \left(x_i^j - \overline{x}_i \right) \left(x_i^j - \overline{x}_i \right)^{\text{T}} \tag{4.6}$$

式中，C 为类别总数；n_i 为第 i 类的样本数；$\overline{x}_i$ 为第 i 类的样本均值；$\overline{x}$ 为所有样本的均值；x_i^j 为第 i 类的第 j 个样本。投影向量 w 可以转化为下面的广义特征值问题进行求解：

$$S_b w = \lambda S_\omega w \tag{4.7}$$

通过式（4.7）可求得与最大广义特征值相对应的投影向量。利用特征向量得到提取后的特征。但是线性判别分析存在以下主要问题：由于类间散度矩阵秩的限制，线性判别分析最多得到 $C-1$ 个特征值，往往不能满足实际情况（Nie et al., 2010），而局部 Fisher 判别分析通过引入局部保持投影的局部保持思想，能够有效克服该限制，局部 Fisher 判别分析将 S_b 和 S_ω 拓展为局部类内散度矩阵 S_{lb} 和局部类间散度矩阵 $S_{l\omega}$：

$$S_{lb} = \frac{1}{2} \sum_{i,j=1}^{n} \omega_{i,j}^{lb} (x_i - x_j)(x_i - x_j)^{\text{T}} \tag{4.8}$$

$$S_{l\omega} = \frac{1}{2} \sum_{i,j=1}^{n} \omega_{i,j}^{lw} (x_i - x_j)(x_i - x_j)^{\text{T}} \tag{4.9}$$

$$\omega_{i,j}^{lb} = \begin{cases} A_{i,j} \left(\dfrac{1}{n} - \dfrac{1}{n_{y_i}} \right), & y_i = y_j \\ \dfrac{1}{n}, & y_i \neq y_j \end{cases} \tag{4.10}$$

$$\omega_{i,j}^{lb} = \begin{cases} \dfrac{A_{i,j}}{n_{y_i}}, & y_i = y_j \\ \dfrac{1}{n}, & y_i \neq y_j \end{cases} \tag{4.11}$$

$$A_{i,j} = \exp\left(-\frac{\|x_i - x_j\|}{\sigma_i \sigma_j} \right) \tag{4.12}$$

$$\sigma_i = \left\| x_i - x_i^k \right\| \tag{4.13}$$

式中，x_i^k 是 x_i 的 K 近邻像元；n_{y_i} 代表 $y_i \sim (1,2,\cdots,C)$ 的数量。

试验数据为 AVIRIS 影像、ROSIS 影像和 DAIS 影像，影像详细介绍见第 3 章。

旋转森林设置参数如下：$M = 10$，$L = 10$，特征提取方法包括主成分分析、最大噪声分离、独立成分分析和局部 Fisher 判别分析。为了全面地比较旋转森林的性能，选择 3

种集成方法（Bagging、AdaBoost、旋转森林）和支持向量机（Breiman，1996；Freund，1990；Breiman，2001；Chang and Lin，2010； Li et al.，2013）。在支持向量机分类器中，选择径向基核函数并利用网格搜索来寻找其最优参数组合（Chang and Lin，2010；Li et al.，2013）。在局部 Fisher 判别分析中，利用网格搜索从 {1,3,5,7} 中寻找邻近像元的数目。选择 AVIRIS 影像中 20%的真实数据作为训练样本。为了研究各分类器在不同样本数量下的分类性能，利用有放回抽样技术选择原训练样本的 25%、50%、75%、100%参与训练（其分类精度为随机 10 次后的平均值）。基于主成分分析、最大噪声分离、独立成分分析、局部 Fisher 判别分析的旋转森林可简称为 RoF（PCA）、RoF（MNF）、RoF（ICA）、RoF（LFDA）。

表 4.1 为 AVIRIS 高光谱影像不同数量训练样本的 CART、Bagging、AdaBoost、随机森林、旋转森林、支持向量机和基于主成分分析、最大噪声分离、独立成分分析、局部 Fisher 判别分析的旋转森林分类精度（旋转 10 次后的平均值）。在 25%的训练样本情况下，燕麦类别仅有一个训练样本，所以无法找出其具有相同类别标签的样本，因此 RoF（LFDA）失效。

表 4.1　不同数量训练样本的分类精度（AVIRIS 影像）　　　　（单位：%）

样本比例	CART	Bagging	AdaBoost	随机森林	RoF(PCA)	RoF(MNF)	RoF(ICA)	RoF(LFDA)	支持向量机
25%	50.33	62.86	62.07	66.95	76.58	73.28	75.26	N/A	71.28
50%	55.94	68.89	69.98	74.52	81.52	78.58	82.11	75.56	76.40
75%	63.01	72.23	72.45	76.98	83.39	80.91	82.93	78.30	80.38
100%	64.79	77.95	77.19	80.86	86.75	84.15	86.53	82.63	83.08

注：N/A 表示失效

从表 4.1 的定量分析来看，可以得到以下结论：

（1）基于不同特征提取算法的旋转森林分类精度均优于 CART、Bagging、AdaBoost，说明旋转森林能够提高高光谱遥感影像的分类性能。其中，基于主成分分析的旋转森林精度最高。以 25%的训练样本为例，CART、Bagging、AdaBoost、随机森林的分类精度分别为 50.33%、62.86%、62.07%、66.95%，RoF（PCA）、RoF（MNF）、RoF（ICA）的分类精度分别为 76.58%、73.28%、75.26%精度提升较明显。

（2）与支持向量机分类器相比，RoF（PCA）、RoF（MNF）和 RoF（ICA）的精度较高，RoF（LFDA）的精度较低。

为了能够更全面地比较旋转森林和其他算法的分类性能，表 4.2 和表 4.3 列出了其他算法（如 Bagging）和旋转森林的总体精度、平均精度和类别精度，对应的分类结果如图 4.2 所示。

表 4.2　其他算法的分类精度（AVIRIS 影像）　　　　（单位：%）

类别	CART	Bagging	AdaBoost	随机森林	支持向量机
苜蓿	55.56	57.41	59.26	40.74	7.40
玉米未耕地	49.58	69.74	67.43	72.25	76.50
玉米略耕地	48.92	62.23	58.03	62.83	62.94

类别	CART	Bagging	AdaBoost	随机森林	支持向量机
玉米	28.21	48.72	40.17	53.42	52.56
草地	82.09	87.32	86.52	82.9	94.37
树草	78.58	95.98	93.31	94.24	97.19
修剪的牧草	11.54	26.92	23.08	19.23	7.70
堆积干草	79.75	96.32	96.93	97.75	98.98
燕麦	30.00	30.00	20.00	45.00	15.00
大豆未耕地	55.68	66.53	60.43	73.66	79.64
大豆略耕地	63.74	83.91	85.82	87.72	89.51
纯净大豆	39.41	43.16	49.84	59.45	69.38
小麦	83.49	91.04	91.04	91.98	96.23
树林	88.18	94.82	93.12	95.29	96.75
林间小道	48.68	48.16	55.79	50.26	50.79
钢铁塔	89.47	92.63	88.42	82.11	84.21
总体精度	63.20	76.89	76.12	79.64	82.65
平均精度	58.31	68.43	66.82	69.30	67.45

表 4.3　基于不同特征提取算法的旋转森林分类精度（AVIRIS 影像）　　（单位：%）

类别	RoF（PCA）	RoF（MNF）	RoF（ICA）	RoF（LFDA）
苜蓿	64.81	57.41	68.52	64.81
玉米未耕地	83.75	77.62	80.68	76.92
玉米略耕地	74.70	72.42	77.22	70.26
玉米	73.08	55.13	69.23	52.14
草地	92.15	90.14	91.55	88.73
树草	96.12	95.58	95.45	94.38
修剪的牧草	80.77	69.23	80.77	61.54
堆积干草	98.77	98.77	98.57	98.36
燕麦	30.00	20.00	20.00	25.00
大豆未耕地	81.61	79.96	81.71	77.17
大豆略耕地	90.48	87.03	88.65	86.79
纯净大豆	73.45	68.89	71.34	64.82
小麦	98.11	96.23	98.58	91.98
树林	97.45	97.30	98.38	95.98
林间小道	59.47	53.42	55.79	49.21
钢铁塔	93.68	92.63	93.68	92.63
总体精度	86.57	83.38	85.62	81.93
平均精度	80.53	75.73	79.38	74.42

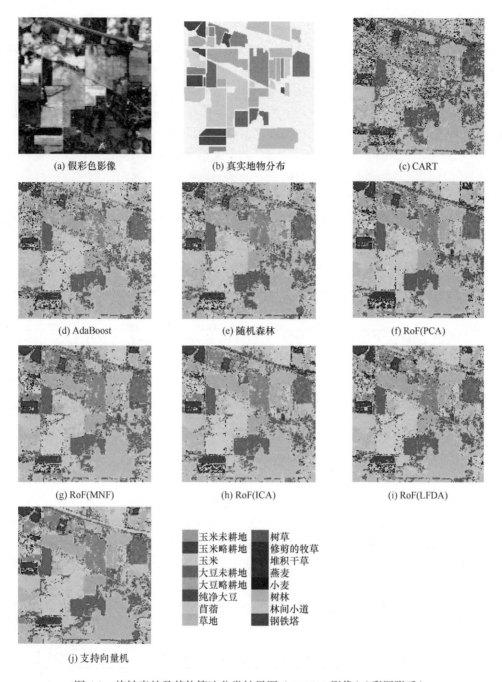

(a) 假彩色影像　　　　　　(b) 真实地物分布　　　　　　(c) CART

(d) AdaBoost　　　　　　(e) 随机森林　　　　　　(f) RoF(PCA)

(g) RoF(MNF)　　　　　　(h) RoF(ICA)　　　　　　(i) RoF(LFDA)

玉米未耕地		树草	
玉米略耕地		修剪的牧草	
玉米		堆积干草	
大豆未耕地		燕麦	
大豆略耕地		小麦	
纯净大豆		树林	
苜蓿		林间小道	
草地		钢铁塔	

(j) 支持向量机

图 4.2　旋转森林及其他算法分类结果图（AVIRIS 影像）（彩图附后）

由表 4.2、表 4.3 和图 4.2 可以看出：

（1）CART 的总体精度最低，说明 CART 在高光谱影像分类中存在局限性。支持向量机获得了较高精度，说明支持向量机能够有效地解决高光谱影像众多波段带来的维数灾难问题，从而产生高精度的分类结果。

（2）Bagging、AdaBoost、随机森林、旋转森林通过不同技术来构造分类器组合，不仅能提高总体精度，而且还能提高各个类别的分类精度。在基于不同特征提取的旋转森林中，RoF（PCA）获得了最高的总体精度和平均精度。基于不同特征提取算法的旋转森林获得了不同类别的最高精度，如 RoF（MNF）在类别堆积干草上获得了最高精度（98.77%），RoF（ICA）在类别苜蓿、玉米略耕地等类别上获得了最高精度。

（3）相比 RoF（PCA）、RoF（ICA）、RoF（MNF），RoF（LFDA）利用监督信息来获取旋转矩阵，但 AVIRIS 影像混合像元严重，导致局部 Fisher 判别分析获取的旋转矩阵产生误差，因此在草地和树草相似类别上，获取了最差的分类精度。

（4）从分类结果图上可以看出，CART 的分类结果最差，对高光谱影像的分类噪声没有很好的抑制，Bagging、AdaBoost、随机森林、旋转森林、支持向量机能够有效地抑制噪声，产生的结果比较平滑，更接近真实地物分布。

表 4.4 为 ROSIS 影像不同数量训练样本的 CART、Bagging、AdaBoost、随机森林、RoF（PCA）、RoF（MNF）、RoF（ICA）、RoF（LFDA）和支持向量机的分类精度。

表 4.4　不同数量训练样本的分类精度（ROSIS 影像）　　　　（单位：%）

样本比例	CART	Bagging	AdaBoost	随机森林	RoF（PCA）	RoF（MNF）	RoF（ICA）	RoF（LFDA）	支持向量机
25%	59.33	67.38	66.83	66.77	78.38	70.45	71.92	73.02	76.42
50%	62.82	68.26	67.80	68.90	80.71	71.48	76.37	75.20	77.35
75%	63.39	69.64	70.13	69.90	82.89	72.59	75.91	75.73	77.86
100%	64.93	70.11	70.30	71.11	83.14	73.28	78.04	75.57	79.98

由表 4.4 可以看出：

（1）基于不同特征提取的旋转森林精度均优于 CART 和其他集成学习算法（Bagging、AdaBoost 和随机森林），其中基于主成分分析的旋转森林精度最高。以 75%的训练样本为例，CART、Bagging、AdaBoost、随机森林的分类精度分别为 63.39%、69.64%、70.13%、69.90%，RoF（PCA）、RoF（MNF）、RoF（ICA）、RoF（LFDA）的分类精度分别为 82.89%、72.59%、75.91%、75.73%，精度提升较明显。

（2）在 25%、50%、75%、100%的训练样本情况下，RoF（PCA）的分类精度均高于支持向量机。

表 4.5 和表 4.6 列出了其他算法和旋转森林的总体精度、平均精度和类别精度，对应的分类结果图如图 4.3 所示。

表 4.5　其他算法的分类精度（ROSIS 影像）　　　　（单位：%）

类别	CART	Bagging	AdaBoost	随机森林	支持向量机
地砖	77.08	90.30	87.48	89.92	92.45
阴影	89.76	96.83	96.83	96.41	96.52
金属板	92.94	96.88	98.59	99.03	99.48
裸土	72.32	76.46	77.43	76.02	94.23
树木	96.05	97.42	98.53	98.73	98.11

类别	CART	Bagging	AdaBoost	随机森林	支持向量机
草地	51.46	54.61	56.67	56.58	65.66
沙砾	42.88	52.31	49.69	53.22	72.56
柏油马路	70.94	79.51	80.35	80.00	84.10
沥青屋顶	78.87	85.64	86.32	86.99	91.95
总体精度	64.91	70.29	71.22	71.38	79.41
平均精度	74.70	81.11	81.32	81.88	88.34

表 4.6　基于不同特征提取算法的旋转森林分类精度（ROSIS 影像） （单位：%）

类别	RoF（PCA）	RoF（MNF）	RoF（ICA）	RoF（LFDA）
地砖	92.15	87.32	90.98	91.36
阴影	97.99	95.67	97.89	96.83
金属板	99.11	97.70	99.41	98.36
裸土	94.63	83.91	90.28	86.92
树木	90.11	98.30	98.47	98.53
草地	75.01	59.64	62.45	65.61
沙砾	62.27	53.26	56.88	54.88
柏油马路	84.15	80.76	83.09	79.05
沥青屋顶	90.45	81.65	88.95	87.29
总体精度	82.41	73.28	76.46	76.64
平均精度	87.32	82.02	85.38	84.32

由表 4.5、表 4.6 和图 4.3 可以得到以下结论：

（1）CART 的总体精度最低，集成学习算法 Bagging、AdaBoost、随机森林和旋转森林均能有效提高总体精度和类别精度。

（2）基于不同特征提取算法的旋转森林的类别精度均高于 CART、Bagging、AdaBoost 和随机森林，其中提高幅度较大的类别有草地和沙砾。

（3）各种分类算法中，RoF（PCA）的总体精度最高，为 82.41%，支持向量机的平均精度最高，为 88.34%。就类别精度而言，RoF（PCA）在类别阴影、裸土、草地、柏油马路上获得最高精度，精度分别为 97.99%、94.63%、75.01% 和 84.15%，支持向量机在除类别阴影、树木外均获得最高精度。

（4）从分类结果图上可以看出，CART 的分类结果噪声较多，而旋转森林和其他分类算法能够很好地消除分类后的噪声，其中 RoF（PCA）的分类结果最好，更接近真实地物分布，尤其是影像中下部分的草地区域。

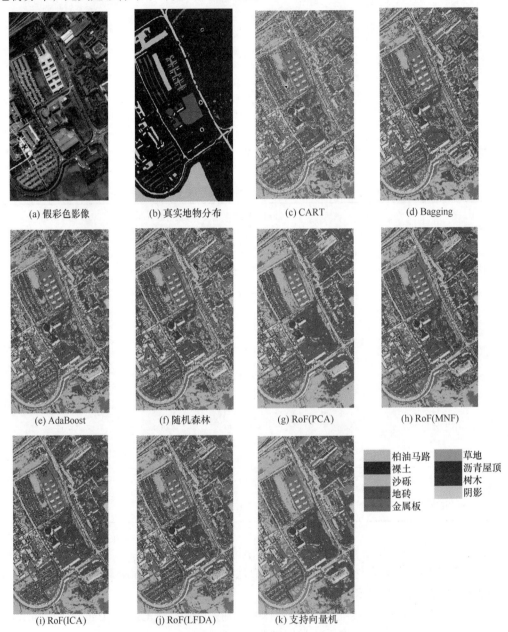

图 4.3　旋转森林及其他算法分类结果图（ROSIS 影像）（彩图附后）

表 4.7 为 DAIS 影像不同数量训练样本的 CART、Bagging、AdaBoost、随机森林、支持向量机、RoF（PCA）、RoF（MNF）、RoF（ICA）和 RoF（LFDA）的分类精度。基于不同特征提取的旋转森林分类精度均优于其他学习算法。采用 100%的训练样本时，RoF（LFDA）获得最高精度，其余情况则是 RoF（PCA）最优。

表 4.7　基于不同数量训练样本的分类精度（DAIS 影像）　（单位：%）

样本比例	CART	Bagging	AdaBoost	随机森林	RoF（PCA）	RoF（MNF）	RoF（ICA）	RoF（LFDA）	支持向量机
25%	87.95	90.89	91.83	93.12	95.64	95.06	95.20	95.52	93.95
50%	90.51	91.49	92.45	93.93	95.76	94.91	95.36	95.60	94.17
75%	91.25	92.09	92.22	93.95	95.78	95.15	95.64	95.57	94.67
100%	91.57	92.17	92.61	94.80	95.81	95.28	95.48	95.92	95.10

　　表 4.8 和表 4.9 列出了 100% 训练样本的旋转森林和其他学习算法的总体精度和类别精度，对应的分类结果如图 4.4 所示。4 种不同特征提取算法在不同类别上表现出各自的优势，如 RoF（PCA）在类别草地、柏油马路、停车场和阴影上获得最高精度，RoF（ICA）在类别树木和裸土上获得最高精度，RoF（LFDA）在类别地砖和沥青屋顶上获得最高精度。

表 4.8　CART、Bagging、AdaBoost、随机森林、支持向量机分类精度（DAIS 影像）

（单位：%）

类别	CART	Bagging	AdaBoost	随机森林	支持向量机
水体	99.09	99.74	99.42	100.00	100.00
树木	90.84	91.17	90.31	94.18	94.42
草地	96.48	97.04	95.92	97.52	97.11
地砖	60.68	60.75	62.92	75.05	75.45
裸土	92.37	93.31	92.61	92.49	92.28
柏油马路	80.84	87.11	81.53	88.50	90.10
沥青屋顶	97.50	97.23	97.5	96.74	96.82
停车场	92.26	92.12	92.12	94.31	93.47
阴影	79.25	87.97	89.21	91.29	92.01
总体精度	91.57	92.20	91.96	94.28	94.56
平均精度	87.70	89.60	89.06	92.23	92.31

表 4.9　基于不同特征提取算法的旋转森林的分类精度（DAIS 影像）　（单位：%）

类别	RoF（PCA）	RoF（MNF）	RoF（ICA）	RoF（LFDA）
水体	100.00	100.00	100.00	100.00
树木	94.88	95.01	95.25	94.43
草地	98.32	97.68	97.84	98.16
地砖	80.00	81.63	75.73	83.19
裸土	94.89	92.61	96.24	95.07

类别	RoF（PCA）	RoF（MNF）	RoF（ICA）	RoF（LFDA）
柏油马路	97.91	94.77	97.56	95.82
沥青屋顶	98.66	98.44	98.17	98.79
停车场	97.08	93.43	95.77	95.33
阴影	90.46	87.97	86.72	89.21
总体精度	95.85	95.40	95.35	95.98
平均精度	94.69	93.50	93.68	94.44

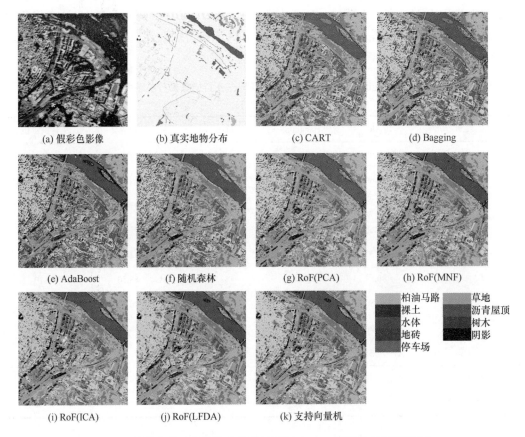

图 4.4　旋转森林及其他算法分类结果图（DAIS 影像）（彩图附后）

　　将运算时间进行比较，旋转森林利用特征提取算法构建旋转矩阵，所以运算时间长于 CART、Bagging、AdaBoost 和随机森林。支持向量机由于在模型参数选择方面耗费太多时间，运算时间长于旋转森林。在 4 种不同特征提取算法中，主成分分析算法最简单，所以 RoF（PCA）最快，而 RoF（LFDA）需要搜索最佳邻近像元数目，所以 RoF（LFDA）耗时最多。

　　旋转森林中两个最重要的参数是分类器集合大小 T 和子集特征数量 M。采用 25% 的训练样本利用不同 T 和 M 组合对 ROSIS 影像进行分类，结果如图 4.5 所示。当 T 取值在

10～100（步长为 10），M 固定为 10，当 M 取值在 5～50（步长为 5），T 固定为 10。从图 4.5（a）中可以看出，随着 T 的增大，旋转森林的分类结果趋于稳定，精度也随之提高。随着 M 的增大，旋转森林中的稀疏旋转矩阵差异性变小，个体分类器之间的差异性降低，集成结果的分类精度随之降低。需注意的是，增大 T 或降低 M 都可提高分类精度，但同时也会增加计算时间，因此在实际情况下，要在分类精度和计算时间上做出权衡。

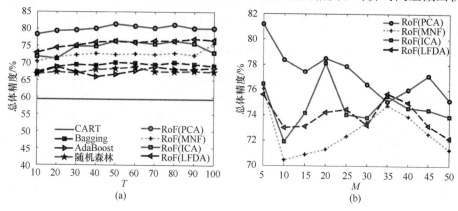

图 4.5　旋转森林中 T 和 M 敏感性分析

4.2　嵌入马尔可夫随机场模型和局部线性特征提取的旋转森林分类

集成空间上下文信息能够提高遥感影像分类精度，这种方法统称为光谱–空间分类法。光谱–空间分类法一般包含两种策略：一种将空间上下文信息（如纹理特征、数学形态学特征等）作为输入特征参与分类；另一种则称为空间背景信息决策法，基于邻域或特征相近区域的像元类别标签相同的假设，通过重新定义像元在影像中的位置，使区域内类别标签一致的像元能够聚集，可以看作对分类影像的后处理。作为空间背景信息决策法的重要手段，马尔可夫随机场模型被认为是对影像分布进行局部空间交互建模的强大工具（Li，2009），可有效地将空间信息集成到影像分类问题中。马尔可夫随机场基于贝叶斯框架，将最大后验概率（maximum a posterior，MAP）准则表述为能量函数最小化问题。王鹏伟等（2008）通过支持向量机产生后验概率，利用贝叶斯公式转换为条件概率，将其应用于马尔可夫随机场能量最小化算法中迭代优化。Tarabalka 等（2010c）基于后验概率支持向量机–马尔可夫随机场（SVM-MRF）方法，提出模糊无边缘/有边缘函数并将其代入马尔可夫随机场空间能量函数，在空间正则化时保持边缘结构。Moser 和 Serpico（2013）在适当变换空间中定义马尔可夫能量最小准则与支持向量机间的解析关系，提出马尔可夫核函数，并用条件迭代模式（iterated conditional mode，ICM）算法收敛至能量最小。

基于马尔可夫随机场的空间分类算法性能主要由类别概率和迭代优化的性能共同决定。结合马尔可夫随机场分析旋转森林中集成空间特征对提高分类性能的有效性，主要研究思路如下：利用基于局部线性特征提取的旋转森林获得类别概率；利用马尔可夫随机场获得空间信息；利用图割（graph cuts）求解最大化后验概率问题来获得最终分类结果。

4.2.1 马尔可夫随机场

马尔可夫随机场是描述影像相邻像元特征及其相互依赖关系的建模方法（Li, 2009）。假设$\mathbb{S}$为n个离散位置的索引集合，$\mathbb{S}=\{1,2,\cdots,n\}$，其中$1,2,\cdots,n$为位置索引对应于影像中的一个像素。$M \times M$的方形网格可以用$\mathbb{S}=\{(i,j)\,|\,1 \leqslant i \leqslant M, 1 \leqslant j \leqslant M\}$表示。位置集合$\mathbb{S}$中的元素可以通过邻域来表示它们之间的关系。$\mathbb{S}$的邻域可用下式表示：

$$\mathbb{N}=\{\mathbb{N}_i \,|\, \forall i \in \mathbb{S}\} \tag{4.14}$$

式中，$\mathbb{N}_i$表示位置i邻域的集合。邻域之间的相互关系满足两个性质：一是位置不与自身相邻；二是邻域之间的关系是相互的。在马尔可夫随机场一阶邻域系统中，每一个内部位置包含4个邻接点，如图4.6（a）所示，其中X表示当前位置，0表示该位置的邻域。在马尔可夫随机场二阶邻域中，每一个内部位置包含8个邻接点，如图4.6（b）所示。其高阶邻域表示如图4.6（c）所示，其中的数字$n=1,\cdots,5$表示该位置的n阶邻域。

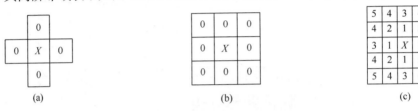

图 4.6　马尔可夫随机场邻域系统

$(\mathbb{S},\mathbb{N}) \in \mathbb{G}$组成了一个图，$\mathbb{S}$包含所有节点，而$\mathbb{N}$根据邻域关系决定节点之间的邻接关系。$(\mathbb{S},\mathbb{N})$中的基团则定义了$\mathbb{S}$中位置的一个子集，包含单一的位置元素或相邻的一对位置或者是3个邻接位置，依次类推。规则网格中的基团类型由其大小、形状和方向决定。图4.7给出了一阶邻域和二阶领域的基团类型。

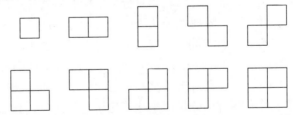

图 4.7　马尔可夫随机场一阶邻域和二阶领域的基团类型

在马尔可夫随机场中，只有在两个节点是相邻的情况下，它们之间才会有直接的作用关系，且而与其他节点无关（Besag, 1974）。在通常情况下很难确定这两个条件的概率（李旭超和朱善安，2007），但马尔可夫随机场与吉布斯（Gibbs）分布之间等价性的理论为马尔可夫联合概率分布的具体化提供了数学上可行的方式，从而可以用吉布斯分布来求解马尔可夫随机场中的概率分布（刘国英等，2010）。

在具有邻域系统$\mathbb{N}$的位置集合$\mathbb{S}$上定义一族随机变量，若其服从吉布斯分布，那么将该随机场称为吉布斯随机场。马尔可夫随机场通过马尔可夫性来描述其局部特性，而吉布斯随机场通过吉布斯分布来描述其全部特性。Hammersley 和 Clifford（1971）建立了两种特性之间的关系，表明马尔可夫随机场和吉布斯随机场是等价的。该关系为计算随机场联合概率提供了一种简便方式，根据实际应用定义不同的基团势函数，进而通过计算得到联合概率表达。采用这样的方式，将先验知识与类别标签之间的相互作用关系集成在影像模型中，但在通常情况下计算非常困难，因此可以将它与模型的参数估计问题结合在一起，通过近似的方法来求解联合概率（Geman S and Geman D，1984）。

遥感影像分类问题可以转换为最大化后验概率 $p(\boldsymbol{y}|\boldsymbol{x})$ 问题，等价于最大化 $p(\boldsymbol{x}|\boldsymbol{y})p(\boldsymbol{y})$。其中，$p(\boldsymbol{y})$ 表示利用马尔可夫随机场提出的空间信息。$p(\boldsymbol{x}|\boldsymbol{y})$ 通过贝叶斯定理可表示如下（Li et al.，2011）：

$$p(\boldsymbol{x}|\boldsymbol{y}) = \prod_{i=1}^{N} p(\boldsymbol{x}_i|\boldsymbol{y}_i) = \prod_{i=1}^{N} \frac{p(\boldsymbol{y}_i|\boldsymbol{x}_i)}{p(\boldsymbol{y}_i)} \tag{4.15}$$

$p(\boldsymbol{y})$ 可表达如下：

$$p(\boldsymbol{y}) = \frac{1}{Z} \mathrm{e}^{\mu \sum_{(i,j)\in\varsigma} \delta(\boldsymbol{y}_i - \boldsymbol{y}_j)} \tag{4.16}$$

式中，μ 为调节参数；$(i,j)\in\varsigma$ 表示 $\boldsymbol{x}_i$ 和 $\boldsymbol{x}_j$ 为邻域关系；ς 为狄拉克单位脉冲函数。

根据贝叶斯定理，后验概率 $p(\boldsymbol{y}|\boldsymbol{x})$ 可以转换为

$$\begin{aligned}
p(\boldsymbol{y}|\boldsymbol{x}) &\propto p(\boldsymbol{x}|\boldsymbol{y})p(\boldsymbol{y}) \\
&\propto \prod_{i=1}^{N} p(\boldsymbol{x}_i|\boldsymbol{y}_i)p(\boldsymbol{y}) \\
&\propto \prod_{i=1}^{N} \frac{p(\boldsymbol{y}_i|\boldsymbol{x}_i)}{p(\boldsymbol{y}_i)} p(\boldsymbol{y})
\end{aligned} \tag{4.17}$$

最大化后验概率问题可以定义为[假设 $p(\boldsymbol{y}_i)$ 为平均分布]

$$\begin{aligned}
&\arg\max\left\{\sum \ln p(\boldsymbol{y}_i|\boldsymbol{x}_i) + \ln p(\boldsymbol{y})\right\} \\
&= \arg\max\left\{\sum -\ln p(\boldsymbol{y}_i|\boldsymbol{x}_i) - \ln p(\boldsymbol{y})\right\} \\
&= \arg\max\left\{\sum -\ln p(\boldsymbol{y}_i|\boldsymbol{x}_i) - \mu \sum_{(i,j)\in\varsigma} \delta(\boldsymbol{y}_i - \boldsymbol{y}_j)\right\}
\end{aligned} \tag{4.18}$$

基于马尔可夫随机场方法的一个重要问题是计算目标函数的全局最小值。式（4.18）是一个 NP 难问题，通常采用近似的方式求解。对于近似求解方式，通常有图割（Boykov et al.，2001）、循环置信度传播（loopy belief propagation）（Murphy et al.,1999）等方法。本书采用效率较高的图割方法，有关图割的详细介绍见 Boykov 等（2001）。

4.2.2 局部线性特征提取

局部线性特征提取是考虑样本邻域信息的特征提取方法，以达到保持数据的局部邻域结构为目的，选择邻域保持嵌入（neighborhood preserving embedding，NPE）（He et al.，2005）、线性局部切空间排列（linear local tangent space alignment，LLTSA）（Zhang et al.，2007）和线性保持投影（linearity preserving projection，LPP）（He and Niyogi，2004）。线性保持投影直接定义相似性矩阵，而邻域保持嵌入基于每个点的邻域数据通过求解最小二乘问题来获得相似性矩阵（He and Niyogi，2004；He et al.，2005）。

线性保持投影以保持数据的局部邻域结构为目的。相似性矩阵 S 定义如下（He and Niyogi，2004）：

$$S_{i,j} = \begin{cases} \exp\left(-\dfrac{\|x_i - x_j\|}{t}\right), & \text{如果} x_i \in N(x_j) \text{或} x_j \in N(x_i) \\ 0, & \text{其他} \end{cases} \quad （4.19）$$

其中，$N(x_i)$ 表示 x_i 的邻域集合；t 为自定义归一化系数。D 为一个对角阵，且其对角元素由矩阵 S 的行和列组成，$D_{ii} = \sum_j S_{i,j}$。L 为拉普拉斯矩阵，定义为 $L = D - S$。线性保持投影的目标函数定义如下：

$$\min_w \frac{w^T XLX^T w}{w^T XDX^T w} \quad （4.20）$$

最优投影向量 w 即为如下广义特征值问题的最小特征值对应的特征向量：

$$XLX^T w = \lambda XLX^T w \quad （4.21）$$

邻域保持嵌入也以保持数据的邻域结构为目的，但其相似性矩阵 S 通过求解如下优化问题获得（He et al.，2005）：

$$\min_S \sum_i \left\| x_i - \sum_j S_{i,j} x_{i,j} \right\| \cdot \sum_{j=1}^n S_{i,j} = 1, \quad i = 1, 2, \cdots, n \quad （4.22）$$

其中，$x_{i,j}$ 是 x_i 的第 j 个近邻。邻域保持嵌入的目标函数定义如下：

$$\min_w \frac{w^T XMX^T w}{w^T XX^T w} \quad （4.23）$$

其中，$M = (I - S)^T (I - S)$。最优投影向量 w 即为如下广义特征值问题的最小特征值对应的特征向量：

$$XMX^T w = \lambda XX^T w \quad （4.24）$$

线性局部切空间排列算法是基于局部切空间的流形学习方法，它先通过逼近每一个样本点的切空间来构建低维流形的局部几何，然后用局部切空间排列求出整体低维嵌入坐标。线性局部切空间排列是非线性局部切空间排列的线性近似，它先将每一个样本点邻域的切空间表示为流形的局部几何，再经线性映射实现样本数据从高维空间降维到低维空间，最终将整体嵌入坐标的求解问题转化为矩阵广义特征值的求解问题（Zhang et al.，2007）。

线性局部切空间排列先是通过最近邻图来寻找数据点 x_i 的邻域，然后计算 $x_i H_k$ 的 d 个最大特征值所对应的 d 个特征矢量构成的矩阵 V_i。$H_k = I - ee^T / k$，其中 k 为邻域大小（Zhang et al.，2007）。通过局部累加构造排列矩阵 B：

$$B(I_i, I_i) \leftarrow B(I_i, I_i) + W_i W_i^T, \quad i = 1, \cdots, N \quad （4.25）$$

其中初始化 $B = 0$，$I_i = \{i_1, \cdots, i_k\}$ 表示 x_i 的 k 个邻近点的索引集，$W_i = H_k\left(i - V_i V_i^T\right)$。邻域保持嵌入的目标函数定义如下：

$$\min_w \frac{w^T XBX^T w}{w^T XX^T w} \quad （4.26）$$

最优投影向量 w 即为如下广义特征值问题的最小特征值对应的特征向量：

$$XBX^{\mathrm{T}}w = \lambda XX^{\mathrm{T}}w \qquad (4.27)$$

基于局部线性特征提取的旋转森林实现步骤基本和旋转森林实现步骤一致，只需要在步骤 5 将主成分分析替换成线性保持投影、邻域保持嵌入或者线性局部切空间排列。将局部线性特征提取引入旋转森林中，目标在于提高个体分类器精度，以此改善整体分类性能。

4.2.3 试验与分析

试验数据为 AVIRIS 影像、ROSIS 影像和 DAIS 影像。旋转森林设置参数如下：$M = 10$，$T = 10$，特征提取方法包括主成分分析、线性保持投影、邻域保持嵌入和线性局部切空间排列。为了全面比较集成分类器的性能，与支持向量机、多元逻辑回归(multinomial logistic regression，MLR) 及基于马尔可夫随机场的多元逻辑回归分类器（简称 MLR-MRF）进行比较（Breiman，1996；Freund，1990； Breiman，2001；Chang and Lin，2010；Li et al.，2013）。在支持向量机和多元逻辑回归分类器中，均选择径向基核函数并利用网格搜索来寻找其最优参数组合（Chang and Lin，2010；Li et al.，2013）。多元逻辑回归采用分裂和增广拉格朗日逻辑回归算法（Logistic regression via spliting and augmented Lagrange，LoR SAL）。基于主成分分析、线性保持投影、邻域保持嵌入和线性局部切空间排列的旋转森林可简称为 RoF-PCA、RoF-LPP、RoF-NPE 和 RoF-LLTSA。基于主成分分析和马尔可夫随机场的旋转森林可简称为 RoF-MRF-PCA，其他类似。线性保持投影、邻域保持嵌入和线性局部切空间排列的邻域参数设置为8。

在 AVIRIS 影像中，每类选择 30 个样本（小于 30 个样本的类别则选择一半的样本）作为分类器的训练样本，各分类算法的分类精度见表 4.10，对应的分类结果如图 4.8 所示。

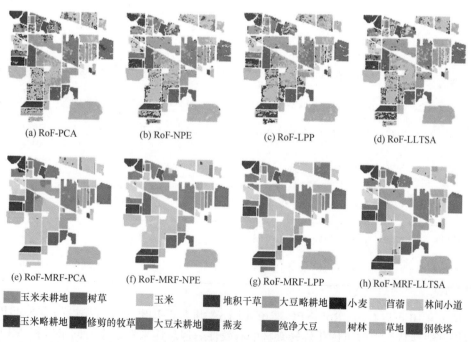

| (a) RoF-PCA | (b) RoF-NPE | (c) RoF-LPP | (d) RoF-LLTSA |

| (e) RoF-MRF-PCA | (f) RoF-MRF-NPE | (g) RoF-MRF-LPP | (h) RoF-MRF-LLTSA |

玉米未耕地　树草　　玉米　　堆积干草　大豆略耕地　小麦　苜蓿　林间小道

玉米略耕地　修剪的牧草　大豆未耕地　燕麦　纯净大豆　树林　草地　钢铁塔

图 4.8　AVIRIS 影像分类结果图

表 4.10　AVIRIS 影像分类精度

类别	训练样本数	测试样本数	分类精度/%										
			支持向量机	MLR	RoF-PCA	RoF-NPE	RoF-LLTSA	RoF-LPP	RoF-MRF-PCA	RoF-MRF-NPE	RoF-MRF-LLTSA	RoF-MRF-LPP	MLR-MRF
苜蓿	30	54	90.74	98.15	92.59	92.59	94.44	87.04	94.44	98.15	98.15	96.30	100.00
玉米未耕地	30	1434	67.78	60.53	63.88	72.03	70.92	61.02	73.92	81.31	82.29	72.66	68.13
玉米略耕地	30	834	63.43	67.51	60.43	58.15	59.35	67.87	56.83	74.70	89.20	88.84	89.33
玉米	30	234	90.17	84.19	81.62	87.61	86.75	85.90	100.00	100.00	99.57	98.29	100.00
草地	30	497	86.92	95.57	87.12	81.69	85.51	90.94	90.14	86.52	92.76	92.15	98.19
树草	30	747	85.27	95.45	90.63	92.77	87.82	86.88	99.33	100.00	97.32	96.65	100.00
修剪的牧草	13	26	92.31	96.15	92.31	96.15	100.00	96.15	96.15	100.00	100.00	96.15	96.15
堆积干草	30	489	95.91	96.11	88.75	90.59	86.71	89.57	97.95	99.39	98.98	97.55	98.98
燕麦	10	20	85.00	100.00	100.00	100.00	100.00	95.00	100.00	100.00	100.00	100.00	100.00
大豆未耕地	30	968	73.86	72.93	75.62	67.25	72.52	76.65	84.09	83.88	92.05	84.61	81.71
大豆略耕地	30	2468	58.55	55.88	58.51	57.98	53.77	61.39	84.85	85.53	84.04	88.7	69.33
纯净大豆	30	614	60.91	79.8	66.78	69.87	54.72	72.14	98.53	95.93	97.88	98.37	97.23
小麦	30	212	99.53	100.00	99.06	98.58	98.11	99.53	99.53	99.52	100.00	100.00	100.00
树林	30	1294	83.62	87.87	85.47	78.90	91.42	84.31	82.61	76.82	75.89	81.68	89.95
林间小道	30	380	70.26	78.85	60.53	75.26	47.89	52.37	95.26	98.16	98.95	97.63	99.47
钢铁塔	30	95	96.84	94.74	98.94	100.00	97.89	100.00	100.00	100.00	100.00	100.00	98.95
总体精度			72.60	74.26	72.11	72.18	72.89	73.01	84.73	86.53	88.36	87.92	84.13
平均精度			81.32	85.24	81.39	82.47	82.49	81.67	90.85	92.49	94.19	93.60	92.96

从表 4.10 可以看出，RoF-NPE、RoF-LLTSA 和 RoF-LPP 的总体精度高于 RoF-PCA，说明局部线性特征提取可优化旋转森林的有效性。但总体来看，支持向量机和 MLR 的

分类精度高于旋转森林。支持向量机不能直接输出类别概率，因此在表 4.10 中只列出了 MLR-MRF 的总体精度。马尔可夫随机场利用空间上下文信息，得到的分类结果较只利用光谱信息的结果精度有比较明显的提高，表明了空间信息的重要性和有效性。旋转森林特征提取方法并没有比 MLR 提供更准确的结果，但 RoF-MRF 的性能优于 MLR-MRF，主要原因是旋转森林依靠高精度且差异性较高的多个决策树产生的结果生成可靠的后验概率。因此，由旋转森林和马尔可夫随机场产生的光谱−空间分类结果可以大大提高分类性能。在所有的分类结果中，RoF-MRF-LLTSA 获得了最高的总体精度和分类精度，相比 RoF-LLTSA，其平均精度提高了 11.70%。

由图 4.8 的分类结果可知，由于混合像元的存在，旋转森林产生的结果具有很强的分类噪声。基于旋转森林和马尔可夫随机场的分类结果则相对较平滑，具有较多的同质区域。

ROSIS 影像和 DAIS 影像采用标准训练样本集和测试样本集。ROSIS 影像分类精度统计见表 4.11，对应的分类结果如图 4.9 所示。DAIS 影像分类精度统计见表 4.12。由表 4.11 可知，RoF-PCA、RoF-LPP、RoF-NPE 和 RoF-LLTSA 的总体精度均高于支持向量机和 MLR，且基于局部线性特征提取的旋转森林的性能优于 RoF-PCA。基于马尔可夫随机场的分类方法明显优于旋转森林。其中，RoF-MRF-LPP 获得了最高的总体精度和平均精度，且在大多数类别上获得最优性能。柏油马路类别被相似的地砖类别错分，因此将马尔可夫随机场用于平滑分类结果时，会将更多柏油马路的像素错误地分配为地砖，导致更低的分类精度。RoF-MRF 的总体精度高于传统的标准光谱−空间分类器，如 SVM-Watershed(Tarabalka et al., 2010a, 2010b, 2010c)等。在 DAIS 影像中，RoF-MRF-LLTSA 获得了最高的总体精度。

表 4.11　ROSIS 影像分类精度

| 类别 | 训练样本数 | 测试样本数 | 分类精度/% | | | | | | | | | | |
			支持向量机	MLR	RoF-PCA	RoF-NPE	RoF-LLTSA	RoF-LPP	RoF-MRF-PCA	RoF-MRF-NPE	RoF-MRF-LLTSA	RoF-MRF-LPP	MLR-MRF
地砖	524	3 682	92.59	96.41	91.39	92.29	91.63	90.98	98.64	98.51	98.34	98.18	97.35
阴影	514	947	96.62	89.54	96.83	98.1	97.36	97.57	98.52	97.15	98.94	99.37	99.29
金属板	375	1 345	99.41	89.85	99.11	99.33	99.41	99.11	99.63	99.55	99.93	99.93	98.50
裸土	540	5 029	92.25	92.96	95.63	95.80	95.33	95.76	99.26	99.68	99.68	99.92	98.35
树木	231	3 064	97.81	95.46	91.51	93.90	91.12	93.02	91.74	96.18	91.97	95.53	97.57
草地	532	18 649	70.25	69.08	75.32	76.50	76.42	79.69	87.78	87.34	86.76	89.77	72.36
沙砾	265	2 099	70.32	99.26	61.51	62.41	66.75	67.65	55.55	62.98	69.80	66.46	99.78
柏油马路	548	6 631	83.71	82.43	83.44	83.85	84.29	82.78	93.27	93.43	93.64	92.91	96.71
沥青屋顶	392	1 330	81.58	74.27	90.53	89.10	91.43	91.20	94.59	95.26	95.41	95.49	72.42
总体精度			80.99	80.11	82.53	83.41	83.40	84.76	90.44	90.98	90.84	92.15	85.57
平均精度			88.28	87.70	87.25	87.82	88.19	88.64	91.00	91.61	92.23	93.06	92.54

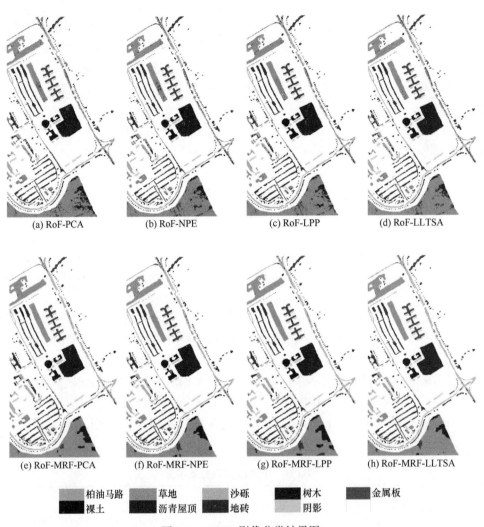

(a) RoF-PCA (b) RoF-NPE (c) RoF-LPP (d) RoF-LLTSA

(e) RoF-MRF-PCA (f) RoF-MRF-NPE (g) RoF-MRF-LPP (h) RoF-MRF-LLTSA

柏油马路　草地　沙砾　树木　金属板
裸土　沥青屋顶　地砖　阴影

图 4.9　ROSIS 影像分类结果图

表 4.12　DAIS 影像分类精度

类别	训练样本数	测试样本数	分类精度/%										
			支持向量机	MLR	RoF-PCA	RoF-NPE	RoF-LLTSA	RoF-LPP	RoF-MRF-PCA	RoF-MRF-NPE	RoF-MRF-LLTSA	RoF-MRF-LPP	MLR-MRF
水体	202	4281	100.00	100.00	100.00	100.00	100.00	100.00	100.00	100.00	100.00	100.00	100.00
树木	205	2424	94.42	95.17	93.89	94.80	95.54	95.30	94.88	95.59	95.05	95.17	95.30
草地	206	1251	97.11	96.40	97.04	97.84	98.16	97.20	98.96	98.16	99.20	98.16	98.08
地砖	315	2237	75.45	75.66	87.72	84.74	91.86	85.22	86.03	87.46	93.36	86.71	83.05
裸土	205	1475	92.28	93.78	89.85	92.08	92.72	91.84	93.19	92.66	95.54	93.02	93.37
柏油马路	204	1704	90.10	95.12	97.5	96.52	98.26	98.95	98.95	97.91	98.95	98.95	92.68
沥青屋顶	202	685	96.82	98.39	97.45	99.11	98.44	97.85	97.91	97.76	98.88	98.48	97.99

类别	训练样本数	测试样本数	分类精度/%										
			支持向量机	MLR	RoF-PCA	RoF-NPE	RoF-LLTSA	RoF-LPP	RoF-MRF-PCA	RoF-MRF-NPE	RoF-MRF-LLTSA	RoF-MRF-LPP	MLR-MRF
停车场	201	287	93.47	92.85	98.39	97.23	98.25	98.39	97.23	96.50	97.23	99.12	98.25
阴影	119	241	92.01	86.31	92.12	91.29	87.14	92.53	99.17	100.00	95.85	99.59	99.59
总体精度			94.56	94.80	95.65	95.78	96.98	96.07	96.34	96.46	97.52	96.59	96.02
平均精度			92.31	92.63	94.78	94.85	95.75	95.32	96.14	96.34	97.12	96.62	95.37

特征子集维数 M 是旋转森林的一个重要参数。图 4.10 为不同分类器在不同 M 值上的总体精度。由图 4.10 可知，当 $M = 10$ 时，旋转森林分类器获得了最高精度。原因为当使用一个较小的 M 值时，个体分类器的差异性会上升，往往会产生高精度的集成分类结果。图 4.9（e）～图 4.9（h）的分类结果比图 4.9（a）～图 4.9（d）更精确，进一步说明了空间特征的重要性。

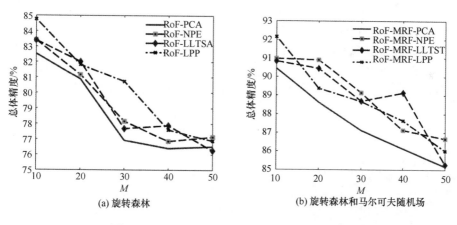

(a) 旋转森林   (b) 旋转森林和马尔可夫随机场

图 4.10 不同分类器在不同 M 值上的总体精度

4.3 基于扩展形态学剖面和极限学习机的旋转森林

研究表明，光谱–空间分类法能够集成光谱特征和空间特征，提供更准确的分类结果（Fauvel et al.，2013）。这类方法的出发点是使用不同的方法提取鉴别能力更强的空间特征，以作为光谱特征的补充（Bau et al.，2010；Tsai and Lai，2013；Qian et al.，2013）。数学形态学作为几何结构分析和处理的有力工具，已在遥感影像分析中得到广泛应用（Serra，1982；Fauvel et al.，2013）。Pesaresi 和 Benediktsson（2001）首次将形态学剖面（morphological profiles，MPs）应用到高空间分辨率遥感影像分类中，其是由一系列开闭操作得到的特征组合。Benediktsson 等（2005）针对高光谱遥感影像，提出了扩展形态学剖面（extended morphological profiles，EMPs），对高光谱数据经过主成分分析后得到的分量，经过一系列开闭组合并将每个分量得到的形态学剖面堆积起来。扩展形态学剖面能够有效提高城市结构分类精度，但其主要缺点是不能充分利用高光谱数据的光谱信息（Fauvel et al.，2008）。为了克服该缺点，Fauvel 等（2008）基于扩展形态学剖面和原始高光谱数据，综合利用支持向量机和特征提取算法开发了一种光谱和空间融合的方法。

Dalla Mura 等（2010a，2010b）进一步提出将形态学属性剖面（attribute profiles，APs）用于遥感影像分类，并根据扩展形态学剖面将其扩展成扩展属性剖面（extended attribute profiles，EAPs）。属性剖面和扩展属性剖面已经被证明能够提取出比形态学剖面和扩展形态学剖面更为可靠的空间特征，尤其是在高空间分辨率遥感影像上。自此以后，属性剖面和扩展属性剖面被广泛用于多/高光谱和雷达数据的变化检测与分类。Dalla Mura 等（2011）提出了一种基于独立成分分析的扩展属性剖面，用于城市高光谱影像的分类。Marpu 等（2012）探讨了基于监督和非监督特征提取的属性剖面在高光谱遥感影像中的分类性能，分类器采用的是支持向量机和旋转森林。Pedergnana 等（2012，2013）提出了利用光学和 LiDAR 影像提取扩展属性剖面来对城市结构进行分类，进一步基于遗传算法选择最优的扩展形态学属性剖面（extended morphological attribute profiles，EMAPs）来参与分类。Falco 等（2012）利用扩展属性剖面对超高空间分辨率的遥感影像进行变化检测。Li 等（2013b）提出了一种广义复合核框架的高光谱影像光谱和空间（EMAPs）分类方法。Bernabe 等（2014）提出了结合扩展形态学属性剖面和核主成分分析（rernel principle component analysis，KPCA）的多光谱、高光谱影像分类新策略。Song 等（2014）将扩展形态学属性剖面应用到一种基于稀疏表示的学习机中，获得了较高的分类精度。

综合相关研究可以看出，当扩展形态学属性剖面用于高光谱数据分类时，通常采用以下两个策略：应用特征选择/提取方法或高级分类器对扩展形态学属性剖面进行分类；将扩展形态学属性剖面和光谱融合到复合核函数中进行分类。

本节将极限学习机（extreme learning machine，ELM）和随机森林作为基分类器代替决策树，来构造旋转森林，进一步用于遥感影像分类。

4.3.1 扩展形态学剖面

形态学属性剖面算法是在形态学属性滤波的基础上扩展形成的一种特征提取算法，其基本思想是首先利用一系列不同属性的形态学属性滤波器对影像进行滤波来提取影像的结构信息，然后对不同的属性滤波结果进行叠加综合，得到影像的空间几何结构（Dalla Mura et al.，2010a，2010b）。

形态学属性剖面利用形态学的方法提取影像的几何结构特征，构造描述影像结构属性信息的特征向量空间。对于灰度影像 f，给定一系列有序阈值 $\{\lambda_1, \lambda_2, \cdots, \lambda_\varepsilon\}$，通过一系列细化操作和粗化操作，可以得到灰度影像的属性剖面 AP_1。

$$
\begin{aligned}
AP(f) = \Big\{ &\phi^{\lambda_\varepsilon}(f), \phi^{\lambda_{\varepsilon-1}}(f), \cdots, \phi^{\lambda_1}(f), f, \\
&\gamma^{\lambda_1}(f), \cdots, \gamma^{\lambda_{\varepsilon-1}}(f), \gamma^{\lambda_\varepsilon}(f) \Big\}
\end{aligned}
\tag{4.28}
$$

式中，ϕ 和 γ 分别代表细化操作和粗化操作。属性包括与区域形状相关的属性，如面积、外接矩、惯性矩等，也包括与灰度变化有关的属性，如灰度均值、熵、标准差等。由于高光谱影像的光谱波段数量众多，如果将其全部波段应用到提取属性则会造成维数灾难，因此在进行扩展形态学属性剖面操作时，需要先进行主成分分析特征提取，保留含有较多信息的前几个分量。

$$EAP=\{AP(PC_1),AP(PC_2),\cdots,AP(PC_C)\} \tag{4.29}$$

式中，EAP 为扩展属性剖面；PC_i 为第 i 个主成分。

将所有的扩展属性剖面叠加得到扩展形态学属性剖面，具体过程如图 4.11 所示，研究中选择面积属性（A）和标准差属性（S）来构建形态学剖面。

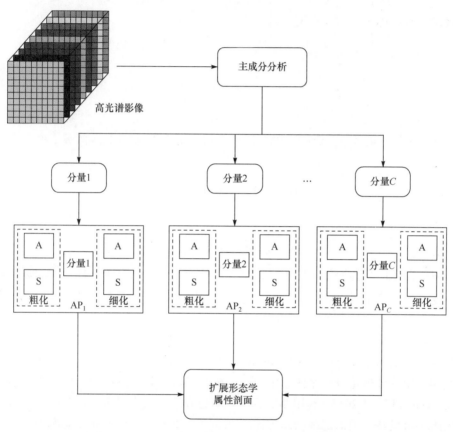

图 4.11　高光谱影像构造扩展形态学属性剖面步骤

4.3.2　极限学习机

极限学习机（extreme learning machine，ELM）是由 Huang 等（2004，2006）提出的一种新型的单隐层前馈神经网络，其特点是通过随机初始化输入权重和偏置得到相应的输出。相比传统单隐层前馈神经网络，极限学习机的计算效率更高，泛化能力更强。极限学习机基于广义回归求逆方法来计算输出权，通过经验风险最小化准则获得最小误差解，具有非常好的通用性能。给定 n 个训练样本 $(\boldsymbol{x}_i,y_i)$，具有 δ 个隐结点的极限学习机输出为

$$f(\boldsymbol{x})=\sum_{i=1}^{\delta}\beta_i G(a_i,b_i,\boldsymbol{x})=\boldsymbol{\beta}h(\boldsymbol{x}) \tag{4.30}$$

式中，G 是输入层到隐含层的映射函数；$h(x)$ 是隐含层的输出向量，其结点参数 (a_i, b_i) 随机分配，连接第 i 个隐结点到输出结点的输出权 β_i。该系统的矩阵表达式为

$$H\beta = Y \tag{4.31}$$

其中：

$$H(a_1, \cdots, a_\delta; b_1, \cdots, b_\delta; x_1, \cdots, x_\delta) = \begin{Bmatrix} G(a_1, b_1, x_1) & \cdots & G(a_\delta, b_\delta, x_1) \\ \vdots & \ddots & \vdots \\ G(a_1, b_1, x_n) & \cdots & G(a_\delta, b_\delta, x_n) \end{Bmatrix}$$

$$\beta = \begin{bmatrix} \beta_1^T \\ \vdots \\ \beta_\delta^T \end{bmatrix} \text{和} \quad Y = \begin{bmatrix} y_1^T \\ \vdots \\ y_\delta^T \end{bmatrix}$$

根据训练样本的输入 (X, Y)，隐含层输出网络矩阵 H 和参数矩阵 β，得到线性系统最小平方解：

$$\left| H \cdot \hat{\beta} - Y \right| = \min_{\beta} \left| H \cdot \beta - Y \right| \tag{4.32}$$

可得

$$\hat{\beta} = H^+ Y \tag{4.33}$$

式中，H^+ 是 H 广义伪逆雅可比矩阵，而 β 的最小平方解具有唯一性，使训练误差达到最小。极限学习机在预测时将得到的 $\hat{\beta}$ 值与预测样本得到的 H 输入式（4.31）中用于分类，将取得最大值列的标识作为最终类别。

近几年，国内外学者对极限学习机在遥感领域的应用进行了探索研究。例如，Samat 等（2014）提出基于 Bagging 和 AdaBoost 的高光谱影像极限学习分类集成算法。Bazi 等（2014）用差分进化算法来优化极限学习机的参数并联合形态学剖面对高光谱影像进行分类。Han 和 Liu（2015）利用非负矩阵分解的方法对高光谱影像进行特征提取以此来增加极限学习机基分类器之间的差异性。Chen 等（2014）利用 Gabor 滤波和多假设预测的前处理技术提取高光谱影像特征，再利用极限学习机进行分类，获得了较高的分类精度。吴军等（2011）提出基于极限学习机的正负模糊规则系统的影像分类方法。

本节以极限学习机作为基分类器，构建了随机子空间极限学习机（random subspace extreme learning machine，RSELM）和旋转子空间极限学习机（rotation subspace extreme learning machine，RoELM）。

4.3.3 试验与分析

试验数据为 AVIRIS 影像（220 个波段）和 ROSIS 影像。选择主成分分析前 4 个包含 99%信息量的主成分分量来构建扩展形态学属性剖面。扩展形态学属性剖面中面积属性和标准差属性阈值设置如下：

$$\lambda_a(F_i) = \frac{100}{\nu} \{ a_{\min}, a_{\min} + \varepsilon_a, a_{\min} + 2\varepsilon_a, \cdots, a_{\max} \} \tag{4.34}$$

$$\lambda_s(F_i) = \frac{\mu_i}{100} \{ \tau_{\min}, \tau_{\min} + \varepsilon_s, \tau_{\min} + 2\varepsilon_s, \cdots, \tau_{\max} \} \qquad (4.35)$$

式中，F_i 为遥感影像的第 i 个特征；v 为遥感影像的空间分辨率；$a_{\min}$、$a_{\max}$ 和 ε_a 的值分别为 1、14 和 1；μ_i 为遥感影像的第 i 个特征的平均值；$\tau_{\min}$、$\tau_{\max}$ 和 ε_s 的值分别为 2.5%、27.5% 和 2.5%。

选择总体精度、平均精度和 Kappa 系数作为精度指标并且给出每个分类器的运算时间。选择决策树（DT）、随机子空间决策树（RSDT）、随机森林（RF）、极限学习机（ELM）和旋转森林（RoF）算法来比较提出的旋转随机森林（RoRF）、RSELM 和 RoELM 3 种算法的性能。在 AVIRIS 遥感影像中，分类器参数设置如表 4.13 所示。

表 4.13　分类器参数设置（AVIRIS 影像）

特征	方法	T	M	δ	特征	方法	T	M	δ
光谱信息	RSDT	20	110	—	扩展形态学属性剖面	RSDT	20	102	—
	RF	20	15	—		RF	20	15	—
	RoF	20	110	—		RoF	20	3	—
	RoRF	20	110	—		RoRF	20	3	—
	ELM	—	—	256		ELM	—	—	256
	RSELM	20	110	256		RSELM	20	102	256
	RoELM	20	110	256		RoELM	20	3	256

表 4.14 和表 4.15 为 AVIRIS 影像基于光谱信息和扩展形态学属性剖面的不同分类器的分类精度，分类结果如图 4.12 所示。

表 4.14　基于光谱信息的不同分类器分类精度（AVIRIS 影像）

类别	训练样本数	测试样本数	分类精度/%							
			DT	RSDT	RF	RoF	RoRF	ELM	RSELM	RoELM
苜蓿	5	49	38.16	28.77	15.71	53.06	29.80	15.11	25.71	49.39
玉米未耕地	143	1291	50.76	65.79	61.82	79.86	74.38	73.01	79.95	83.13
玉米略耕地	83	751	45.09	53.86	50.55	69.31	62.88	59.01	61.89	71.85
玉米	23	211	26.87	34.69	30.76	63.32	50.76	36.59	54.17	62.09
草地	50	447	67.63	79.04	79.98	88.37	83.06	90.56	93.17	91.48
树草	75	672	78.23	92.14	92.37	94.72	93.99	95.55	97.49	94.64
修剪的牧草	3	23	20.43	16.09	14.78	59.13	50.87	3.04	8.02	46.52
堆积干草	49	440	85.93	92.77	96.16	97.73	98.20	99.43	99.57	98.32
燕麦	2	18	1.67	0.56	6.11	0.00	2.78	4.44	12.22	37.37

类别	训练样本数	测试样本数	分类精度/%							
			DT	RSDT	RF	RoF	RoRF	ELM	RSELM	RoELM
大豆未耕地	97	871	47.01	63.85	61.76	77.19	76.87	64.02	68.56	75.67
大豆略耕地	247	2221	62.02	80.56	83.88	87.35	90.53	80.77	87.72	87.87
纯净大豆	61	553	29.73	42.28	47.25	69.58	68.72	67.09	75.51	82.64
小麦	21	191	80.94	90.94	92.93	97.91	97.07	99.63	99.58	98.53
树林	129	1165	89.57	93.67	94.13	96.22	96.36	95.55	96.94	97.36
林间小道	38	342	35.96	39.77	39.33	55.85	45.09	59.97	60.26	54.77
钢铁塔	10	85	54.59	71.88	81.06	88.35	89.53	46.12	70.59	73.29
	总体精度/%		59.77	72.53	72.84	83.14	81.31	77.46	82.38	84.70
	平均精度/%		50.79	57.98	59.29	73.62	69.12	61.89	68.23	75.33
	运算时间/s		1.49	9.25	0.85	26.95	18.11	0.22	6.18	14.63

表 4.15 基于扩展形态学属性剖面的不同分类器分类精度（AVIRIS 影像）

类别	训练样本数	测试样本数	分类精度/%							
			DT	RSDT	RF	RoF	RoRF	ELM	RSELM	RoELM
苜蓿	5	49	82.65	83.67	87.14	87.35	87.14	74.08	86.94	87.76
玉米未耕地	143	1291	86.14	91.01	91.00	91.11	91.55	90.21	90.12	90.33
玉米略耕地	83	751	92.65	95.50	95.31	95.63	96.51	97.48	98.75	98.95
玉米	23	211	74.55	87.11	89.15	87.57	91.66	88.34	94.27	95.02
草地	50	447	89.53	92.37	92.51	93.31	93.20	91.28	94.63	94.36
树草	75	672	94.15	95.33	97.22	96.95	98.07	97.75	99.12	99.32
修剪的牧草	3	23	23.48	23.04	73.91	40.43	84.78	88.28	96.09	96.09
堆积干草	49	440	100.00	99.77	99.77	99.75	99.80	96.23	99.39	99.55
燕麦	2	18	69.44	61.11	92.77	62.78	98.33	80.56	89.44	95.56
大豆未耕地	97	871	84.43	86.89	88.43	87.50	89.06	92.61	90.55	91.56
大豆略耕地	247	2221	94.67	96.18	97.94	96.74	98.55	96.53	98.49	98.66
纯净大豆	61	553	85.14	90.29	92.28	90.22	93.06	86.20	89.19	89.17
小麦	21	191	99.16	98.84	99.11	99.42	99.53	98.95	99.48	99.48
树林	129	1165	98.57	99.22	99.25	99.23	99.24	96.29	99.16	99.42
林间小道	38	342	93.27	96.40	97.63	96.35	98.63	75.38	92.40	94.36
钢铁塔	10	85	96.12	97.41	98.00	97.65	98.12	0.71	50,51	32.71
	总体精度/%		91.57	94.05	95.17	94.56	95.83	92.59	95.46	95.40
	平均精度/%		85.23	87.13	93.21	90.00	94.83	84.43	92.32	91.39
	运算时间/s		0.77	4.55	0.63	13.99	14.07	0.21	4.08	13.59

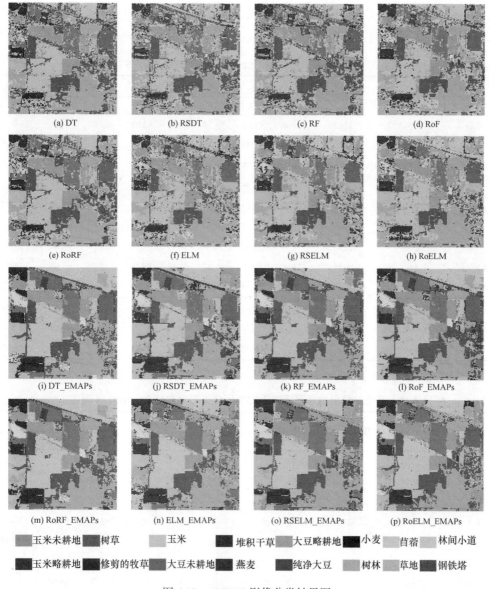

(a) DT　　(b) RSDT　　(c) RF　　(d) RoF

(e) RoRF　　(f) ELM　　(g) RSELM　　(h) RoELM

(i) DT_EMAPs　　(j) RSDT_EMAPs　　(k) RF_EMAPs　　(l) RoF_EMAPs

(m) RoRF_EMAPs　　(n) ELM_EMAPs　　(o) RSELM_EMAPs　　(p) RoELM_EMAPs

玉米未耕地　树草　玉米　堆积干草　大豆略耕地　小麦　苜蓿　林间小道

玉米略耕地　修剪的牧草　大豆未耕地　燕麦　纯净大豆　树林　草地　钢铁塔

图 4.12　AVIRIS 影像分类结果图

在 ROSIS 影像中，分类器参数设置如表 4.16 所示。

表 4.16　分类器参数设置（ROSIS 影像）

特征	方法	T	M	δ	特征	方法	T	M	δ
	RSDT	20	52	—		RSDT	20	102	—
	RF	20	10	—		RF	20	10	—
	RoF	20	10	—	扩展形态	RoF	20	3	—
光谱信息	RoRF	20	10	—	学属性剖	RoRF	20	3	—
	ELM	—	—	128	面	ELM	—	—	128
	RSELM	20	52	128		RSELM	20	102	128
	RoELM	20	10	128		RoELM	20	3	128

表 4.17 和表 4.18 为 ROSIS 影像基于光谱信息和扩展形态学属性剖面的不同分类器的分类精度，分类结果如图 4.13 所示。

表 4.17　基于光谱信息的不同分类器分类精度（ROSIS 影像）

类别	训练样本数	测试样本数	分类精度/%							
			DT	RSDT	RF	RoF	RoRF	ELM	RSELM	RoELM
地砖	524	3682	83.46	91.68	90.17	92.55	93.29	90.70	95.05	91.76
阴影	514	947	92.93	97.42	97.44	98.30	99.60	99.65	99.69	99.89
金属板	375	1345	96.95	98.99	98.82	99.58	99.55	85.64	98.95	99.85
裸土	540	5029	76.29	81.56	77.80	95.60	95.55	94.92	96.14	97.62
树木	231	3064	97.75	98.67	98.58	95.62	98.79	96.68	97.11	95.33
草地	532	18649	52.35	53.12	56.10	74.61	65.38	58.76	64.32	69.19
沙砾	265	2099	54.79	51.32	53.79	58.49	57.54	70.18	68.06	63.43
柏油马路	548	6631	71.93	79.60	80.07	84.55	85.34	77.21	80.50	76.02
沥青屋顶	392	1330	76.62	83.68	84.63	89.93	90.39	88.01	91.08	90.90
	总体精度/%		67.30	70.44	71.37	82.66	79.04	74.56	78.45	79.44
	平均精度/%		78.11	81.78	81.93	87.69	87.27	84.64	87.88	87.11
	运算时间/s		1.98	20.50	2.33	44.74	53.41	1.56	34.65	51.45

表 4.18　基于扩展形态学属性剖面的不同分类器分类精度（ROSIS 影像）

类别	训练样本数	测试样本数	分类精度/%							
			DT	RSDT	RF	RoF	RoRF	ELM	RSELM	RoELM
地砖	524	3682	98.02	98.95	98.94	98.61	99.16	98.96	99.51	99.58
阴影	514	947	85.96	92.47	97.33	97.00	99.32	98.37	99.31	98.38
金属板	375	1345	99.55	99.58	99.62	99.62	99.62	96.51	99.67	99.56
裸土	540	5029	98.95	96.55	96.34	99.39	97.35	97.61	99.96	99.90
树木	231	3064	89.69	97.10	99.12	94.55	99.23	94.54	98.52	97.45
草地	532	18649	90.85	91.66	97.28	93.65	97.42	96.42	98.35	98.55
沙砾	265	2099	67.13	80.63	73.05	85.45	75.15	87.88	98.08	99.38
柏油马路	548	6631	91.34	94.26	95.14	93.52	95.32	97.16	97.69	97.54
沥青屋顶	392	1330	99.32	100.00	100.00	100.00	100.00	99.92	99.93	99.92
	总体精度/%		91.67	93.61	96.08	94.85	96.47	96.49	98.67	98.69
	平均精度/%		91.20	94.58	95.20	95.75	95.84	96.37	99.00	98.92
	运算时间/s		1.38	29.72	2.82	37.93	70.24	1.83	37.66	71.59

由表 4.14、表 4.15、表 4.17 和表 4.18，可以初步得到以下结论：

（1）所有的集成算法都能提供比单分类器算法更为精确的分类结果，但需要更多的运算时间。在不同的遥感影像中，精度提升的表现各有差异，如在 AVIRIS 影像中，以光谱信息作为输入，RoELM 获得最高精度，而在 ROSIS 影像中，则是 RoF 获得最高精度。

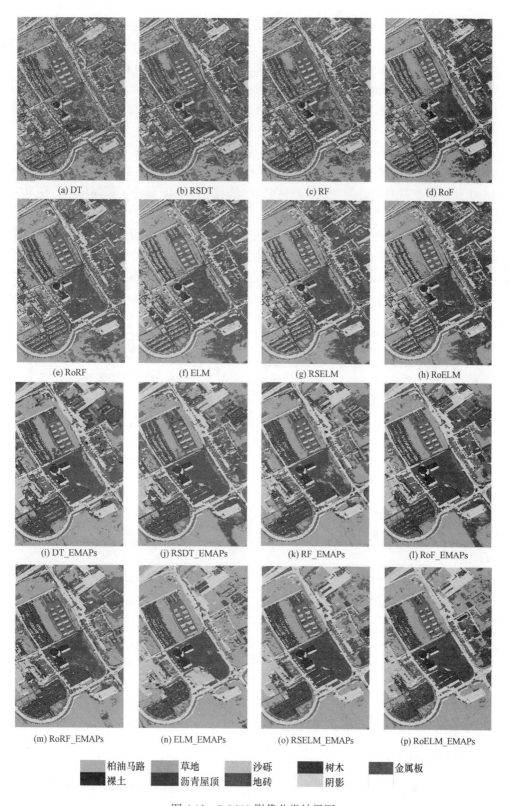

(a) DT　　　　　　　(b) RSDT　　　　　　(c) RF　　　　　　(d) RoF

(e) RoRF　　　　　　(f) ELM　　　　　　(g) RSELM　　　　　(h) RoELM

(i) DT_EMAPs　　　(j) RSDT_EMAPs　　　(k) RF_EMAPs　　　(l) RoF_EMAPs

(m) RoRF_EMAPs　　(n) ELM_EMAPs　　(o) RSELM_EMAPs　　(p) RoELM_EMAPs

柏油马路　　草地　　沙砾　　树木　　金属板
裸土　　沥青屋顶　　地砖　　阴影

图 4.13　ROSIS 影像分类结果图

（2）基于旋转的集成算法（如 RoF、RoRF 和 RoELM）的性能优于基于随机子空间的集成算法（如 RSDT、RF 和 RSELM），其原因是基于旋转的集成算法引入了特征旋转，在增加基分类器性能的同时增大了基分类器之间的差异，从而获得更好的分类结果。

（3）在大多数情况下，ELM 及其集成算法能够获得比 DT 及其集成算法更高的分类精度。DT 的运算时间与遥感影像的维度有关，ELM 的运算时间与隐含层结点的数量有关。

（4）基于扩展形态学属性剖面的分类结果明显优于基于光谱信息的分类结果，说明空间信息在高光谱影像分类中的重要性。其中，构建的 3 种集成算法 RoRF、RSELM 和 RoELM 获得了非常好的分类性能，在 AVIRIS 影像中 RoRF 获得了最高精度，在 ROSIS 影像中 RoELM 获得了最高精度。

图 4.14 给出了集成分类算法中两个关键参数（M 和 δ）对分类精度的影响。从图中可以看出，M 对所有集成算法的影响没有固定的规律，不同的分类算法在不同影像不同输入特征中表现各异。以 ROSIS 影像为例，当将光谱信息作为输入特征时，M 值为 10 时获得最高精度。从图 4.14（c）、（d）、（g）、（h）可以看出，随着 δ 的增大，ELM 及其

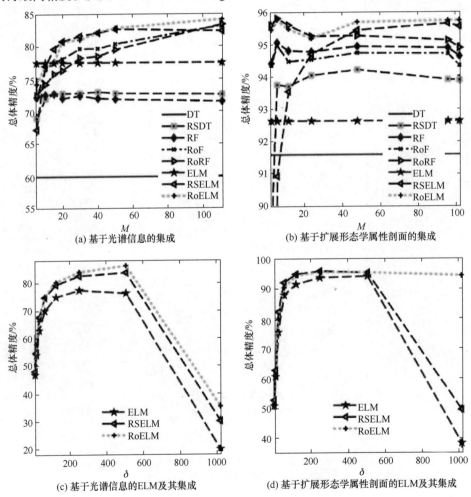

(a) 基于光谱信息的集成

(b) 基于扩展形态学属性剖面的集成

(c) 基于光谱信息的 ELM 及其集成

(d) 基于扩展形态学属性剖面的 ELM 及其集成

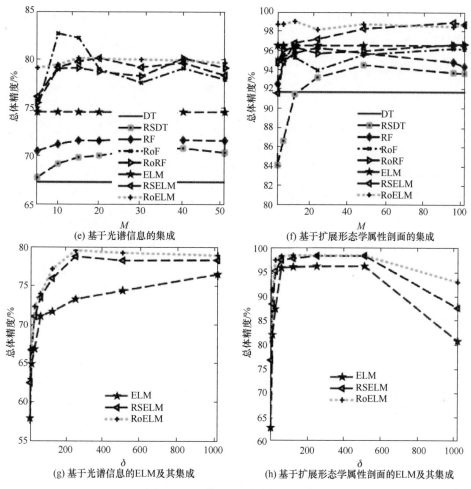

图 4.14 *M* 值和 δ 对分类精度的影响

（a）～（d）为 AVIRIS 影像，（e）～（h）为 ROSIS 影像

集成算法的精度不断上升，但是网络结构会变得复杂。复杂的神经网络结构会造成对训练样本的过拟合，当 δ 大于 512 时，精度开始急剧下降。在实际应用中，*M* 和 δ 的值往往根据经验来设定。

4.4 基于旋转森林的全极化 SAR 影像分类

全极化 SAR 影像具有主动、全天候、全天时、侧视成像、探测信号物理意义明确等优势，近年来一系列商业化高分辨率星载极化 SAR 传感器如 RADARSAT-2、TerraSAR-X、COSMO-SkyMed 等投入使用，使得星载极化 SAR 影像在灾害监测、森林遥感、城市化、农作物长势监测与制图等领域得到广泛应用。目前，全极化 SAR 影像分类中两个重要方向为新方法研究和分类特征优化。然而，从方法适用性角度出发，难以保证某种或某几种分类方法适用于所有全极化 SAR 影像分类问题。鉴于集成学习方法具有综合多分类器性能的优势，Bagging、AdaBoost、随机森林、旋转森林等集成学习方法在多光谱/高光谱影像分类中得到了广泛应用。因此，本节探讨全极化 SAR 影像多分类器集成方法的应用（Du et al.，2015）。

4.4.1 特征空间构建

1. 极化特征

雷达目标电磁散射场的极化不仅与入射电磁场的极化相关，还与目标的形状、大小、结构、材料等特征相关。为充分利用电磁场极化特性，电磁散射过程必须描述为雷达目标电磁场相应函数。例如，将入射、散射电磁场的琼斯矢量分别用 E_I 和 E_S 表示，则雷达目标入射电磁波与散射电磁波间的关系可用辛克莱（Sinclair）矩阵来描述（Lee and Pottier，2009）：

$$E_S = \frac{e^{-jkr}}{r} S E_I = \frac{e^{-jkr}}{r} \begin{bmatrix} S_{hh} & S_{hv} \\ S_{vh} & S_{vv} \end{bmatrix} E_I \tag{4.36}$$

式中，矩阵 S 为散射矩阵，在单站后向散射体制中称之为辛克莱矩阵；$\dfrac{e^{-jkr}}{r}$ 表示电磁波本身在传播过程中引起的幅度和相位变化；r 为散射目标与接收天线之间的距离；k 为电磁波的波数。

然而，只有入射电磁场与散射电磁场满足平面波假设条件，辛克莱散射矩阵才能有效描述雷达目标的散射特性。此外，因辛克莱散射矩阵必须通过严格的散射坐标系进行定义，这使得散射矩阵内元素除与极化方式有关外，还与散射坐标系和极化基的选择有关（Lee and Pottier，2009； 金亚秋和徐丰，2008）。因此，为在动态变化环境中满足平稳性和各向同性条件，一般通过引入时空随机过程的概念，从极化相干矩阵或极化协方差矩阵中提取波动量二阶矩对分布式雷达目标进行更为精确的描述。

构建系统矢量是从经典辛克莱矩阵 S 中提取物理信息的最佳方法（Briem et al.，2002；Marçal and Castro，2005）。在单站后向散射体制下，即雷达天线同时发射和接收电磁波脉冲，互易性条件（$S_{hv} = S_{vh}$）使得辛克莱矩阵为对称矩阵。相干矩阵 T_3 由辛克莱散射矩阵经复 Pauli 旋转矩阵基集合 Ψ_P 获取"三维目标矢量 K_P"后，再经目标矢量与自身共轭转置矢量的外积获取（Lee and Pottier，2009，2013）：

$$\{\Psi_P\} = \left\{ \sqrt{2} \begin{bmatrix} 1 & 0 \\ 0 & 1 \end{bmatrix} \quad \sqrt{2} \begin{bmatrix} 1 & 0 \\ 0 & -1 \end{bmatrix} \quad \sqrt{2} \begin{bmatrix} 0 & 1 \\ 1 & 0 \end{bmatrix} \right\} \tag{4.37}$$

$$K_P = \frac{1}{\sqrt{2}} \begin{bmatrix} S_{hh} + S_{vv} & S_{hh} - S_{vv} & 2S_{hv} \end{bmatrix}^T$$

$$T_3 = \left\langle K_P \cdot K_P^{*T} \right\rangle$$
$$= \frac{1}{2} \begin{bmatrix} \left\langle |S_{hh} + S_{vv}|^2 \right\rangle & \left\langle (S_{hh} + S_{vv})(S_{hh} - S_{vv})^* \right\rangle & 2\left\langle (S_{hh} + S_{vv})S_{hv}^* \right\rangle \\ \left\langle (S_{hh} - S_{vv})(S_{hh} + S_{vv})^* \right\rangle & \left\langle |S_{hh} - S_{vv}|^2 \right\rangle & 2\left\langle (S_{hh} - S_{vv})S_{hv}^* \right\rangle \\ 2\left\langle S_{hv}(S_{hh} + S_{vv})^* \right\rangle & 2\left\langle S_{hv}(S_{hh} - S_{vv})^* \right\rangle & 4\left\langle |S_{hv}|^2 \right\rangle \end{bmatrix}$$

此外，可以发现复 Pauli 旋转矩阵基集合 Ψ_{P}、Lexicographic 矩阵基集合 Ψ_{L} 都引入了常数项 2、$\sqrt{2}$、$2\sqrt{2}$，这主要是为了保证总功率的守恒，即在单站散射体制下有

$$\mathrm{Span}(S) = |\boldsymbol{K}_{\mathrm{P}}|^2 = |\Omega|^2 = |S_{\mathrm{hh}}|^2 + 2|S_{\mathrm{hv}}|^2 + |S_{\mathrm{vv}}|^2 \qquad (4.38)$$

Span 影像是对各单极化强度（能量）影像的平均，其相干斑噪声小于各单极化强度影像的相干斑噪声，可用于空间特征提取。

2. 纹理特征

灰度共生矩阵（gray level co-occurrence matrix，GLCM）也称为灰度空间依赖矩阵（gray level spatial dependence matrix，CLSM），是遥感影像分析中常用的一种纹理特征描述方法（Manjunath and Ma，1996）。基本思想是先在一定的空间关系（如方向）中计算符合给定阈值范围的像素对来构建灰度共生矩阵，再从中计算空间统计量子如对比度、相关性、熵及同质性等来描述影像纹理特性。

3. 形态学剖面

数学形态学作为一种影像几何特征标识与描述的技术手段，常用于数字影像处理与分析。其中，腐蚀与膨胀为最基本的操作算子，它们通过开运算和闭运算重构参与形态学剖面特征的提取。对于一幅灰度影像 $f(x,y)$，通过结构算子 $b(s,t)$ 计算的腐蚀和膨胀过程为

$$\begin{aligned} \text{腐蚀} &\rightarrow [f \odot b](x,y) = \min_{(s,t)\in b} \{f(x+s,y+t)\} \\ \text{膨胀} &\rightarrow [f \oplus b](x,y) = \max_{(s,t)\in b} \{f(x-s,y-t)\} \end{aligned} \qquad (4.39)$$

由式（4.39）可知，灰度腐蚀操作在灰度影像 f 每个像素领域 (s,t) 内取最小灰度值，也就是说灰度影像变暗。相反，灰度膨胀操作后灰度影像变亮。

形态学剖面是一组灰度影像开运算重构（opening by reconstruction，OBR）和闭运算重构（closing by reconstruction，CBR）结果的组合。开闭运算重构又是腐蚀和膨胀运算的组合结果，其计算公式为

$$\begin{aligned} \text{OBR} &\rightarrow O_R^n(f) = R_f^{\mathrm{D}}[(f \odot nb)] \\ \text{CBR} &\rightarrow C_R^n(f) = R_f^{\mathrm{E}}[(f \oplus nb)] \end{aligned} \qquad (4.40)$$

式中，开运算重构是采用 n 个结构算子 b 进行腐蚀运算的灰度影像 f 进行膨胀重构 R_f^{D}，闭运算重构是对经 n 个结构算子 b 进行膨胀运算后的灰度影像 f 进行腐蚀重构 R_f^{E}。最后，从灰度影像 f 的形态学开剖面（opening profiles，OP）、形态学闭剖面（closing profiles，CP）选择一组构成的形态学剖面特征为（Benediktsson et al.，2003）：

$$\mathrm{MPs} = [\mathrm{OP}_1, \mathrm{OP}_2, \cdots, \mathrm{OP}_n, f, \mathrm{CP}_1, \mathrm{CP}_2, \cdots, \mathrm{CP}_n] \qquad (4.41)$$

4.4.2　分类流程

如图 4.15 所示，基于旋转森林的全极化 SAR 影像分类基本流程如下：

（1）全极化 SAR 影像预处理，包括多视处理、地形校正、相干斑滤波等；

（2）计算相干矩阵 T3 的能量元素 T3db 及功率影像 Span；

（3）计算功率影像的纹理特征，如均值、熵、对比度、相异度等，以及形态学剖面特征；

（4）利用不同的特征集（F1：相干特征 T3db；F2：T3db+Span+MPs；F3：T3db+Span+TFs；F4:T3db+Span+TFs+MPs）训练旋转森林及其他分类算法；

（5）利用训练好的模型对全极化 SAR 影像进行分类。

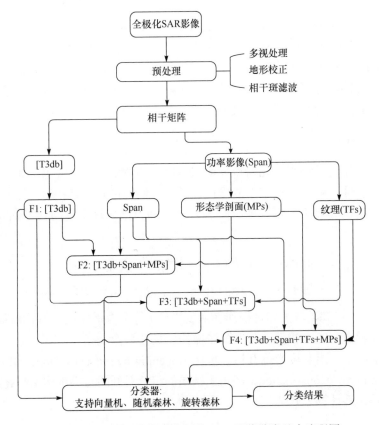

图 4.15　基于旋转森林的全极化 SAR 影像分类基本流程图

4.4.3　试验与分析

1. 试验数据

3 组试验数据由加拿大合成孔径雷达卫星 RADARSAT-2 获取。RADARSAT-2 是一颗搭载 C 波段传感器的高分辨率商用雷达卫星，具有多种分辨率成像能力（最高分辨率可达 1m）和多种极化方式（单极化、双极化、全极化）。试验用数据经多视处理、地形校正、相干斑滤波（精改的 Lee）、地理编码后像素空间分辨率重采样为 8m×8m。

图 4.16 为 3 组试验数据，表 4.19 为试验数据样本数量和类别体系。

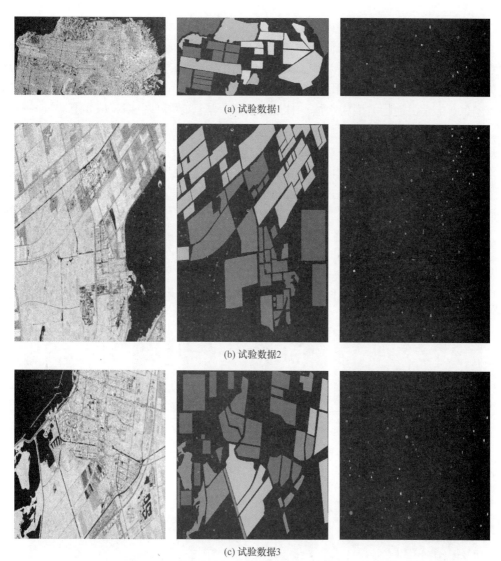

(a) 试验数据1

(b) 试验数据2

(c) 试验数据3

图 4.16 试验数据

各小图从左至右依次为 Span 影像、地面参考数据、样本分布

表 4.19 试验数据样本数量和类别体系

序号	第 1 组试验数据			第 2 组试验数据			第 3 组试验数据		
	类别/颜色	训练样本数	测试样本数	类别/颜色	训练样本数	测试样本数	类别/颜色	训练样本数	测试样本数
1	水体	432	70861	水体	488	76164	水体	1259	113645
2	植被	422	111474	林地	971	191351	林地	1582	162268
3	居民区	374	78246	农田 1	989	185905	农田	1481	198383
4	商业区	378	83898	农田 2	332	70214	居民区	1552	193994
5	工业区	374	53347	居民区	560	85378			

第 1 组试验数据由 RADARSAT-2 于 2008 年 4 月 8 日在美国旧金山金门大桥附近获取，影像大小为 600 像素×1200 像素，主要地表覆盖类型为水体、植被、居民区、商业

区、工业区等[图 4.16（a）]。

第 2 组和第 3 组试验数据同样由 RADARSAT-2 获取，成像时间为 2008 年 4 月 2 日，地点为荷兰 Felvoland 地区。第 2 组试验影像大小为 1400 像素×1000 像素，主要地物类型为水体、林地、农田 1、农田 2、居民区[图 4.16（b）]。第 3 组试验影像大小为 1300 像素×1200 像素，地物类型为水体、林地、农田、居民区等[图 4.16（c）]。

相比辛克莱散射矩阵，尽管极化相干矩阵或极化协方差矩阵更利于提取雷达目标的物理特性。然而，在复杂的下垫面（如城区）情况下，极化相干矩阵或极化协方差矩阵中也会出现类似于可见光中"同物异谱，异物同谱"的现象。如图 4.17 和图 4.18 所示，在 6 种极化分解结果中，植被和工业区（建筑个体较大）表现出一样的体散射特性，而在同样由建筑物构成的居民区（稀疏、有植被）和商业区（建筑物密集）中，商业区则

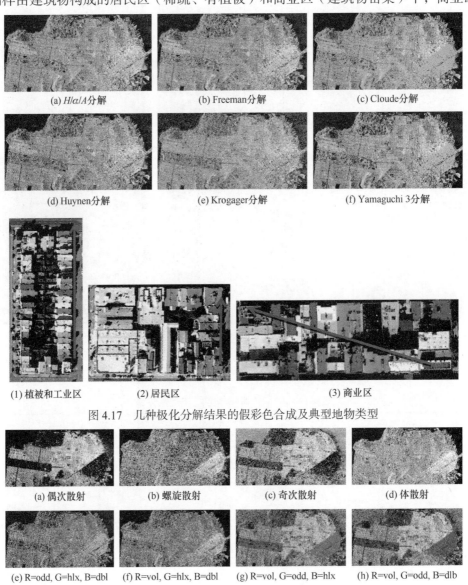

(a) H/α/A分解　　　　　　(b) Freeman分解　　　　　　(c) Cloude分解

(d) Huynen分解　　　　　　(e) Krogager分解　　　　　　(f) Yamaguchi 3分解

(1) 植被和工业区　　　　(2) 居民区　　　　　　(3) 商业区

图 4.17　几种极化分解结果的假彩色合成及典型地物类型

(a) 偶次散射　　　(b) 螺旋散射　　　(c) 奇次散射　　　(d) 体散射

(e) R=odd, G=hlx, B=dbl　(f) R=vol, G=hlx, B=dbl　(g) R=vol, G=odd, B=hlx　(h) R=vol, G=odd, B=dlb

图 4.18　Yamaguchi 4 成分分解和假彩色合成图

表现出更强的偶次、奇次散射特性。此时，常用的极化分解方法都不能正确区分以上地物类型。因此，在极化特征的基础上，引入空间特征是一种常用的可行方案。

2. 试验结果

与随机森林相比，旋转森林采用主成分分析对特征空间进行线性重构，一般认为旋转森林更适用于高维数据的处理。与多光谱影像、高光谱影像等相比，全极化 SAR 影像特征维数更低，但一般呈非线性。因此，有必要研究旋转森林模型中的特征空间划分数、主成分分析中的信息保留比等对全极化 SAR 影像分类精度的影响（图 4.19）。

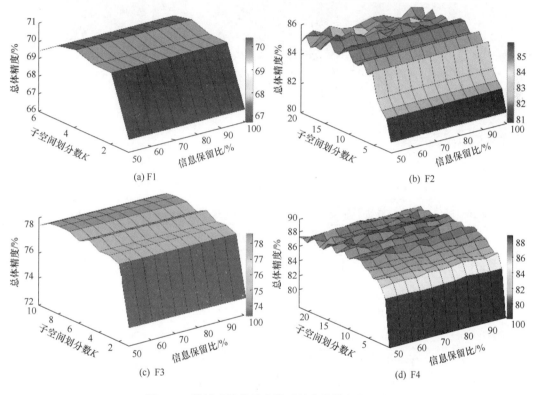

图 4.19　旋转森林模型参数对其分类精度的影响

由图 4.19 可知，子空间划分数 K 对旋转森林全极化 SAR 影像分类精度影响较大，较为合适的范围为 3~9。与此同时，主成分分析中的信息保留比对分类精度影响不明显。因此，在接下来的试验中将信息保留比设为 75%（太小不能保留足够的有用信息，太大又影响算法复杂度）。

为充分说明旋转森林在全极化 SAR 影像分类中的性能，用于对比分析的分类器包括支持向量机、旋转森林及 Wishart 分类器等。纹理特征主要有异质性、对比度等表现出较好性能的统计量。图 4.20 为以上分类算法利用不同特征进行分类的结果，表 4.20 为以上分类算法在第 1 组试验数据上的分类精度对比。可以看出，仅仅考虑极化相干特征的Wishart 分类器获得了最低的分类精度，引入纹理、形态学剖面等空间特征后所有分类器的分类精度得到大大提高。其中，旋转森林利用极化相干、纹理、形态学剖面特征时获得了最高的分类精度（86.73%）。

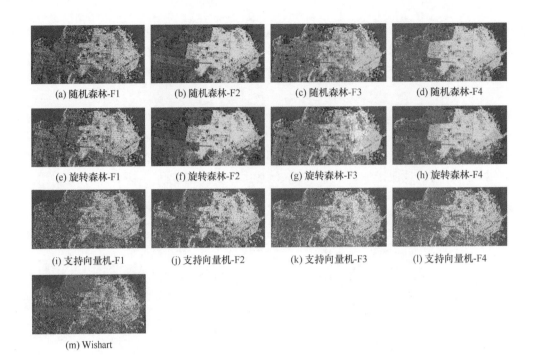

(a) 随机森林-F1 　(b) 随机森林-F2 　(c) 随机森林-F3 　(d) 随机森林-F4

(e) 旋转森林-F1 　(f) 旋转森林-F2 　(g) 旋转森林-F3 　(h) 旋转森林-F4

(i) 支持向量机-F1 　(j) 支持向量机-F2 　(k) 支持向量机-F3 　(l) 支持向量机-F4

(m) Wishart

图 4.20　随机森林、旋转森林、支持向量机和 Wishart 分类器在第 1 组试验数据上的分类结果图

表 4.20　随机森林、旋转森林、支持向量机和 Wishart 在第 1 组试验数据上的分类精度对比

| 类别 | 分类精度/% | | | | | | | | | | | | |
| | Wishart | 支持向量机 | | | | 随机森林 | | | | 旋转森林 | | | |
	F1	F1	F2	F3	F4	F1	F2	F3	F4	F1	F2	F3	F4
水体	99.84	100.00	100.00	100.00	100.00	100.00	99.60	100.00	99.99	100.00	99.85	100.00	100.00
植被	92.57	78.49	93.18	92.03	96.40	76.52	91.14	89.41	90.49	78.43	94.71	91.42	93.77
居民区	65.00	56.29	89.39	57.63	88.92	57.15	88.76	60.14	82.35	60.22	96.99	60.30	91.69
商业区	45.22	67.97	85.93	66.42	81.28	59.94	71.75	62.26	72.61	60.99	78.06	65.52	83.94
工业区	38.66	50.75	43.00	67.37	59.79	53.16	59.13	67.98	57.06	52.88	64.27	68.36	70.25
总体精度/%	66.49	70.27	80.03	77.03	83.74	68.82	80.30	76.08	79.02	69.82	84.90	77.32	86.73
平均精度/%	68.26	70.70	82.30	76.69	85.28	69.35	82.08	75.96	80.50	70.50	86.78	77.12	87.93
Kappa 系数	0.58	0.63	0.75	0.71	0.80	0.61	0.75	0.70	0.74	0.62	0.81	0.72	0.83

注：F1 = [T3db]；F2=[T3db+Span+MPs]；　F3 = [T3db+Span+TFs]；　F4=[T3db+Span+TFs+MPs]；下同

　　试验结果说明，在全极化 SAR 影像分类中形态学剖面的引入更利于分类精度的提高，可以弥补灰度共生矩阵纹理特征对于细节边缘特征的敏感性缺陷。如图 4.20 和表 4.20 中的分类结果，形态学剖面的引入在居民区、商业区的分类精度上大为改进，而纹理特征的引入仅在工业区分类精度带来一定提高。这主要是由于与建筑物较大的工业区相比，居民区、商业区具有更为复杂的细节特征。

在通常情况下，为充分利用不同样本间的差异性，一般将对样本或者模型参数敏感的弱分类器作为基分类器。在随机森林和旋转森林中一般将决策树作为基分类器，而基分类器个数的大小可能会影响最终的集成分类性能。图4.21为随机森林和旋转森林中基分类器个数对分类精度的影响分析。此外，分类器性能的评估还可从小样本学习能力和算法执行效率来进行。图4.22分别为样本大小对随机森林和旋转森林分类精度的影响，图4.23为不同样本大小情况下随机森林和旋转森林的运算时间对比。

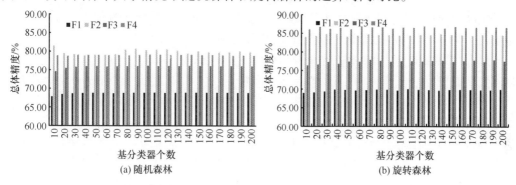

图4.21 基分类器个数随机森林和旋转森林分类精度的影响（第1组试验数据）

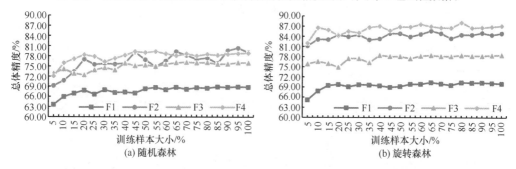

图4.22 样本大小对随机森林和旋转森林分类精度的影响（第1组试验数据）

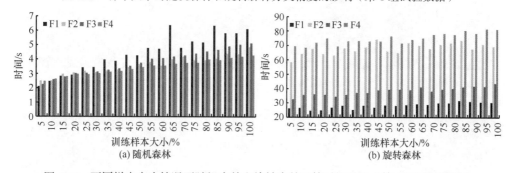

图4.23 不同样本大小情况下随机森林和旋转森林运算时间对比（第1组试验数据）

首先，由图4.21可以看出随机森林和旋转森林中基分类器个数对分类性能影响不大。同时，在同等基分类器规模的前提下旋转森林的精度基本优于随机森林，且随着数据特征维数的增加旋转森林的优势更为明显。例如，利用F1进行分类时，旋转森林和随机森林总体精度在68%~70%，而利用F4时随机森林的总体精度在80%左右，而旋转森林的总体精度在86%以上。

其次，在样本大小对分类性能的影响分析上，旋转森林的分类性能同样优于随机森林，且随着特征维数的增加进一步提高。如图 4.22 所示，利用 5%的样本进行训练时引入空间特征后随机森林的分类精度从 63%提高到 73%，而旋转森林的分类精度则提高到 81%。

最后，从图 4.23 可以看出，随机森林的算法执行效率明显高于旋转森林，这主要是因为后者在子空间划分中通过采用主成分分析对特征空间进行重构。

此外，从空间特征的角度，引入纹理、灰度共生矩阵统计量、形态学剖面特征后，显著提高了居民区的分类精度，特别是引入形态学剖面对分类精度的提高最为显著。这主要是因为基于灰度共生矩阵的统计量对边缘纹理特征较为敏感。

综上可以看出，旋转森林在全极化 SAR 影像分类中的性能优于随机森林，且对训练样本大小有更好的鲁棒性。此外，形态学剖面在全极化 SAR 影像分类中的性能优于灰度共生矩阵纹理统计特征。然而，受迭代重构特征空间的影响，旋转森林的算法效率明显低于随机森林。

为进一步验证第 1 组试验数据得出的结论，同样的试验策略在第 2 组和第 3 组试验数据进行执行，试验结果如图 4.24～图 4.31 以及表 4.21、表 4.22 所示。根据试验结果得出：与监督性 Wishart、支持向量机、随机森林相比，旋转森林总能获得最高的分类精度（表 4.21 和表 4.22），尤其是利用相干、纹理、形态学剖面特征；构建随机森林、旋转森林所用基分类器个数对分类性能影响不大（图 4.25 和图 4.29）；在同等样本大小的前提下，旋转森林的分类性能明显优于随机森林，即前者对小样本问题具有更好的鲁棒性（图 4.26 和图 4.30）。随机森林算法的执行效率明显优于旋转森林（图 4.27 和图 4.31）。

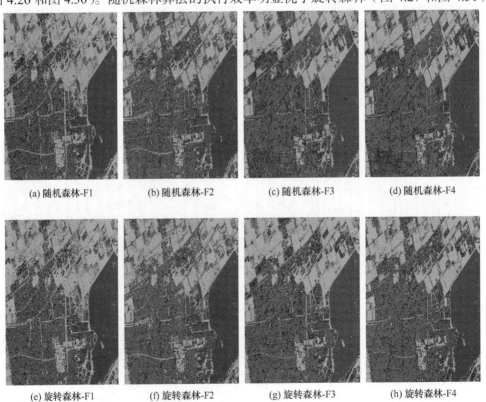

(a) 随机森林-F1　　　(b) 随机森林-F2　　　(c) 随机森林-F3　　　(d) 随机森林-F4

(e) 旋转森林-F1　　　(f) 旋转森林-F2　　　(g) 旋转森林-F3　　　(h) 旋转森林-F4

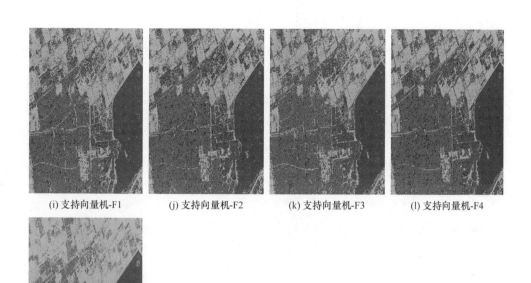

(i) 支持向量机-F1　　(j) 支持向量机-F2　　(k) 支持向量机-F3　　(l) 支持向量机-F4

(m) Wishart

图 4.24　第 2 组试验数据上的分类结果图

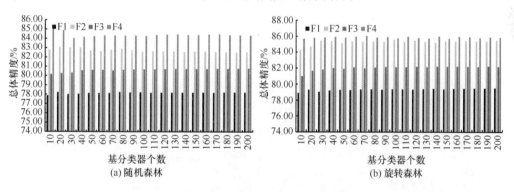

基分类器个数　　　　　　　　　　　基分类器个数
(a) 随机森林　　　　　　　　　　　(b) 旋转森林

图 4.25　基分类器个数对随机森林和旋转森林分类精度的影响（第 2 组试验数据）

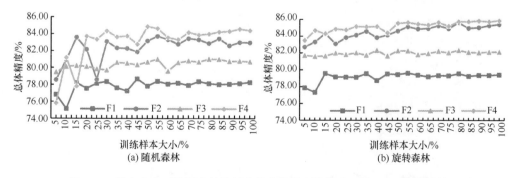

训练样本大小/%　　　　　　　　　　训练样本大小/%
(a) 随机森林　　　　　　　　　　　(b) 旋转森林

图 4.26　样本大小对随机森林旋转森林分类精度的影响（第 2 组试验数据）

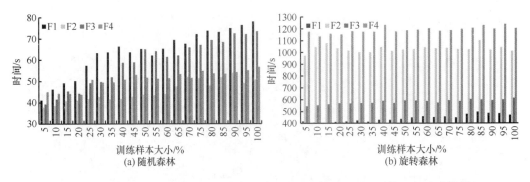

图 4.27 不同样本大小情况下随机森林和旋转森林运算时间对比（第 2 组试验数据）

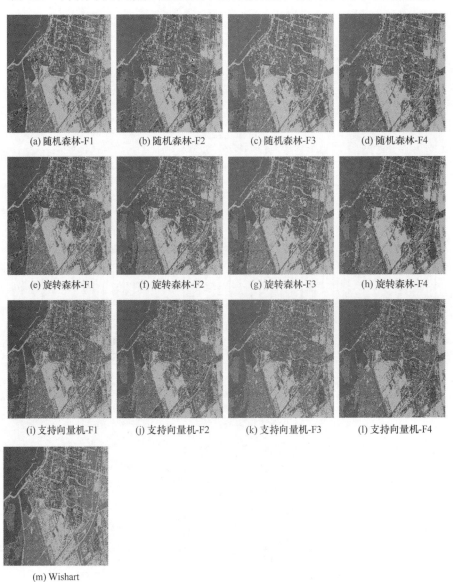

(a) 随机森林-F1 (b) 随机森林-F2 (c) 随机森林-F3 (d) 随机森林-F4

(e) 旋转森林-F1 (f) 旋转森林-F2 (g) 旋转森林-F3 (h) 旋转森林-F4

(i) 支持向量机-F1 (j) 支持向量机-F2 (k) 支持向量机-F3 (l) 支持向量机-F4

(m) Wishart

图 4.28 第 3 组试验数据上的分类结果图

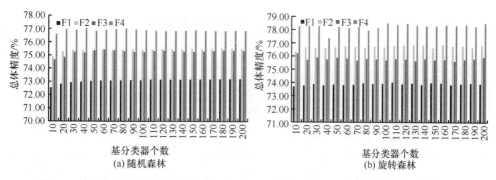

图 4.29　基分类器个数对随机森林和旋转森林分类精度的影响（第 3 组试验数据）

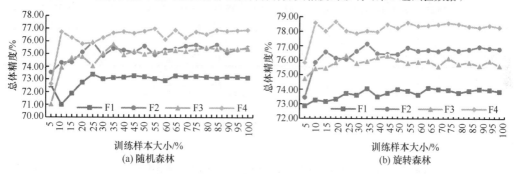

图 4.30　样本大小对随机森林和旋转森林分类精度的影响（第 3 组试验数据）

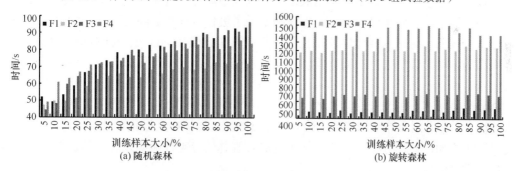

图 4.31　不同样本情况下随机森林和旋转森林运算时间对比（第 3 组试验数据）

表 4.21　第 2 组试验数据的分类精度对比

类别	Wishart	支持向量机				随机森林				旋转森林			
	分类精度/%												
	F1	F1	F2	F3	F4	F1	F2	F3	F4	F1	F2	F3	F4
水体	98.77	99.43	99.62	99.56	99.49	98.73	99.50	99.48	97.86	99.10	98.84	98.90	98.97
林地	88.04	80.85	85.07	83.72	82.68	79.64	85.05	81.03	85.71	83.05	92.20	82.38	93.18
农田 1	87.08	78.90	80.08	81.21	79.89	79.05	89.11	79.79	89.30	81.76	88.33	80.78	89.24
农田 2	66.30	64.27	55.79	55.09	66.83	65.89	62.10	63.37	72.74	65.46	58.70	66.46	59.00
居民区	44.17	62.61	68.28	71.17	76.07	61.91	65.43	77.75	64.03	58.86	68.87	74.13	71.92
总体精度/%	80.43	78.11	79.64	79.87	81.18	77.78	82.70	80.46	83.79	79.24	84.72	80.97	85.78
平均精度/%	76.87	77.21	77.77	78.15	80.99	77.04	80.24	80.28	81.93	77.65	81.39	80.53	82.46
Kappa 系数	0.74	0.71	0.73	0.74	0.75	0.71	0.77	0.75	0.79	0.73	0.80	0.75	0.81

表 4.22　第 3 组试验数据的分类精度对比

| 类别 | 分类精度/% | | | | | | | | | | | | |
| | Wishart | 支持向量机 | | | | 随机森林 | | | | 旋转森林 | | | |
	F1	F1	F2	F3	F4	F1	F2	F3	F4	F1	F2	F3	F4
水体	99.93	99.98	99.99	99.98	99.99	100.00	99.86	100.00	99.86	99.85	99.90	99.79	99.93
林地	90.8	78.57	78.96	81.92	82.47	77.01	72.34	79.41	74.54	79.29	80.33	80.68	80.16
农田	66.94	77.54	73.81	74.92	75.84	76.48	85.18	77.31	84.40	78.23	83.45	77.33	81.40
居民区	42.58	52.59	54.74	60.19	59.16	50.01	53.09	55.74	57.75	49.83	49.66	56.54	58.57
总体精度/%	74.33	74.37	73.98	76.60	76.72	72.93	75.24	75.41	76.90	73.92	75.68	75.93	77.62
平均精度/%	75.02	77.17	76.88	79.25	79.37	75.88	77.62	78.12	79.14	76.80	78.34	78.59	80.02
Kappa 系数	0.66	0.66	0.65	0.69	0.69	0.64	0.67	0.67	0.69	0.65	0.67	0.68	0.70

4.5　本 章 小 结

本章将旋转森林集成学习算法应用于高光谱及全极化 SAR 影像分类中,全面评价了旋转森林在遥感影像分类中的应用效果。对高光谱影像实现了空间特征和光谱特征综合的多分类器集成,对全极化 SAR 影像则实现了极化特征和空间特征综合的多分类器集成。试验表明,旋转森林能够获得比传统集成算法,如 Bagging、AdaBoost、随机森林等更高的精度。为了进一步提高旋转森林的性能,在高光谱影像分类中,将空间信息引入旋转森林中,结合马尔可夫随机场、扩展形态学属性剖面,并通过改变特征旋转策略和基分类器来进一步改进旋转森林。在全极化 SAR 影像分类中,引入灰度共生矩阵的纹理特征、形态学剖面等空间特征,对旋转森林和随机森林在全极化 SAR 影像分类中的性能进行了全面的对比分析,试验结果表明旋转森林的分类性能明显优于随机森林和其他常规分类算法。

参 考 文 献

金亚秋, 徐丰. 2008. 极化散射与 SAR 遥感信息理论与方法. 北京: 科学出版社.

李旭超, 朱善安. 2007. 图像分割中的马尔可夫随机场方法综述. 中国图象图形学报, 5(12): 789-798.

刘国英, 马国锐, 王雷光, 等. 2010. 基于 Markov 随机场的小波域图像建模及分割. 北京:科学出版社.

王鹏伟, 李滔, 吴秀清. 2008. 一种基于 SVM 后验概率的 MRF 分割方法. 遥感学报, 12(2): 208-214.

吴军, 王士同, 赵鑫. 2011. 正负模糊规则系统、极限学习机与图像分类. 中国图象图形学报, 16(8): 1408-1417.

易尧华, 余长慧, 秦前清. 2005. 基于独立分量分析的遥感影像非监督分类方法. 武汉大学学报(信息科学版), 30(1): 19-23.

曾生根, 王小敏, 范瑞彬. 2004. 基于独立分量分析的遥感图像分类技术. 遥感学报, 8(2): 150-157.

Lee J S, Pottier E. 2013. 极化雷达成像基础与应用. 洪文, 李洋, 尹嫱, 等译. 北京: 电子工业出版社.

Bau T, Sarkar S, Healey G. 2010. Hyperspectral region classification using a three-dimensional Gabor filterbank. IEEE Transactions on Geoscience and Remote Sensing, 48(9): 3457-3464.

Bazi Y, Alajlan N, Melgani F, et al. 2014. Differential evolution extreme learning machine for the classification of hyperspectral images. IEEE Geoscience and Remote Sensing Letters, 11(6): 1066-1070.

Benediktsson J A, Palmason J A, Sveinsson J R. 2005. Classification of hyperspectral data from urban areas based on extended morphological profiles. IEEE Transactions on Geoscience and Remote Sensing, 43(3): 480-491.

Benediktsson J A, Pesaresi M, Amason K. 2003. Classification and feature extraction for remote sensing images from urban areas based on morphological transformations. IEEE Transactions on Geoscience and Remote Sensing, 41(9): 1940-1949.

Bernabe S, Reddy Marpu P, Plaza A, et al. 2014. Spectral-spatial classification of multispectral images using kernel feature space representation. IEEE Geoscience and Remote Sensing Letters, 11(1): 288-292.

Besag J. 1974. Spatial interaction and the statistical analysis of: lattice systems. Journal of the Royal Statistical Society, Series B, 36: 192-236.

Boykov Y, Veksler O, Rabin Z. 2001. Fast approximate energy minimization via graph cuts. IEEE Transactions on Pattern analysis and Machine Intelligence, 23(11): 1222-1239.

Breiman L. 1996. Bagging predictors. Machine Learning, 24(2): 123-140.

Breiman L. 2001. Random forest. Machine Learning, 45(1): 5-32.

Breiman L, Friedman J, Olshen R, et al. 1984. Classification and Regression Trees. Boca Raton: Chapman&Hall/CRC.

Briem G J, Benediktsson J A, Sveinsson J R. 2002. Multiple classifiers applied to multisource remote sensing data. IEEE Transactions on Geoscience and Remote Sensing, 40(10): 2291-2299.

Chang C C, Lin C J. 2011. LIBSVM: a library for support vector machines. ACM Transactions on Intelligent Systems and Technology(TIST), 2(3): 1-27.

Chen C, Li W, Su H, et al. 2014. Spectral-spatial classification of hyperspectral image based on kernel extreme learning machine. Remote Sensing, 6(6): 5795-5814.

Dalla Mura M, Alti Benediktsson J A, Waske B, et al. 2010a. Morphological attribute profiles for the analysis of very high resolution images. IEEE Transactions on Geoscience and Remote Sensing, 48(10): 3747-3762.

Dalla Mura M, Benediktsson J A, Waske B, et al. 2010b. Extended profiles with morphological attribute filters for the analysis of hyperspectral data. International Journal of Remote Sensing, 31(22): 5975-5991.

Dalla Mura M, Villa A, Benediktsson J A, et al. 2011. Classification of hyperspectral images by using extended morphological attribute profiles and independent component analysis. IEEE Geoscience and Remote Sensing Letters, 8(3): 542-546.

Du P, Samat A, Waske B, et al. 2015. Random forest and rotation forest for fully polarized SAR image classification using polarimetric and spatial features. ISPRS Journal of Photogrammetry and Remote Sensing, 105: 38-53.

Falco N, Dalla Mura M, Bovolo F, et al. 2012. Change detection in VHR images based on morphological attribute profiles. IEEE Geoscience and Remote Sensing Letters, 10(3):636-640.

Fauvel M, Benediktsson J A, Chanussot J, et al. 2008. Spectral and spatial classification of hyperspectral data using SVMs and morphological profiles. IEEE Transactions on Geoscience and Remote Sensing, 46(11): 3804-3814.

Fauvel M, Tarabalka Y, Benediktsson J A, et al. 2013. Advances in spectral-spatial classification of hyperspectral images. Procedings of the IEEE, 101(3):652-675.

Freund Y. 1990. Boosting a weak learning algorithm by majority. Proceedings of the 3rd Annual Workshop on Computational Learning Theory: 202-216.

Fukunaga K.1990. Introduction to Statistical Pattern Recognition(2nd Edition). Boston: Academic Press.

Geman S, Geman D. 1984. Stochastic relaxation, Gibbs distribution, and the Bayesian restoration of images. IEEE Transactions on Pattern analysis and Machine Intelligence, 6(6): 721-741.

Green A A, Berman M, Switzer P, et al. 1988. A transformation for ordering multispectral data in terms of image quality with implication for noise removal. IEEE Transactions on Geoscience and Remote Sensing, 26(1): 65-74.

. 2002. MulJ M, Clifford P. 1971. Markov field on finite graphs and lattices. http: www.statslab.cam.ac. uk/~grg/books/hammfest/hamm-cliff. pdf[2018-10-10].

Han M, Liu B. 2015. Ensemble of extreme learning machine for remote sensing image classification. Neurocomputing, 149: 65-70.

He X, Cai D, Yan S, et al. 2005. Neighborhood preserving embedding. Proceedings of the10th IEEE International Conference on Computer Vision ICCV'05), 1(2): 1208-1213.

He X, Niyogi P. 2004. Locality preserving projections. Advances in Neural Information Processing Systems. Cambridge, MA: MIT Press: 153-160.

Huang G B, Zhu Q Y, Siew C K. 2004. Extreme learning machine: a new learning scheme of feedforward neural networks. Proceedings of 2004 IEEE International Joint Conference on Computer Vision(ICCV), 2: 985-990.

Huang G B, Zhu Q Y, Siew C K. 2006. Extreme learning machine: theory and applications. Neurocomputing, 70(1-3): 489-501.

Jolliffe T. 1986. Principal Component Analysis. New York: Springer-Verlag.

Jutten C, Herault J. 1988. Independent component analysis verus principal component analysis. Proceedings of Europe Signal Processing Conference(EUSIPC): 643-646.

Kuncheva L I, Rodriguez J J. 2007. An experimental study on Rotation Forest ensembles. Proceedings of the 7th International Workshop on Multiple Classifier Systems: 459-468.

Lee J, Pottier E. 2009. Polarimetric Radar Imaging: From Basics to Applications. Boca Raton: CRC Press.

Li J, Bioucas-Dias J, Plaza A. 2011. Hyperspectral image segmentation using a new Bayesian approach with active learning. IEEE Transactions on Geoscience and Remote Sensing, 49(10): 3947-3960.

Li J, Bioucas-Dias J, Plaza A. 2013a. Spectral-spatial classification of hyperspectral data using loopy belief propagation and active learning. IEEE Transaction on Geoscience and Remote Sensing, 51(2): 844-856.

Li J, Marpu P R, Plaza A, et al. 2013b. Generalized composite kernel framework for hyperspectral image classification. IEEE Transactions on Geoscience and Remote Sensing, 51(9): 4816-4829.

Li S Z. 2009. Markov Random Field Modeling in Image Analysis. London: Springer-Verlag.

Loh W Y. 2008. Classification and regression tree methods//Encyclopedia of Statistics in Quality and Reliability. New Jersey, USA: John Wiley & Sons: 315-323.

Manjunath B S, Ma W Y. 1996. Texture features for browsing and retrieval of image data. IEEE Transactions on Pattern Analysis and Machine Intelligence, 18(8): 837-842.

Marçal A R, Castro L. 2005. Hierarchical clustering of multispectral images using combined spectral and spatial criteria. IEEE Geoscience and Remote Sensing Letters, 2(1): 59-63.

Marpu P R, Pedergnana M, Mura M D, et al. 2012. Classification of hyperspectral data using extended attribute profiles based on supervised and unsupervised feature extraction techniques. International Journal of Image Data Fusion, 3(3): 269-298.

Moser G, Serpico S B. 2013. Combining support vector machines and markov random fields in an integrated framework for contextual image classification. IEEE Transactions on Geoscience and Remote Sensing, 6(4): 2734-2752.

Murphy K, Weiss Y, Jordan M. 1999. Loopy belief propagation for approximate inference: an empirical study. Proceedings of the 15th Conference on Uncertainty in Artificial Intelligence. San Francisco: Morgan

Kaufmann: 467-475.

Nie F P, Xu D, Tsang I W, et al. 2010. Flexible manifold embedding: a framework for semi-supervised and unsupervised dimension reduction. IEEE Transactions on Image Processing, 19(7): 1921-1932.

Ozcift A, Gulten A. 2011. Classifier ensemble construction with rotation forest to improve medical diagnosis performance of machine learning algorithms. Computer Methods and Programs in Biomedicine, 104(3): 443-451.

Pedergnana M, Marpu P R, Dalla Mura M, et al. 2012. Classification of remote sensing optical and Lidar data using extended attribute profiles. IEEE Journal of Selected Topics in Signal Processing, 6(7): 856-865.

Pedergnana M, Marpu P R, Dalla Mura M, et al. 2013. A novel technique for optimal feature selection in attribute profiles based on genetic algorithms. IEEE Transactions on Geoscience and Remote Sensing, 51(6): 3514-3528.

Pesaresi M, Benediktsson J A. 2001. A new approach for the morphological segmentation of high-resolution satellite imagery. IEEE Transactions on Geoscience and Remote Sensing, 39(2): 309-320.

Qian Y, Ye M, Zhou J. 2013. Hyperspectral image classification based on structured sparse logistic regression and three-dimensional wavelet texture features. IEEE Transactions on Geoscience and Remote Sensing, 51(4): 2276-2291.

Richards J A, Jia X. 2006. Remote Sensing Digital Image Analysis: An Introduction. Berlin, Heidelberg, DE: Springer-Verlag.

Rodriguez J J, Kuncheva L I. 2006. Rotation forest: a new classifier ensemble method. IEEE Transactions on Pattern Analysis and Machine Intelligence, 28: 1619-1630.

Samat A, Du P, Liu S, et al. 2014. E^2LMs: ensemble extreme learning machines for hyperspectral image classification. IEEE Journal of Selected Topics in Applied Earth Observations and Remote Sensing, 7(4): 1060-1069.

Serra J. 1982. Image Analysis and Mathematical Morphology. New York: Academic Press.

Song B, Li J, Dalla Mura M, et al. 2014. Remotely sensed image classification using sparse representations of morphological attribute profiles. IEEE Transactions on Geoscience and Remote Sensing, 52(8): 5122-5136.

Sugiyama M. 2007. Dimensionality reduction of multimodal labeled data by local Fisher discriminant analysis. Journal of Machine Learning Research, 8: 1027-1061.

Tarabalka Y, Chanussot J, Benediktsson J A. 2010a. Segmentation and classification of hyperspectral images using minimum spanning forest grown from automatically selected markers. IEEE Transactions on Systems, Man, and Cybernetics, Part B(Cybernetics), 40(5): 1267-1279.

Tarabalka Y, Chanussot J, Benediktsson J A. 2010b. Segmentation and classification of hyperspectral images using watershed transformation. Pattern Recognition, 43(7): 2367-2379.

Tarabalka Y, Fauvel M, Chanussot J. 2010c. SVM-and MRF-based method for accurate classification of hyperspectral images. IEEE Geoscience and Remote Sensing Letters, 7(4): 736-740.

Tsai F, Lai J. 2013. Feature extraction of hyperspectral image cubes using three-dimensional gray-level co-occurrence. IEEE Transactions on Geoscience and Remote Sensing, 51(6): 3504-3513.

Zhang T, Yang J, Zhao D, et al. 2007. Linear local tangent space alignment and application to face recognition. Neurocomputing, 70(7-9): 1547-1553.

第 5 章　异质分类器集成方法与应用

多分类器集成时，每个基分类器都对待处理样本的类别进行预测，最终结果由各个基分类器的分类输出融合而成，以达到某种"集体共识"（廖闻剑和成瑜，2002）。基分类器可以是同质分类器，也可以是异质分类器。基于样本和特征操作的多分类器集成通常采用相同的基分类器（如决策树），异质分类器（包括不同分类器、具有不同参数的同类分类器两种情况）集成则是另外一种常用的实现方式。本章从异质分类器集成出发，介绍分类器层次型组合、监督/半监督特征提取与多分类器集成、异质分类器决策级融合、动态多分类器集成的实现与应用。

5.1　多分类器层次型组合与应用

分类器集成利用分类器之间的差异性提高分类精度。Canuto 等（2007）将分类器集成方法分为线性方法、非线性方法、基于统计的方法和基于智能计算的方法。此外，根据分类器之间的串联或并联拓扑关系，可将分类器集成分为并联集成、串联集成、混合集成。根据基分类器的不同组合形式，可将多分类器集成的组合类型分为串联型分类器、并联型分类器、嵌入型分类器、混合型分类器等。

5.1.1　串联型分类器

串联型分类器也称串行分类器，在串联型分类器集成中，前一个分类器的输出作为后一个分类器的输入，前一个分类器指导后一个分类器的构造，得到最终的识别结果。该组合方法单个分类器的分类精度不是很高，随着串联型分类器的个数增多，分类精度逐渐提高。串联型分类器集成的整体性能依赖于单个分类器的性能及各个基分类器的串行排列方式，一般分类精度较高的分类器排在最前面，这样才能更好地指导后续的分类器。串联型分类器示意图如图 5.1 所示。

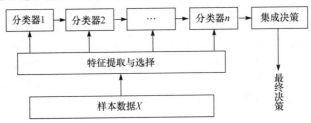

图 5.1　串联型分类器示意图

串联型分类器的主要缺点是可靠性差，如果前端分类器中出现错误，那么错误可能会传播到其后的各成员分类器。

5.1.2 并联型分类器

并联型分类器也称并行分类器，其基本思想是将不同分类器的输出结果进行融合，最后输出分类结果（图 5.2）。分类器并行工作，因此其速度较串联型分类器有很大的提高，可以真正实现分类器的互补。但是该方法对于融合规则设计有较高的要求，倘若使用不当，多个分类器集成的结果反而会降低最后的分类性能。在基于样本和特征操作的多分类器集成中，通常采用并联型分类器。

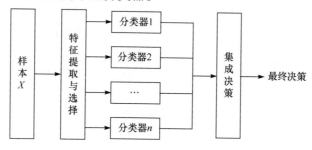

图 5.2　并联型分类器示意图

5.1.3 嵌入型分类器

在分类过程中将一种分类器嵌入另一种分类器的方法称为嵌入型分类器，这种分类器有时也可以有效地提高分类器的性能。

5.1.4 混合型分类器

混合型分类器比较复杂，是串联型分类器、并联型分类器和嵌入型分类器中的一种或者几种的混合。图 5.3 为混合型分类器的其中一种情况。

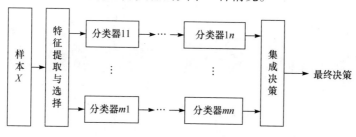

图 5.3　混合型分类器示意图

5.1.5 串联型多分类器集成应用

在串联型多分类器集成中，采用前一个分类器的类别概率输出作为后一阶段分类器的输入。利用第二阶段分类器（即决策分类器）对第一阶段分类器的输出数据进行分类，以减弱第一阶段分类不准确和对各个类别分类性能不一致的影响。支持向量机分类器和反向传播神经网络通常具有很好的决策分类能力，常被用于决策分类。

针对串联型多分类器集成，可采用以下 3 个实验方案。

方案一：反向传播神经网络作为第一阶段的分类器，输出的类别概率作为第二阶段的输入，将支持向量机分类器作为第二阶段的分类器。

方案二：5 个单分类器（支持向量机分类器、反向传播神经网络分类器、马氏距离分类器、决策树分类器等）的输出概率作为第二阶段的输入，第二阶段将支持向量机分类器作为决策级的分类器。

方案三：将原始遥感影像和第一阶段反向传播神经网络分类器输出的类别概率，一起输入到决策级的支持向量机分类器。

图 5.4 为串联型多分类器集成框架图。

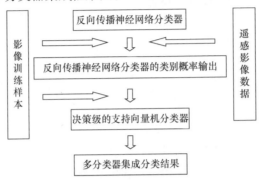

图 5.4 串联型多分类器集成框架图

图 5.5 为利用 QuickBird 多光谱影像进行的串联型多分类器集成分类结果，表 5.1 为串联型多分类器集成分类精度，为了对比分类结果，同时列出了单分类器的分类精度。

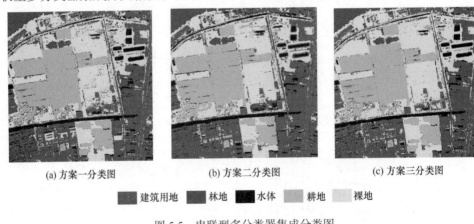

(a) 方案一分类图　　　　(b) 方案二分类图　　　　(c) 方案三分类图

■建筑用地　■林地　■水体　耕地　裸地

图 5.5 串联型多分类器集成分类图

表 5.1 串联型多分类器集成分类精度

项目	分类精度/%	Kappa 系数
支持向量机分类器	92.59	0.9068
反向传播神经网络分类器	91.44	0.8927
方案一	95.21	0.9397
方案二	97.06	0.9630
方案三	95.05	0.9378

由表 5.1 可知，串联型多分类器集成获得了较好的分类效果。其中，方案二获得最高的分类精度，该方案采用 5 个单分类器的输出作为第二阶段的输入，第二阶段采用支持向量机分类器作为决策级的分类器。该方案能取得最高分类精度的原因在于各个单分类器的概率结果是有差异的，而且代表的意义并不完全相同，支持向量机分类器、反向传播神经网络分类器、马氏距离分类器的类别概率分布直方图如图 5.6 所示。由图 5.6 可以看出，各个分类器的类别输出直方图是不一致的，有些分类器如支持向量机分类器、反向传播神经网络分类器，像元类别概率输出主要集中在 0 或者 1 的周围，马氏距离分

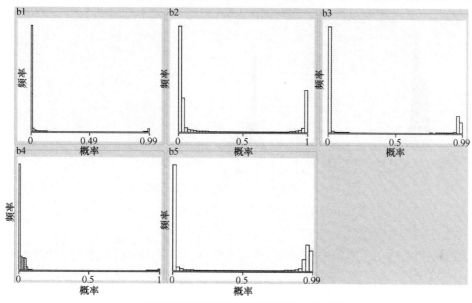

(a) 反向传播神经网络分类器的类别概率分布直方图

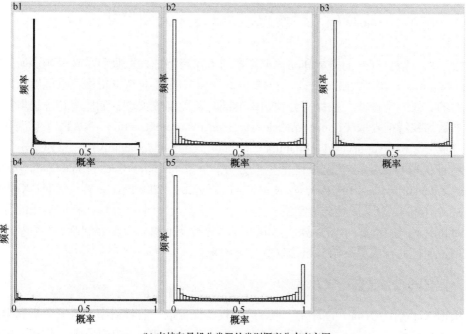

(b) 支持向量机分类器的类别概率分布直方图

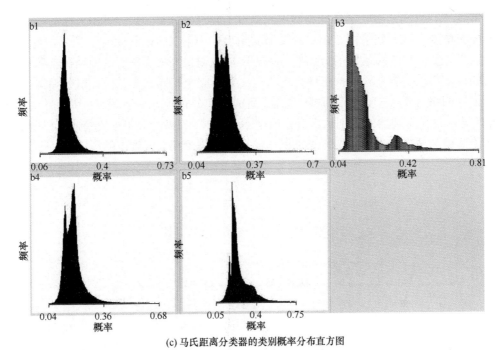

(c) 马氏距离分类器的类别概率分布直方图

图 5.6　不同分类器 5 类地物的类别概率分布直方图

b1～b5 表示 5 种地物类型

类器的类别概率输出主要集中在 0.05～0.55。因此，简单的线性操作（如线性一致性）不一定是完全适合的，而支持向量机分类器具有很好的非线性功能，可以很好地处理不一致问题。

5.2　监督/半监督特征提取与多分类器集成应用

近年来，结合有标记样本和无标记样本的半监督特征提取吸引了越来越多研究者的关注（Nie et al.，2010；Liao et al.，2013）。综合监督/半监督特征提取算法能够获取高光谱影像的有效分类特征，在提高分类精度的同时避免维数灾难，如监督特征提取算法中的非参数加权特征提取（nonparametric weighted feature extraction，NWFE）算法和监督概率主成分分析（supervised probabilistic principle component ananlysis，SPPCA）以及半监督特征提取算法中的半监督概率主成分分析（semi-supervised probabilistic principle component ananlysis，S²PPCA）等（Kuo and Landgrebe，2004；Yu et al.，2006；Xia et al.，2014a，2014b）。为了提高分类精度，本节采用一种监督/半监督特征提取集成的分类算法，即利用不同的监督/半监督算法提取不同的分类特征参与分类器训练，然后基于集成学习理论通过并行或串行结构组合这些分类结果。

5.2.1　监督/半监督特征提取方法

根据 Xia 等（2014a）的研究，非参数加权特征提取、监督概率主成分分析和半监督概率主成分分析三种特征提取方法对高光谱影像分类精度的提升具有明显作用。因此，选择这三种特征提取方法来参与集成分类。

非参数加权特征提取是一种监督的特征提取算法，其核心内容是对每一个样本赋予不同的权重来计算加权平均值和局部均值，从而定义新的非参数类间和类内离散矩阵，进一步获取有效特征，解决非参数判别分析问题（Kuo and Landgrebe，2004）。非参数加权特征提取着眼于目标类之间的距离信息，是一种在尽可能少丢失或不丢失目标类距离信息的基础上，用若干个综合性的变量代替原始数据的线性特征提取方法。非参数加权特征提取能够很好地提取出反映类别分离性的特征，从而达到抑制噪声增强影像的目的。

监督概率主成分分析和半监督概率主成分分析是由概率主成分分析模型扩展而来，其中监督概率主成分分析仅考虑标签样本，而半监督概率主成分分析则同时利用标签样本和无标签样本进行特征提取。与传统的主成分分析相比，概率主成分分析克服了简单的"丢弃"其他非主成分因子，将"丢弃"因子作为噪声成分进行估计，同时概率主成分分析是一种基于概率模型的方法，因此很容易延伸至监督概率主成分分析或半监督概率主成分分析。监督概率主成分分析和半监督概率主成分分析中的概率模型参数，可以通过最大期望（expectation maximization，EM）算法进行估计（Yu et al.，2006）。

5.2.2 多分类器集成策略

1. 并联型多分类器集成

基于监督/半监督特征提取的并联型多分类器集成策略的总体结构如图 5.7 所示。该方法利用不同监督/半监督特征提取算法提取的特征数据集参与分类，然后采用并联型多分类器集成策略对分类结果进行集成，分类器选用径向基函数核支持向量机，组合策略分别采用投票法、加权投票法、贝叶斯平均法、意见一致性、模糊积分、证据理论和动态分类器选择法。

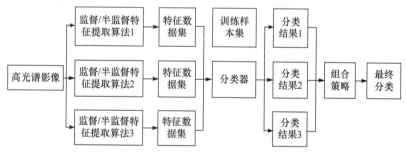

图 5.7　基于监督/半监督特征提取的并联型多分类器集成策略

第一种多分类器集成策略为投票法，该方法是最简单的集成策略，即应用成员分类器结果对待分类像元进行类别投票，取得最高票数的类别即待分类像元的类别（Du et al.，2012）。加权投票法则是根据某种规则对成员分类器设定一个权重，然后进行投票，采用分类器的类别精度作为各个类别的权重（Xu et al.，1992）。第二种为贝叶斯平均法，即针对分类器概率的一种集成方法，该方法首先对成员分类器的后验概率求平均，然后以最大后验概率对应的类别作为最终类别（Kuncheva，2004）。意见一致性以类别精度为权值，利用类别概率对结果进行组合，采用概率隶属度最大原则进行类别判定，通常分为线性意见一致性和对数意见一致性（Benediktsson and Philip，1992；Benediktsson and Sveinsson，2000）。模糊积分以专家决策的形式对不同成员分类器的性能进行模糊度度量，是一种有效的集成学习方法，本节采用常用的模糊积分方法 Sugeno 积分（林剑等，2006）。证据理论也称 Dempster-Shafer（D-S）理论，是经典贝叶斯理论的一种推广，用信任区间代替概率，用集合代表输入变量，用 Dempster 组合规则代替贝叶斯公式更新信任函数（孙怀江等，2001）。证据理论通过辨别框架、信任函数、似然函数和概率分配函数进行知识的表达和处理。动态分类器选择法主要包括无权值动态分类器选择法、基于距离权值的动态分类器选择法（Smits，2002；Britto et al.，2014）。无权值动态分类器选择法是对不同的待分类像元，利用最近邻原则，选择最有可能正确分类的成员分类器，将该成员分类器的结果作为待分类样本的最终类别。基于距离权值的动态分类器选择法是对每一个待分类的像元，计算所有训练样本到该像元的距离，选择 k 个最邻近的像元，并根据距离计算每一个邻近像元的权值。传统的基于权值的动态分类器集成方法中，衡量权值一般利用欧氏距离，而本节还采用了光谱角（spectral angle，SA）和光谱信息散度（spectral information divergence，SID）两种常用的光谱距离测度。

2. 串联型多分类器集成

基于监督/半监督特征提取的串联型多分类器集成策略的总体结构如图 5.8 所示。在串联型多分类器集成分类策略一中，将第 1 层分类器输出的概率结果作为第 2 层分类器的输入，利用第 2 层分类器对第 1 层分类器的输出进行再分类，能够减弱第 1 层分类器的输入概率不准确、各个类别分类性能不一致的影响，如图 5.8（a）所示。在串行集成分类策略二中，将第 1 层分类器输出的概率结果和利用监督/半监督特征提取的特征数据集作为第 2 层分类器的输入，如图 5.8（b）所示。

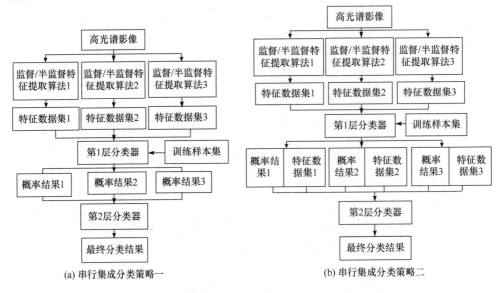

(a) 串行集成分类策略一　　　　　　　　　　(b) 串行集成分类策略二

图 5.8　基于监督/半监督特征提取的串联型多分类器集成策略

在串联型多分类器集成分类策略中，第 1 层分类器选择径向核基函数的支持向量机分类器，第 2 层分类器选择旋转森林分类器，其中基分类器个数为 10，每个子集的特征数为 5（Rodriguez and Kuncheva，2006；Xia et al.，2014a，2014b）。

5.2.3 试验与分析

1. AVIRIS 影像分类结果与分析

选择 AVIRIS 影像 10%的训练样本作为标记样本，在半监督特征提取中，无标记样本数量为标记样本数量的 3 倍。标记样本作为训练样本参与分类。非参数加权特征提取、监督概率主成分分析和半监督概率主成分分析取得最高分类精度的特征数分别为 12、30 和 28。在串联型多分类器集成分类策略一中，参与第 2 层分类器训练的分类特征维度应为类别数的 3 倍，即 48 维。在串联型多分类器集成分类策略二中，参与第 2 层分类器训练的特征包括非参数加权特征提取、监督概率主成分分析、半监督概率主成分分析提取的特征，以及相对应的在第 1 层分类器得到的概率输出，维度为 118。基于监督/半监督特征提取集成分类精度如表 5.2 所示，图 5.9 仅选择了部分算法的分类结果进行展示。

表 5.2　监督/半监督特征提取集成分类精度（AVIRIS 影像）

项目	总体精度/%	平均精度/%	Kappa 系数
非参数加权特征提取	82.64	75.28	0.8004
监督概率主成分分析	80.88	73.64	0.7802
半监督概率主成分分析	84.06	75.48	0.8168
投票法	84.82	76.11	0.8243
加权投票法	84.91	76.25	0.8256
贝叶斯平均法	85.17	76.12	0.8277
线性意见一致性	84.82	76.11	0.8223
对数意见一致性	83.98	75.31	0.8161
模糊积分	84.82	76.11	0.8203
证据理论	84.91	76.25	0.8206
动态分类器选择法（无权值）	83.14	75.38	0.8098
动态分类器选择法（欧氏距离）	84.12	75.39	0.8178
动态分类器选择法（光谱角）	84.73	76.11	0.8201
动态分类器选择法（光谱信息散度）	85.06	76.27	0.8227
串联型多分类器集成分类策略一	86.46	79.08	0.8455
串联型多分类器集成分类策略二	87.18	77.01	0.8534

由表 5.2 可以看出，除了对数意见一致性、动态分类器选择法（无权值）外，其余方法都能有效地提高高光谱影像的分类精度。在并行集成分类策略中，贝叶斯平均法获得了最高精度。另外，光谱角和光谱信息散度比欧氏距离更能表达光谱之间的相似性，

因此动态分类器选择法（光谱角）和动态分类器选择法（光谱信息散度）的分类精度高于基于动态分类器选择法（欧氏距离）。

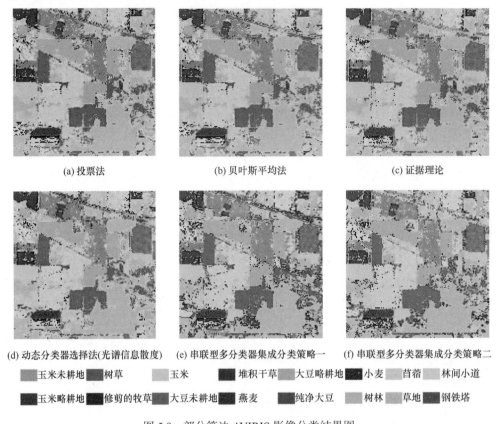

(a) 投票法   (b) 贝叶斯平均法   (c) 证据理论

(d) 动态分类器选择法(光谱信息散度)   (e) 串联型多分类器集成分类策略一   (f) 串联型多分类器集成分类策略二

玉米未耕地　树草　玉米　堆积干草　大豆略耕地　小麦　苜蓿　林间小道

玉米略耕地　修剪的牧草　大豆未耕地　燕麦　纯净大豆　树林　草地　钢铁塔

图 5.9　部分算法 AVIRIS 影像分类结果图

　　相比并联型多分类器集成分类策略，串联型多分类器集成分类策略将不同分类器的输出概率作为第 2 层分类器的输入特征，能有效地消除第 1 层分类器带来的误差和概率不确定性，因此能够获得较高的分类精度，串联型多分类器集成分类策略一和串联型多分类器集成分类策略二的总体精度分别为 86.46%和 87.18%。

2. ROSIS 影像分类结果与分析

　　选择 ROSIS 影像 25%的训练样本作为标记样本，由 Yu 等（2006）研究结果可得，非参数加权特征提取、监督概率主成分分析和半监督概率主成分分析获得最高分类精度的特征数分别为 8、6 和 12。在串联型多分类器集成分类策略一中，参与第 2 层分类器训练的分类特征维度应为类别数的 3 倍，即 27 维。在串联型多分类器集成分类策略二中，参与第 2 层分类器训练的特征包括非参数加权特征提取、监督概率主成分分析、半监督概率主成分分析提取的特征，以及相对应的在第 1 层分类器得到的概率输出，维度为 53。

　　基于监督/半监督特征提取集成分类精度如表 5.3 所示，图 5.10 仅选择了部分算法的分类结果进行展示。可以看出，无论是并联型多分类器集成分类策略还是串联型多分类器集成分类策略都能有效提高分类精度。在并联型多分类器集成分类策略中，动态分类器选择法（光谱角）获得最高精度（81.35%）。串联型多分类器集成分类策略的分类精度高于并行集成分类策略，串联型多分类器集成分类策略一和串联型多分类器集成分类策略二的总体精度分别为 83.68%和 83.79%。

表 5.3　监督/半监督特征提取集成分类精度（ROSIS 影像）

项目	总体精度/%	平均精度/%	Kappa 系数
非参数加权特征提取	79.52	84.24	0.7371
监督概率主成分分析	79.10	84.47	0.7349
半监督概率主成分分析	79.63	84.16	0.7403
投票法	80.57	84.90	0.7519
加权投票法	80.57	84.88	0.7520
贝叶斯平均法	81.03	85.12	0.7564
线性意见一致性	80.63	84.91	0.7516
对数意见一致性	80.79	84.85	0.7524
模糊积分	79.88	84.37	0.7407
证据理论	80.57	84.88	0.7520
动态分类器选择法（无权值）	80.43	84.68	0.7507
动态分类器选择法（欧氏距离）	80.65	84.78	0.7511
动态分类器选择法（光谱角）	81.35	84.98	0.7573
动态分类器选择法（光谱信息散度）	81.28	84.92	0.7571
串联型多分类器集成分类策略一	83.68	86.73	0.7789
串联型多分类器集成分类策略二	83.79	86.82	0.7801

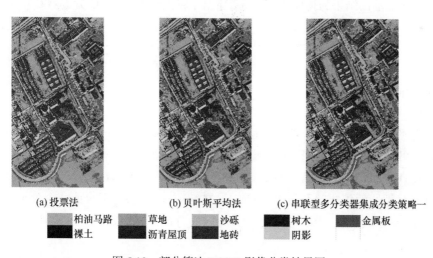

(a) 投票法　　　(b) 贝叶斯平均法　　　(c) 串联型多分类器集成分类策略一

柏油马路　草地　沙砾　树木　金属板
裸土　沥青屋顶　地砖　阴影

图 5.10　部分算法 ROSIS 影像分类结果图

为了提高高光谱影像分类的性能，本节将监督/半监督特征提取、集成学习等方法进行组合，提出了基于监督/半监督特征提取的并联型、串联型多分类器集成算法，运用不同的监督/半监督特征提取算法从不同方面提取分类特征。采用两个国际通用的高光谱影像进行试验，结果表明并联型多分类器集成和串联型多分类器集成均能有效地提高分类精度，其中串联型多分类器集成的分类精度高于并联型多分类器集成，充分体现了集成学习、监督/半监督特征提取等能较好地提升高光谱影像的分类精度。

5.3　异质分类器决策级融合与应用

在多分类器系统研究中，除了基于训练样本的多分类器集成研究外，更多的研究是在不同分类器（包括具有不同参数的同类分类器）的基础上开展多分类器集成。不同分类器的分类器集成一般有 3 个层次：抽象级、排序级和测量级（Ruta and Gabrys，2000）。

对一个遥感分类问题，遥感影像上有 M 类地物，$C_1 \bigcup C_2 \bigcup \cdots C_i \cdots \bigcup C_M, i \in \{1, 2, \cdots, M\}$；在遥感影像硬分类中，对每一个像元 X，分类完成后像元 X 被分到 J 类，$\Lambda = \{1, 2, \cdots, M\}$，$J \in \{1, 2, \cdots, M+1\}$，当 $J = M+1$ 时，表示将该像元输出到未分类；其中，Λ 表示输出类集合。在遥感影像软分类中，对每一个像元 X，单个分类器的输出结果为 $\{P(1), P(2), \cdots, P(M)\}, P(i)$ 表示该分类器判别像元 X 属于类别 i 的概率或隶属度。

（1）抽象级层次

每个分类器输出结果为一个类别标签。在抽象级层次上分类器的集成可以理解如下：给定 K 个分类器 $C_k(k = 1, \cdots, K)$，每个分类器对输入 x 赋予一个类别 j_k，即 $C_k(x) = j_k$。这时分类器的集成问题就是将这些分类器组合成一个分类器 E，使得 $E(x) = j$，$j \in \Lambda \bigcup \{M+1\}$，其中 $j = M+1$ 代表分类器无法判断 j 的类别，赋予未分类类别。

（2）排序级层次

每个分类器输出结果为排序级序列。对于给定输入样本 x，每个分类器 $C_k(k = 1, \cdots, K)$ 的输出结果形成一个集合，$L_k \subseteq \Lambda(k = 1, \cdots, K)$，$L_k$ 为排序级序列，最前面的类别为输入样本最可能的类别。此时分类器的集成问题就是将 $C(x) = L_k(k = 1, \cdots, K)$ 组合成一个分类器 E，使得 $E(x) = j$，$j \in \Lambda \cup \{M+1\}$，其中 $j = M+1$ 代表分类器无法判断 j 的类别，赋予未分类类别。

（3）测量级层次

每个分类器输出结果为一系列度量值（如后验概率等），用于说明输入样本 x 属于各个类别的可能程度。对于样本 x，每个分类器 $C_k(k = 1, \cdots, K)$ 输出一个向量 $\boldsymbol{M}_e(k) = [m_k(1), \cdots, m_k(M)]$，其中 $m_k(i)$ 表示分类器 C_k 认为输入样本 x 属于类别 e 的可能程度。这时分类器的集成问题就是将 $C(x) = \boldsymbol{M}(k)(k = 1, \cdots, K)$ 组合成一个分类器 E，使得 $E(x) = j$，$j \in \Lambda \bigcup \{M+1\}$，其中 $j = M+1$ 代表分类器无法判断 j 的类别，赋予未分类类别。

从抽象级、排序级到测量级，基分类器的决策信息量是依次递增的，对分类结果的有效利用将大大提高集成的分类性能。然而，随着各层次信息量的增大，相应的集成方法也变得更加复杂。当有多个分类器时，可对硬分类器或软分类器输出进行相应组合处理，实现分类器集成。对于输出为类别代码的分类器，可以采用抽象级的多分类器集成方法；对于输出为类别概率的分类器，则需要采用测量级的多分类器集成方法。

选择合适的组合准则是分类器融合的首要问题。最简单的规则是基于算术运算的组合规则，包括加、乘、最小、最大、中值、平均等。其他常用的方法有传统的择多判决法（如投票法、计分法等），根据后验概率的线性加权法、贝叶斯估计法、证据推理法、模糊推理法，以及将分类结果作为一种新的输入特征的神经网络组合方法、多级分类方法、决策树分类法等。目前，应用较多的有最大投票法、阈值投票法、统计意见一致性法（Benediktsson and Sveinsson，2003）、证据理论（孙怀江等，2001；罗红霞，2005；邓文胜等，2007）、模糊积分（肖刚等，2005；林剑等，2006）、基于启发式决策规则的轮询投票法、贝叶斯平均分类器、逻辑回归权重赋值、多级分类等。

采用 QuickBird 遥感影像进行多分类器集成试验研究。在抽象级的分类器集成中，成员分类器包括最大似然分类器、支持向量机分类器、反向传播神经网络分类器、径向基函数神经网络分类器、简化模糊 H-ARTMAP 神经网络分类器。在测量级的分类器集成中，成员分类器包括最小距离分类器、支持向量机分类器、反向传播神经网络分类器、径向基函数神经网络分类器、马氏距离分类器、光谱角制图分类器、决策树分类器。这些分类器的实现基于不同的分类准则，传统分类方法采用 ENVI 实现，多分类器集成方法在 ENVI 的基础上利用 IDL 二次开发编程实现。分类精度评价指标采用总体精度和 Kappa 系数。

图 5.11 为基于测量级的并联型多分类器集成分类结果图，集成方法为贝叶斯平均、线性意见一致性、对数意见一致性。图 5.12 为基于抽象级的并联型多分类器集成分类结果图，集成方法为投票法、证据理论、改进的证据理论、模糊积分、动态分类器选择法、基于样本聚类的分类器选择法。

表 5.4 为基于测量级的并联型多分类器集成分类精度；表 5.5 为基于抽象级的并联型多分类器集成分类精度。另外，为便于对比，表 5.6 给出了各单分类器的分类精度。

(a) 贝叶斯平均法　　　　　　　(b) 线性意见一致性　　　　　　(c) 对数意见一致性

■ 建筑用地　■ 林地　■ 水体　■ 耕地　■ 裸地

图 5.11　基于测量级的并联型多分类器集成分类结果图

(a) 投票法　　　　　　　　　　(b) 证据理论　　　　　　　　(c) 改进的证据理论

(d) 模糊积分   (e) 动态分类器选择法   (f) 基于样本聚类的分类器选择法

 建筑用地 ■ 林地 ■ 水体 ■ 耕地 裸地

图 5.12　基于抽象级的并联型多分类器集成分类结果图

表 5.4　基于测量级的并联型多分类器集成分类精度

分类器集成方法	总体精度/%	Kappa 系数
贝叶斯平均	94.99	0.9371
对数意见一致性	93.77	0.9216
线性意见一致性	94.37	0.9292
概率乘积规则	93.68	0.9205

表 5.5　基于抽象级的并联型多分类器集成分类精度

分类器集成方法	总体精度/%	Kappa 系数
投票法	94.74	0.9340
加权投票法	94.17	0.9268
证据理论	93.76	0.9216
改进的证据理论	94.18	0.9269
模糊积分	94.37	0.9293
动态分类器选择法	93.98	0.9242
基于样本聚类的分类器选择法	93.69	0.9206

表 5.6　单分类器分类精度

单分类器	总体精度/%	Kappa 系数
最小距离分类器	80.36	0.7554
马氏距离分类器	84.42	0.8054
最大似然分类器	90.81	0.8847
支持向量机分类器	92.59	0.9068

单分类器	总体精度/%	Kappa 系数
反向传播神经网络分类器	91.44	0.8927
径向基函数神经网络分类器	90.65	0.8826
光谱角制图分类器	79.28	0.7411
决策树分类器	91.92	0.8984
简化模糊 H-ARTMAP 神经网络分类器	90.70	0.8832

在抽象级的并联型多分类器集成中,投票法的总体精度最高,为94.74%;模糊积分其次,总体精度为94.37%;总体精度从高到低依次为投票法、模糊积分、改进的证据理论、加权投票法、动态分类器选择法、证据理论、基于样本聚类的分类器选择法。改进的证据理论总体精度(94.18%)高于证据理论的总体精度(93.76%)。

在测量级的并联型多分类器集成中,贝叶斯平均的总体精度最高,为94.99%;线性意见一致性其次,总体精度为94.37%;概率乘积规则和对数意见一致性总体精度相对较低,分别为93.68%和93.77%。

5.4 动态多分类器集成与应用

5.1～5.3 节中的集成方法基本都属于静态多分类器集成方法,在分类过程中,参与的分类器一旦确定,后续就无法更改。不同的数据特征、分类器之间具有明显差异,如果将不同的特征和分类器进行动态集成,有可能获得更好的结果。动态多分类器集成,可以根据样本空间的不同特点而动态调整。动态多分类器集成包括动态多分类器融合和动态多分类器选择两类。在动态多分类器融合中,通过动态地选择多个成员分类器参与分类,或通过给不同的成员分类器赋予不同的权重,然后加权集成进行分类。动态多分类器选择则是根据输入样本的特征从候选分类器集合中选择一个性能最佳的分类器对输入样本进行分类。在动态多分类器选择算法中,一般需要对输入的样本分块,如可以基于基分类器的决策结果进行,也可以通过不同分类器的共识进行,或者根据输入样本的自身特征进行;然后,基于训练样本和验证数据,每个分块样本都对应一个最优的分类器。对于后续分类,未知像元被赋予何种标签,取决于该分块样本的最佳分类器输出。

5.4.1 动态多分类器集成原理与框架

对于一些复杂的分类任务,一些基分类器的分类准确率很难达到50%。在这种情况下,如果能找到各个基分类器的专长区域(regions of expertise),就可以根据专长区域动态地选择分类器进行集成。

然而,以往的投票法等融合算法在设计时并没有考虑专长区域因素,各个基分类器模型的分类错误并不是均匀地分布在整个样本空间内。Gama(1999)指出,对不同类型的分类器而言,错误分类的像元分布不是相同的;对同种类型的分类器而言,错误分布集中在某一特定的区域。样本和分类器具有以下基本特征：①不同样本具有不同的特征，在样本空间中也处于不同的区域；②各分类器对不同样本的分类效果是有差别的；③同一分类器在样本空间的不同区域分类性能会有所变化；④分类器输出的不同候选类别与实际类别之间存在一定的相似性，对最终判决有一定的支持作用。因此，动态集成就是利用不同模型的错误分布信息来指导分类器的集成，给定一个待分类样本，应尽可能地选择那些能正确分类该样本的分类器。Zhou 等（2002）证明并非所有基分类器参与集成的效果都是最好的，从一组学习机中选择部分学习机比用所有学习机构建集成学习系统更优越，进而提出了选择性集成的概念。

Ho 等（1992）首次提出了动态分类器选择（dynamic classifier selection，DCS）算法，该算法基于以下假设：给定一组基分类器，对于每一个待分类样本，在该组分类器中总可以找到能正确预测该样本类别的分类器。因此，在实际应用中只需从分类器集合中选择性能最优的一个分类器对该待分类样本进行预测，其他分类器提供的决策信息可以忽略。

此后，相关学者又提出了诸多利用局部精度估算进行多分类器动态选择的方法，主要包括总体局部精度（overall local accuracy，OLA）估算（Woods et al.，1997）、局部类别精度（local class accuracy，LCA）估算（Woods et al.，1997）、利用多分类器行为（multiple classifier behaviour，MCB）信息进行局部精度估算（Giacinto and Roli，2001）和改进局部精度（modified local accuracy，MLA）估算（Smits，2002）等方法。DCS-OLA 算法计算待分类像元 K 邻域中样本被正确分类的百分比，DCS-LCA 算法计算待分类像元 K 邻域中被分类器正确分类的各类百分比，DCS-MLA 算法在 DCS-OLA 算法的基础上依据距离信息对待分类像元 K 邻域加入权值。DCS-MCB 算法与上述 3 种基于局部精度估算的算法的差别在于：①待分类像元邻域数量 K 值是变化的，②仅当一个基分类器的局部分类精度显著高于其他基分类器时，DCS-MCB 算法才选择该基分类器进行预测，否则采用简单多数投票方式。

此外，基于聚类与选择（clustering and selection，CS）的动态多分类器集成算法（Kuncheva，2002）先对影像进行聚类，然后选择距离最近聚类上分类性能最佳的基分类器输出作为结果。

基于以上分析，动态多分类器集成的原理可以概括如下：针对不同遥感影像分类样本所处的区域，分析各个基分类器在该区域的分类性能，从而自适应地选择基分类器，通过一定的组合方法实现分类结果的集成。动态多分类器集成方法考虑了待分类像元自身特征和各个基分类器的"专长"，更有针对性，更加灵活，往往能获得比静态多分类器集成方法更好的结果。

经典的动态多分类器集成框架可分为 3 个层次（图 5.13）：①分类器生成层，该层利用训练样本获取合适的分类器组成基分类器集合；②专长区域生成层，该层利用训练样本或者独立的测试样本生成不同的专长区域（RoE）；③分类器动态集成层，即选择专长区域和对应的优势分类器，对待分类样本（含测试样本）进行分类。

需要指出的是，动态集成方法的"动态"特性主要体现在第 2 层和第 3 层。第 2 层中专长区域 RoE 的构成比较特殊，这些样本与待分类样本相似性较大，且基分类器在这些样本上具有较好的分类性能或"专长"。产生专长区域的方法可分为以下两种类型：① 基于聚类的策略，主要利用聚类方法（如 K 最近邻、K 均值等）将训练样本数据集聚类成指定数目的样本簇，然后计算待分类样本与样本簇中心的距离，找到与待分类样本距离最近的一组训练样本；②基于不同数据集的策略，主要通过一定的算法产生不同的专长区域，如利用纹理分析获取不同的影像数据集。

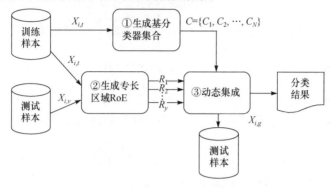

图 5.13　动态多分类器集成框架图

第 3 层动态集成的策略主要包括：①动态分类器选择（dynamic classifier selection），主要是根据待分类样本的特性从基分类器集合中选择一个性能最优的分类器对其进行分类；②动态选择性集成（dynamic ensemble selection），主要是根据待分类样本的特性从基分类器集合中选择一组性能较好的分类器对其进行集成分类；③动态加权集成（dynamic weighted ensemble），主要是根据待分类样本的特性动态地为每一个基分类器指定相应的权重，最后进行加权集成；④动态选择及加权集成（dynamic selection and weighted ensemble），主要是根据待分类样本的特征动态地选择一组性能较好的分类器，然后给这些分类器指定相应的权重，最后进行加权集成。

5.4.2　动态多分类器集成的基本方法

1. 基于局部精度估算的动态多分类器集成

Woods 等（1997）提出了基于局部精度估算的动态多分类器集成方法。该方法通过计算待分类像元"局部区域"上各分类器的分类精度，选择"局部区域"上分类精度最高的分类器输出作为该像元的标签。"局部区域"指的是待分类像元在训练样本中的 K 邻域。计算局部精度的常用方法为 DCS-OLA 算法和 DCS-LCA 算法。DCS-OLA 算法计算局部区域训练样本中被正确分类样本的百分比，取精度最高的分类器输出作为该像元的标签；DCS-LCA 算法计算各类别被分类器正确分类的百分比，取百分比最高的类别作为该像元的标签。当选择待分类像元在测试样本中的 K 邻域作为"局部区域"时，动态多分类器集成方法会取得更高的分类精度，原因可能是测试样本中包含更多的样本，能更准确地进行待分类像元邻近样本的选择。

基于局部精度估算的动态多分类器选择算法流程如下：

（1）取所有基分类器的分类输出结果；

（2）搜索并选择待分类像元在测试样本中的 K 邻近像元；

（3）计算每个基分类器在 K 邻近像元上的分类精度；

（4）选择 K 邻近像元上分类精度最高的基分类器输出作为待分类像元的标签。

2. 改进局部精度估算的动态多分类器集成

局部精度估算方法假定：特征空间中的类别之间保持一定的连续性，如同影像中同一类的像元之间一样，近邻的像元与距离较远的像元相比可以期望保持较强的关联。基于 K 最近邻实现局部精度估算可以得到一个推论：即 $\frac{K}{2}-1$ 个训练样本非常接近未知样本 $\bar{X}_i^j$ 的可能性要远远高于 $\frac{K}{2}-1$ 个训练样本远离未知样本 $\bar{X}_i^j$。因此，未标签样本和训练样本之间距离的权重需要得到重视（Dudani，1976；Patric，1972；Macleod et al.，1987）。Dudani（1976）认为，对于分类来说，使用带有距离权重的 K 最近邻规则可以改进分类性能。

为了进一步改进算法性能，提出了新的局部精度估算方法，其基本特征在于距离未知类别标签向量较近的训练样本应该得到较大的权重。Dudani（1976）基于无类别标签向量及其第 r 个近邻像元的距离 d_r，计算了 k 近邻中的第 r 个像元的权重：

$$w_r(\bar{X}) = \begin{cases} \dfrac{d_k - d_r}{d_k - d_1}, & d_k \neq d_1 \\ 1, & \text{其他} \end{cases} \tag{5.1}$$

Macleod 等（1987）推广了 Dudani 提出的权重模式，为距离引入了一种缩放机理，该方法利用用户指定的参数和第 s 个最近邻对距离进行缩放：

$$w_r(\bar{X}) = \begin{cases} \dfrac{d_k - d_r + \alpha(d_s - d_1)}{(1+\alpha)(d_s - d_1)}, & d_s \neq d_1 \\ 1, & \text{其他} \end{cases} \tag{5.2}$$

基于式（5.2）的 K 最近邻分类已经取得了较好的分类结果，其参数 $\alpha = 0$，$s = 3k$。

基于以上分析，Smits（2002）提出了 DCS-MLA 算法。DCS-MLA 算法的主要思想如下：对每个待分类像元 X_{ij}，计算所有训练样本/测试样本到该像元的距离，按样本距离进行升序排列，选择 K 个最邻近像元，根据距离计算每个邻近像元的权值。计算各基分类器在 K 邻近像元上正确分类的权值和，取权值和最高的分类器输出作为待分类像元的标签。

令 $N^k(\bar{X}_i^j)$ 为特征向量 $\bar{X}_i^j$ 的 k 近邻训练样本集合，$C_j(\bar{X}_i^j)$ 为分类器 j 对于未知样本 i 的输出标签。局部精度估算可以由下式计算：

$$\text{LAE}[C_j(\bar{X}_i^j)] = \frac{1}{k} \sum_{t \in N^k(\bar{X}_i^j)|C_j(\bar{X}_i^j)=\theta_t} w_t \tag{5.3}$$

决策规则由下式决定：

$$\text{如果 } \text{LAE}[C_j(\bar{X}_i^j)] = \max_{r=1}^{r=J}\left\{\text{LAE}[C_r(\bar{X}_i^r)]\right\} \tag{5.4}$$

则 $\theta_i \to C_j(\bar{X}_i^j)$。

式（5.3）为 k 近邻训练样本与未知向量之间的所有距离之和，分类器 j 的输出与这些训练样本的标签一致。图 5.14 给出了 DCS-MLA 算法伪代码。

```
for each pixel i:
  for each classifier j:
    获取 classifier j 的结果
    获取 pixel i 的特征向量 Xᵢ
    按照与 Xᵢ 距离的升序列出所有训练样本
    total=0, correctClassResults=0;
    for 第一组排列的 K 个元素:
        计算所有权重
        计算 LAE[式(5.3)]
        classAccuracy(j)=LAE;
    end
    Select j with highest classAccuracy
    Assign class label C(j) to pixel i.
  end
end
```

图 5.14　DCS-MLA 算法伪代码

资料来源: Smits（2002）

3. 基于聚类与选择的动态多分类器集成

分类器选择的前提是假定每一个分类器是某些局部特征空间中的"专家"，当对特征向量 $X \in \mathbb{R}^n$ 进行分类时，分类器对距离 x 较近的像元会倾向于赋予其 x 的类别标签，因此对特定区域具有"局部专家"性质的分类器最终会在决策分类中起重要作用。

将 $\mathbb{R}^n$ 分割为 K 个不同的子空间 $R_1, \cdots, R_K (K>1)$。这些空间不一定代表分类后的区域，也不代表具有特定的形状和大小。例如，图 5.15 是一个分割区域的例子，描述的是一个具有 15 个点的 $\mathbb{R}^n$ 的两类数据集：方格和雪花。图中最近邻分类器定义的两个类所覆盖的区域完全被 Voronoi 图覆盖。阴影的区域为方格类别。在分类器选择中建立了四个子区域：R_1、R_2、R_3 和 R_4。

在多分类器系统训练的过程中将决定分类器集合 $D = \{D_1, \cdots, D_L\}$ 中的哪个分类器适

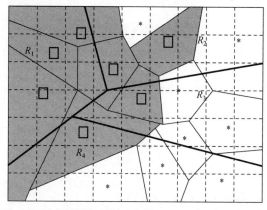

图 5.15　特征空间划分实例（两类划分为四个子区域）

合某一子区域 R_j。因此，并不需要分类器的数目 L 必须与子区域的数目 K 相等。有一些分类器可能永远都用不上，因此它们在多分类器系统中可能就没有存在的必要。当然，一方面，应用于整体特征空间取得最高平均精度的分类器，在面对这种情况时也有可能被最终的分类器集合抛弃；另一方面，某一个分类器可能会被选择应用于多个子区域。

令 $D*$ 为分类器集合 D 中应用于全体特征空间 $\mathbb{R}^n$ 取得最高平均精度的分类器；$P(D_i \mid R_j)$ 为分类器 D_i 对子区域 R_j 正确分类的概率；$D_{i(j)} \in D$ 为应用于子空间 R_j 的最佳分类器，$j = 1, \cdots, K$。分类器选择系统正确分类的总体概率为

$$P_c = \sum_{j=1}^{K} P(R_j) P_c(R_j) = \sum_{j=1}^{K} P(R_j) P(D_{i(j)} \mid R_j) \tag{5.5}$$

式中，$P(R_j)$ 为输入向量 $\boldsymbol{x}$ 落入 R_j 区域的概率。为了最大化 P_c，为 $D_{i(j)}$ 赋值，使

$$P(D_{i(j)} \mid R_j) \geqslant P(D_t \mid R_j), \quad \forall \, t = 1, \cdots, L \tag{5.6}$$

由式（5.5）和式（5.6）可得

$$P_c \geqslant \sum_{j=1}^{K} P(R_j) P(D^* \mid R_j) = P(D^*) \tag{5.7}$$

式（5.5）～式（5.7）表明，无论采用何种特征空间分割方法，分类器组合模式均比分类器集合 D 中单一最高分类器 D^* 的性能更好。唯一的条件（也是最复杂的一条）就是，必须确保 $D_{i(j)}$ 为分类器集合 D 中 L 个分类器中对子空间 R_j 性能最好的一个。子空间 R_j 可以通过格网得到，还可以通过 C 均值聚类方法获得。聚类方法可以确保子空间包含足够多的像元，从而保证估计概率 $P(D_{i(j)} \mid R_j)$ 是可靠的。

由此，Kuncheva 在 2000 年提出 DCS-CS 算法，算法实现步骤如图 5.16 所示（Kuncheva，2000）。该算法首先对影像进行聚类（如选取 K 均值聚类算法，K 取高光谱遥感影像数据的地物类别总数），聚类后各聚类区域为 $R_1, R_2, \cdots, R_K$，计算各聚类中心 $C_1, C_2, \cdots, C_K$ 并选择各聚类上分类性能最佳的分类器 $C_{R_1}, C_{R_2}, \cdots, C_{R_K}$；计算待分类像元到各聚类中心的距离并选择距离最近聚类上的分类器输出作为该像元的标签。

聚类和选择（训练过程）

（1）利用标签数据 Z，设计基分类器 $D_1, \cdots, D_L$。设定区域数目为 K。

（2）不考虑类别标签的情况下，使用 K 均值聚类算法对数据 Z 进行聚类得到 K 个聚类结果 $C_1, \cdots, C_K$ 和每个聚类的聚类中心 $v_1, \cdots, v_K$。

（3）对于每个聚类 C_j（定义区域 R_j），仅仅采用 Z 中 C_j 聚类中的数据，使用分类器 $D_1, \cdots, D_L$ 估计其分类精度。将具有最高分类精度的分类器标记为 $D_{i(j)}$。

（4）得到 $v_1, \cdots, v_K$ 和 $D_{i(1)}, \cdots, D_{i(K)}$。

聚类和选择（操作实施过程）

（1）对于给定的输入数据 $\boldsymbol{x} \in \mathbb{R}^n$，从 $v_1, \cdots, v_K$ 中找到距离其最近的聚类中心，记为 v_j。

（2）使用分类器 $D_{i(j)}$ 对其进行分类，即 $\mu_K(\boldsymbol{x}) = d_{i(j),K}(\boldsymbol{x}) = 1, \cdots, c$。

图 5.16　DCS-CS 算法实现步骤

资料来源：Kuncheva（2000）

4. 基于多分类器行为的动态多分类器集成

基于多分类器组合的多分类器系统取得了较好的性能，分类过程中每个分类器并行地对每一模式进行分类，最后基于一定的融合规则（如最大投票法）进行决策。但是大部分上述分类器系统都基于一个假设，即不同的分类器会得到不同的"独立的"错误。然而，在实际应用中很难设计一个符合此假设的分类器集合。

为了避免"错误独立"这一假设，Huang 和 Suen（1995）基于多分类器行为（multiple classifier behavior，MCB），提出了一种行为知识空间（behavior knowledge space，BKS）的分类器集成方法。Giorgio 和 Roli（2001）则提出了一种基于分类器局部精度（classifier's local accuracy，CLA）和多分类器行为的动态分类器集成方法。对于一个给定的模式 X^1，多分类器行为可以由向量 $MCB(X^1) = \{C_1(X^1), C_2(X^1), \cdots, C_L(X^1)\}$ 定义，其中 $C_i(X^1)$ 为第 i 个分类器赋予模式 X^1 的类别标签。为计算分类器局部精度，不同分类器行为之间的相似性测度是必不可少的，可以通过下式定义不同分类器行为间模式 X^1 和 X^2 之间的相似性：

$$S(X^1, X^2) - \frac{1}{L}\sum_{i=1}^{L}T_i(X^1, X^2) \tag{5.8}$$

式中，函数 $T_i(X^1, X^2)(i = 1, \cdots, L)$ 由下式定义：

$$T_i(X^1, X^2) = \begin{cases} 1, & C_i(X^1) = C_i(X^2) \\ 0, & C_i(X^1) \neq C_i(X^2) \end{cases} \tag{5.9}$$

相似性函数 $S(X^1, X^2)$ 的取值范围在 $[0, \cdots, 1]$。例如，如果 L 个分类器全部将模式 X^1 和 X^2 分为同一类别（需要说明的是，这里的同一类别对于不同的分类器来讲可能是不同的），则 $S(X^1, X^2) = 1$；而如果所有的分类器将模式 X^1 和 X^2 分为不同类别，则 $S(X^1, X^2) = 0$。

基于多分类器行为，Giacinto 和 Roli 构建了动态多分类器集成算法 DCS-MCB，该算法首先计算待分类像元到所有训练样本/测试样本的距离，并选择 K 个距离最近像元作为该像元邻近像元，其次，在 K 邻近像元中选择光谱相似度（如选用欧氏距离计算光谱相似度）大于设定阈值的 K' 个邻近像元（设定的阈值为 0.85）。最后，在选定的 K' 个邻近像元上计算各基分类器的分类正确率。如果某基分类器的分类正确率显著优于其他分类器，选择该基分类器输出作为待分类像元的标签，否则利用简单投票法计算待分类像元的标签。该算法的主要步骤如图 5.17 所示（Giacinto and Roli，2001）。表 5.7 是上述 5 种动态多分类器集成算法对比。

表 5.7　5 种动态多分类器集成算法对比

算法名称	算法简述
DCS-OLA	计算待分类像元到所有训练样本/测试样本的距离并选取 K 个邻近像元，根据不同评价准则评测每个分类器在 K 邻近像元上的分类性能。评价准则：计算训练样本/测试样本中被正确分类样本的百分比，选择分类精度最高的分类器输出作为该像元的标签
DCS-LCA	算法思路与 DCS-OLA 一致，评价准则不同。评价准则：计算训练样本/测试样本中各类被分类器正确分类的百分比，选择分类精度最高的分类器输出作为该像元的标签

算法名称	算法简述
DCS-MLA	算法思路与 DCS-OLA 一致，评价准则不同。评价准则：根据 K 邻近像元到待分类像元的距离确定各邻近像元的权值，计算各基分类器分类正确像元的权值和，并选择权值和最高的基分类器输出作为该像元的标签
DCS-CS	①对影像进行聚类并计算各聚类中心；②选择各聚类上分类性能最佳的分类器；③计算待分类像元到各聚类中心的距离并选择距离最近聚类上的分类器输出作为该像元的标签
DCS-MCB	与 DCS-LCA 算法存在两点差别：①待分类像元邻域样本数量 K 随待分类像元发生变化；②仅当一个基分类器的局部分类精度明显高于其他基分类器时，DCS-MCB 算法才选择该基分类器对 X_{ij} 进行预测，否则采用简单多数投票方式对 X_{ij} 进行预测

输入参数：test pattern $\mathbf{X}^*$，training 数据的 MCB（$\mathbf{X}$），拒绝阈值，选择阈值

输出：test pattern $\mathbf{X}^*$的分类结果

STEP 1：计算 MCB（$\mathbf{X}^*$）。如果所有的分类器将 $\mathbf{X}^*$归为同一类，则该模式属于该类别。

STEP 2：确定其 MCB（$\mathbf{X}^*$）=MCB（$\mathbf{X}^*$）的训练样本

STEP 3：计算 CA_j（$\mathbf{X}^*$），j=1，…，K

STEP 4：**If** CA_j（$\mathbf{X}^*$）<拒绝阈值 **Then** Disregard classifier C_j **End**

STEP 5：确定具有最大值 CA_j（$\mathbf{X}^*$）的分类器 C_m

STEP 6：对于每一个分类器 C_j，计算差异：$d_j = [CA_m(X^*) - CA_j(X^*)]$

STEP 7：**If** $\forall j, j \neq m, d_j >$ 选择阈值 **Then** Select Classifier C_m

      Else 随机选择一个分类器，且其 $d_j <$ 选择阈值

End

图 5.17　DCS-MCB 算法实现步骤

5.4.3　融合空间信息和光谱信息的动态多分类器集成方法

现有动态多分类器集成算法在动态集成时大多仅利用了光谱信息而忽略了遥感影像所包含的空间信息。DCS-CS 算法在集成时尽管也利用了空间信息，但受到聚类方法等因素的制约，集成效果并不理想。为克服上述问题，本书提出一种融合空间和光谱信息的动态多分类器集成（dynamic classifier selection based on spatial and spectral information，DCS-SSI）算法。DCS-SSI 算法首先对影像进行预处理，然后统计、分析判断待分类像元的空间邻域信息，在空间邻域信息满足一定条件的情况下利用空间信息和光谱信息进行类别标签的计算，否则利用光谱信息进行计算。利用两幅高光谱影像进行测试，结果表明 DCS-SSI 算法可以有效地提升高光谱影像的分类精度。

1. DCS-SSI 算法基本原理

DCS-SSI 算法在进行待分类像元分类时首先考察该像元的空间信息。当待分类像元的空间信息较少时，加入空间信息进行动态多分类器集成会降低分类结果的可靠性，此

时选用 DCS-MCB 算法利用光谱信息进行类别标签的计算。当待分类像元的空间信息较为丰富时，加入空间信息进行动态多分类器集成会提高分类结果的可靠性，此时利用空间信息和光谱信息进行类别标签的计算。进行以上处理的原因在于，尽管地物在地表上的分布呈现出一定的空间自相关性，即地物分布在空间上具有连续性，但这种连续并不是绝对的，因此如果仅利用空间信息进行待分类像元标签的计算会降低分类结果的可靠性。为保证 DCS-SSI 算法利用空间和光谱信息进行动态集成的结果具有较高的分类精度，应在空间信息和光谱信息的利用上进行平衡。DCS-SSI 算法在利用空间信息和光谱信息进行类别标签的计算时选用两种方式：简单投票和 MLA+LCA。

2. DCS-SSI 算法步骤

DCS-SSI 算法进行类别标签的计算主要分为以下两个步骤：

首先，对数据进行预处理：①对输入影像进行聚类（采用 K 均值聚类算法，K 取实际高光谱影像的地物类别总数），聚类后的各聚类分别为 $R_1, R_2, \cdots, R_K$；②对各基分类器意见一致的像元直接赋予分类器结果；③在结果中添加训练样本数据。

其次，进行计算方式判别：①对于每个待分类像元，统计边长为 L 的邻域中（试验中取 $L = 5$）已分类点比例；②如果边长为 L 的邻域中已分类点比例超过设定阈值（试验中阈值设定为 0.75），利用空间信息和光谱信息依据设定准则进行类别标签的计算，否则利用训练样本/测试样本的光谱信息进行类别标签的计算。

DCS-SSI 算法流程如图 5.18 所示。

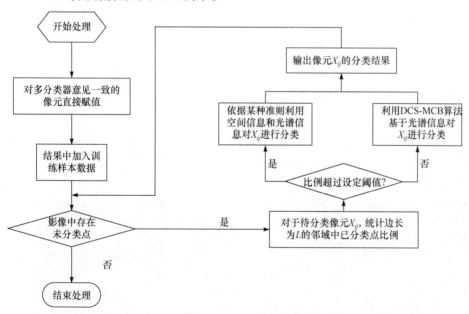

图 5.18　DCS-SSI 算法流程图

DCS-SSI 算法和 DCS-LCA 算法的区别在于：①需要对遥感影像进行预处理；②需要根据待分类像元的空间信息判断并选择计算方式，在已分类点比例达到设定阈值的情况下才能利用空间信息和光谱信息依据某种准则进行类别标签的计算。DCS-SSI 算法伪代码如下。

```
初始化: 高光谱影像数据: X, 设定比例阈值 Perc_set
If 多分类器系统中分类器意见一致
  X_ij 标签←基分类器输出;
End
在 X 中添加训练样本数据;
While 影像中存在待分类像元 X_ij
  统计待分类像元空间邻域中已分类样本的比例 Perc;
If Perc>=Perc_set
X_ij 标签←基于空间信息和光谱信息依据某种准则计算;
Else
  X_ij 标签←基于光谱信息应用 DCS-MCB 算法计算;
  End
End
```

5.4.4 动态多分类器集成试验与分析

本节选取 Purdue Campus HYMAP 与 Indian Pines AVIRIS 高光谱影像, 分别对 5 种动态多分类器集成算法进行试验对比测试, 同时将所提出的 DCS-SSI 算法与传统算法进行对比与分析。

1. Purdue Campus HYMAP 试验

该数据为 HYMAP 传感器于 1999 年 9 月 30 日获取的普渡大学西拉法叶校区的高光谱影像。大小为 377 像素×512 像素, 覆盖了 0.4~2.4μm 光谱区间的 128 个波段, 其空间分辨率约为 3.5 m。该数据包含较多的地物类型, 根据采样数据, 本试验仅对 6 种不同的地物类型进行分类。试验选择了除水吸收之外的 126 个波段。

为比较上述 5 种动态多分类器集成算法的分类性能, 在 Purdue Campus HYMAP 高光谱影像上对上述 5 种动态多分类器集成算法进行试验, 分类结果如图 5.19 所示, 分类精度如表 5.8 所示。

(a) DCS-OLA   (b) DCS-LCA

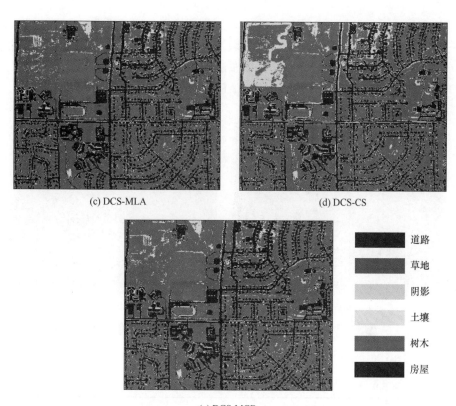

(c) DCS-MLA   (d) DCS-CS

(e) DCS-MCB

	道路
	草地
	阴影
	土壤
	树木
	房屋

图 5.19   Purdue Campus HYMAP 影像 5 种动态多分类器集成算法的分类结果图

表 5.8   Purdue Campus HYMAP 影像 5 种动态多分类器集成算法的分类精度

算法名称	总体精度/%	平均精度/%	Kappa 系数
DCS-OLA	96.44	94.91	0.9551
DCS-LCA	93.62	92.51	0.9199
DCS-MLA	97.12	95.67	0.9637
DCS-CS	92.69	90.86	0.9083
DCS-MCB	98.46	98.20	0.9806

由表 5.8 可知，针对 Purdue Campus HYMAP 高光谱影像，DCS-LCA 算法的分类精度不如 DCS-OLA 算法。DCS-MLA 算法的分类精度比 DCS-OLA 和 DCS-LCA 算法都高，进一步表明改进局部精度估算法加入距离权值信息后动态集成结果的分类精度更高。DCS-CS 算法的分类精度最低，原因在于该算法选择离聚类中心距离最近、聚类性能最佳的分类器输出作为结果，导致集成结果的分类精度受聚类算法和各聚类上的基分类器选择影响较大。此外，DCS-CS 算法虽然加入了空间信息，但该算法集成结果的分类精度并未出现显著提升，说明基于聚类与选择的动态多分类器集成算法和基于局部精度估算的动态多分类器集成算法在分类精度上还有一定差距。DCS-MCB 算法的分类精度最高，该算法在动态多分类器集成时加入了分类器行为信息，每个待分类像元的邻近像元

数量都是变化的，保证了分类器动态选择时待分类像元的邻近样本信息更加可靠，且只有当一个基分类器在该待分类像元邻近区域上的分类精度显著优于其他分类器时才选择该基分类器的输出作为结果，否则选择投票法的输出作为结果。

DCS-SSI 算法在 Purdue Campus HYMAP 高光谱影像上的分类结果如图 5.20 所示，其分类精度如表 5.9 所示。

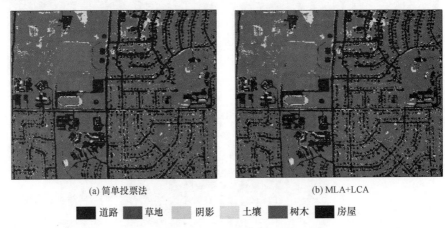

(a) 简单投票法　　　　　　　　　　　(b) MLA+LCA

■ 道路　■ 草地　■ 阴影　□ 土壤　■ 树木　■ 房屋

图 5.20　基于 DCS-SSI 算法的 Purdue Campus HYMAP 影像分类结果图

表 5.9　基于 DCS-SSI 算法的 Purdue Campus HYMAP 影像分类精度

算法名称	总体精度/%	平均精度/%	Kappa 系数
简单投票法	97.15	96.03	0.9641
MLA+LCA	96.71	96.27	0.9585

DCS-SSI 算法在进行空间信息和光谱信息平衡时选择了简单投票法和 MLA+LCA 两种方式，由表 5.9 可知，基于简单投票法的 DCS-SSI 算法在 Purdue Campus HYMAP 高光谱影像上的集成结果表现出更高的分类精度。因为空间邻域样本数量比训练样本/测试样本少很多，分类器在小样本情况下学习不充分造成分类误差较大，因而基于 MLA+LCA 方式的 DCS-SSI 算法动态集成结果的分类精度还不及简单投票法结果的分类精度。从试验结果可以看出，DCS-SSI 算法的分类精度要高于其他 4 种动态多分类器集成算法，且与同样利用空间信息的 DCS-CS 算法相比，基于简单投票法的 DCS-SSI 算法的分类精度更高，说明提出的 DCS-SSI 算法对于进一步提升高光谱影像的分类精度具有一定效果。

2. Indian Pines AVIRIS 试验

为比较 5 种动态多分类器集成算法的分类性能，首先在 Indian Pines AVIRIS 高光谱影像上对上述 5 种动态多分类器集成算法进行试验，分类结果如图 5.21 所示，分类精度如表 5.10 所示。

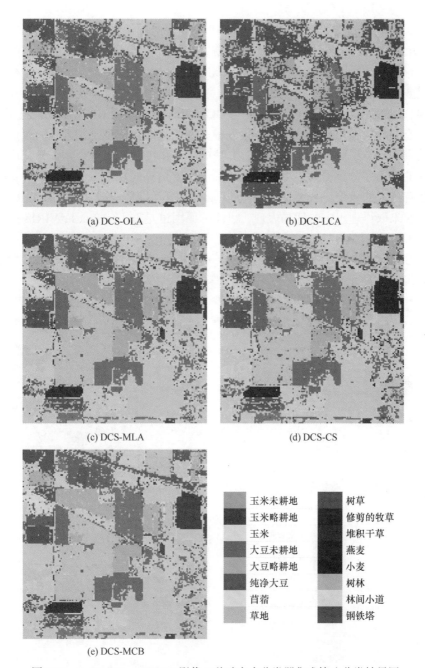

(a) DCS-OLA   (b) DCS-LCA

(c) DCS-MLA   (d) DCS-CS

(e) DCS-MCB

图例：
玉米未耕地　　树草
玉米略耕地　　修剪的牧草
玉米　　　　　堆积干草
大豆未耕地　　燕麦
大豆略耕地　　小麦
纯净大豆　　　树林
苜蓿　　　　　林间小道
草地　　　　　钢铁塔

图 5.21　Indian Pines AVIRIS 影像 5 种动态多分类器集成算法分类结果图

表 5.10　**Indiana Pines AVIRIS 影像 5 种动态多分类器集成算法的分类精度**

算法名称	总体精度/%	平均精度/%	Kappa 系数
DCS-OLA	87.75	81.87	0.8600
DCS-LCA	54.42	52.28	0.4890
DCS-MLA	93.83	90.36	0.9296
DCS-CS	86.09	80.59	0.8414
DCS-MCB	92.98	91.15	0.9198

由表 5.10 可知，对于 Indian Pines AVIRIS 高光谱影像，DCS-LCA 算法的分类精度和 DCS-OLA 算法的分类精度差距较大，可能的原因为 Indian Pines AVIRIS 高光谱影像具有 16 个类别，在训练样本总数一定的情况下地物类别越多，每个类别的平均样本数量越少，过多的类别会造成小样本情况严重，小样本学习会对局部类精度的计算结果产生较大影响。DCS-MLA 算法的分类精度与 DCS-OLA 和 DCS-LCA 算法相比有显著提升，是 5 种动态多分类器集成算法中分类精度最高的，进一步佐证了加入距离权值信息后动态集成结果的分类精度更高。DCS-CS 算法的分类精度并未出现显著提升，说明基于聚类与选择的动态多分类器集成算法和基于局部精度估算的动态多分类器集成算法在分类精度上还有一定的差距。DCS-MCB 算法在动态多分类器集成时加入了分类器行为信息，但该算法并未取得理想中的优异表现，可能的原因也是 Indian Pines AVIRIS 高光谱影像类别数较多，小样本学习的时常发生降低了算法的分类精度。

DCS-SSI 算法在 Indian Pines AVIRIS 高光谱影像上的分类结果如图 5.22 所示，其分类精度如表 5.11 所示。

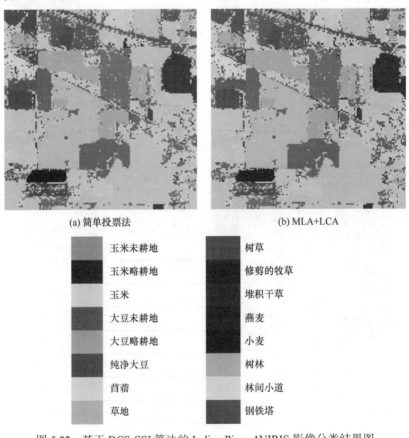

图 5.22　基于 DCS-SSI 算法的 Indian Pines AVIRIS 影像分类结果图

表 5.11　基于 DCS-SSI 算法的 Indian Pines AVIRIS 影像分类精度

算法名称	总体精度/%	平均精度/%	Kappa 系数
简单投票法	93.05	91.24	0.9206
MLA+LCA	92.50	90.70	0.9143

DCS-SSI 算法在进行空间信息和光谱信息平衡时选择了简单投票法和 MLA+LCA 两种方式，由表 5.11 可知，基于简单投票法的 DCS-SSI 算法在 Indian Pines AVIRIS 高光谱影像上的集成结果表现出更高的分类精度。因为空间邻域样本数量和训练样本/测试样本相比少很多，分类器在小样本情况下学习不充分造成分类误差较大，因而基于 MLA+LCA 方式的 DCS-SSI 算法的分类精度不如简单投票法的分类精度高。与同样利用空间信息的 DCS-CS 算法相比，基于简单投票法的 DCS-SSI 算法的分类精度更高，说明提出的 DCS-SSI 算法对于进一步提升高光谱影像的分类精度具有一定效果。

5.5 基于支持向量机的分类器集成方法

支持向量机是在统计学习理论基础上发展起来的一种学习算法，具有泛化能力强、对维数不敏感等优点，比较适合求解高维小样本和非线性情况下的分类与回归问题（Vapnik，1995）。Melgani 和 Bruzzone（2004）详细讨论了支持向量机在高光谱影像中的分类性能，试验结果表明无论是在原始高维数据还是在降维之后的低维数据，支持向量机相比其他分类器都取得了最高精度，且一对一（one against one，OAO）的多类分类策略最为有效。

利用集成学习理论可进一步提高支持向量机的分类能力。适当的集成技术可利用不同成员支持向量机之间的差异性实现互补，从而获得比单一支持向量机更好的分类性能。最常用的集成算法为 Bagging 和 Boosting。Waske 等（2010）构造了基于随机子空间的支持向量机集成算法，发现该算法能够有效提高高光谱影像的分类精度，尤其是在训练样本比较有限的情况下。Ceamanos 等（2010）将高光谱影像进行分组，然后将每组的特征作为支持向量机分类器的输入，最后将各组支持向量机分类结果进行集成，结果表明该策略能够提高分类精度，但提高程度有限。

为了进一步提高支持向量机分类器集成的性能，本节提出了一种基于旋转策略的支持向量机（rotation-based support vector machine, RoSVM）集成算法，基于随机子空间选择和特征提取等技术，构建差异性较大的支持向量机成员分类器，同时提高成员分类器的分类精度，最后对多分类器进行集成，从而提升分类性能。

基于旋转策略的支持向量机集成算法和旋转森林算法相似，最主要的区别为基分类器采用支持向量机而不是传统的决策树。其基本思想是对原始特征集进行随机抽取，并将其分割成若干子集，对每个子集分别进行特征变换，将得到的变换分量按特征子集原有的顺序进行合并，并将得到的特征集作为支持向量机的输入，最后再集成支持向量机分类结果得到最终输出结果。

假设 $\{x_i, y_i\}_{i=1}^{n}$ 包含 n 个训练样本，其中 $x_i = (x_{i1}, x_{i2}, \cdots, x_{iD})$ 是一个 D 维特征向量，$y_i \sim \{1, 2, \cdots, C\}$ 是类别标签。X 是一个 $n \times D$ 矩阵，由 n 个观测特征向量组成，$x_i = (x_{i1}, x_{i2}, \cdots, x_{iD})^{\mathrm{T}}$，$Y = (y_1, y_2, \cdots, y_n)^{\mathrm{T}}$。$\zeta^*$ 为支持向量机集成分类器，由 T 个支持向量机基分类器 $\zeta_1, \cdots, \zeta_T$ 组成。基于旋转策略的支持向量机集成算法主要步骤如下。

输入：$[X, Y] = \{x_i, y_i\}_{i=1}^{n}$，$x_i = (x_{i1}, x_{i2}, \cdots, x_{iD})^{\mathrm{T}}$，$y_i \sim \{1, 2, \cdots, C\}$；$T$：迭代次数；$K$：特征子集个数（或 M：特征子集中的特征数）；ζ：支持向量机分类器。

```
For i = 1, 2… T
```
　　步骤 1：计算第 i 个基分类器 ζ_i 的旋转矩阵 $\boldsymbol{R}_t^a$。
```
For j = 1, 2… K
```
　　步骤 2：将特征集 F 随机分成 K 个子集 $F_{i,j}(j=1,\cdots,K)$。

　　步骤 3：从训练数据 $\boldsymbol{X}$ 中选择子集 $F_{i,j}$ 中包含的特征所对应的列，组成一个新矩阵 $\boldsymbol{X}_{i,j}$。

　　步骤 4：从 $\boldsymbol{X}_{i,j}$ 中用 Bootstrap 方法抽取 75%的样本组成 $\boldsymbol{X}_{i,j}'$。

　　步骤 5：利用主成分分析对矩阵 $\boldsymbol{X}_{i,j}'$ 作特征变换，得到矩阵为 $\boldsymbol{D}_{i,j}$，其中 $\boldsymbol{D}_{i,j}$ 的第 i 列为第 j 特征分量的系数。
```
End for
```
　　步骤 6：利用矩阵 $\boldsymbol{D}_{i,j}$ 组成一个块对角阵 $\boldsymbol{R}_i$。

　　步骤 7：调整矩阵 $\boldsymbol{R}_i$ 的行，使其与特征集 F 中的特征顺序相一致，得到旋转矩阵。

$$\boldsymbol{R}_i = \begin{bmatrix} a_{i,1}^{(1)},\cdots,a_{i,1}^{(M_1)} & 0 & \ldots & 0 \\ 0 & a_{i,2}^{(1)},\cdots,a_{i,2}^{(M_2)} & \ldots & 0 \\ \ldots & \ldots & \ldots & \ldots \\ 0 & 0 & \ldots & a_{i,K}^{(1)},\cdots,a_{i,K}^{(M_K)} \end{bmatrix} \quad （5.10）$$

　　步骤 8：将 $[\boldsymbol{X}\boldsymbol{R}_t^a\boldsymbol{Y}]$ 作为基分类器 ζ 的输入。
```
End for
```
　　输出：对 $\zeta_1,\cdots,\zeta_T$ 结果进行投票，将得票最高的类别赋予最终类别。

　　在旋转森林中，基于主成分分析的数据转换获得了最高精度，因此继续使用主成分分析作为特征旋转方法。为了进一步提高 RoSVM 算法的效率，将随机投影（random projection，RP）引入该算法中（Achlioptas，2001）。随机投影是指能够通过投影矩阵将高维信号投影到随机选择的低维子空间的一种压缩投影技术。随机投影能降低维度，同时又能使大部分信息不损失，即能用少量的随机信号保持原始稀疏数据的大部分信息，能近似地表达信号，并可由它精确重构原信号（Achlioptas，2001）。

　　随机投影矩阵一般需满足以下要求：矩阵参数满足 Johnson-Lindenstrauss（JL）理论；根据压缩感知理论，随机投影矩阵应满足受限等距限制条件。这里选择如下几种构建随机矩阵的方法（Achlioptas，2001）：

　　（1）高斯（Gaussian）随机矩阵：均值为 0，方差为 1 且相互正交。

　　（2）稀疏（sparse）随机矩阵：其中有 1/6 的概率为−1，2/3 的概率为 0，1/6 的概率为 1。

　　（3）伯努利（Bernoulli）随机矩阵：其中有 1/2 的概率为−1，1/2 的概率为 1。

　　选取 Indian Pines AVIRIS 高光谱影像测试 RoSVM 的性能，同时与支持向量机、随机子空间支持向量机（random subspace support vector machine，RSSVM）进行对比与分析。为了简便起见，基于主成分分析和随机投影（高斯随机矩阵、稀疏随机矩阵和伯努利随机矩阵）的 RoSVM 可简称为 RoSVM-PCA、RoSVM-RP G、RoSVM-RP S 和 RoSVM-RP B。在支持向量机分类器中，选择径向基核函数并利用网格搜索来寻找其最优参数组合（Chang and Lin，2011）。因此，对 RSSVM 和 RoSVM 而言，每个支持向量机分类器的参数都是最优组合。为了测试分类结果的精确性，试验结果取 10 次试验的平均结果。这里选择总体精度和平均精度作为精度衡量指标。RSSVM 和 RoSVM 的参数见表 5.12。

表 5.12　支持向量机集成分类算法（RSSVM 和 RoSVM）参数

项目	AVIRIS 影像	DAIS 影像
每类训练样本数目	10、20、30、40、50	2、4、6、8
集成分类器数目 T		10、25、50、100
子集包含特征数目 M	10、25、50、100	10、20、40

表 5.13 为 Indian Pines AVIRIS 高光谱影像的支持向量机、RSSVM 和 RoSVM 分类的总体精度。从表中可以看出，RoSVM 的总体精度始终高于 RSSVM 和支持向量机，说明 RoSVM 引进随机子空间和特征变换技术能够有效提高集成分类器的精度。随着集成分类器数目的增加，RSSVM 和 RoSVM 的总体精度得到提高并趋于稳定。当训练样本数目较小时，相比支持向量机和 RSSVM，RoSVM 的总体精度提高约 10%。随着训练样本数目的增大，RoSVM 集成算法的优势开始降低。两种特征变换技术（主成分分析和随机投影）在不同的训练样本上取得了不同的分类结果。例如，RoSVM-PCA 在每类样本为 10 的情况下取得了最高精度，RoSVM-RP S 在每类样本为 20 的情况下取得了最高精度，RoSVM-RP G 在每类样本为 30（40）的情况下取得了最高精度，RoSVM-RP G 在每类样本为 50 的情况下取得了最高精度。

表 5.13　Indian Pines AVIRIS 高光谱影像的 SVM 及其集成算法的总体精度　（单位：%）

方法	集成分类器数目	每类训练样本数目				
		10	20	30	40	50
支持向量机		57.18	65.18	70.47	73.55	74.22
RSSVM	10	59.35	69.89	74.90	76.95	78.58
	25	60.28	71.34	75.81	75.91	78.52
	50	61.46	70.67	74.82	76.04	78.52
	100	61.43	71.39	75.61	76.15	78.28
RoSVM-PCA	10	67.28	77.00	78.63	80.14	80.74
	25	68.15	76.24	79.13	81.15	81.93
	50	68.27	77.47	79.65	81.18	82.01
	100	67.94	76.92	79.68	81.17	82.02
RoSVM-RP G	10	66.82	75.72	79.39	79.79	80.93
	25	67.12	76.04	80.12	80.62	81.64
	50	67.14	76.72	81.14	81.93	81.88
	100	66.98	76.34	80.23	81.12	82.93
RoSVM-RP S	10	64.04	76.76	78.98	79.49	81.18
	25	65.25	77.71	79.91	81.11	81.48
	50	65.85	77.87	80.15	81.52	81.42
	100	66.01	77.82	79.13	81.00	82.19

方法	集成分类器数目	每类训练样本数目				
		10	20	30	40	50
RoSVM-RP B	10	64.49	76.01	79.49	79.78	81.65
	25	65.19	76.71	78.99	81.00	81.86
	50	64.99	77.07	79.02	81.83	82.05
	100	65.79	77.48	80.11	81.96	82.69

子集包含特征数目（M）是 RoSVM 中的重要参数。本节采用的每类样本分别为 10 和 30，利用不同 M 值对 AVIRIS 影像进行分类，得到的分类精度如图 5.23 所示。从图中可以看出，随着 M 的增大，RoSVM 的总体精度随之提高，但 RSSVM 的总体精度先提高后降低，在训练样本数目较小时，RSSVM（M=100）的总体精度甚至低于支持向量机，说明 RoSVM 在构造支持向量机分类结果的差异性和精确性要优于 RSSVM。

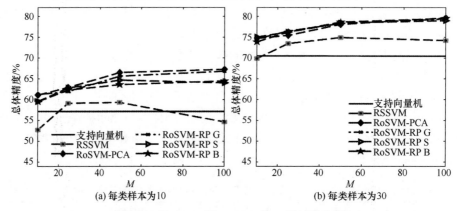

图 5.23　RSSVM 和 RoSVM 的 M 敏感性分析

为了更全面地比较 RoSVM 和其他比较算法，如 SVM 和 RSSVM 的分类性能，在此列出了利用每类 40 个训练样本得到的 RoSVM 及其比较算法的总体精度和类别精度（表 5.14），对应的分类结果如图 5.24 所示。由表 5.14 可知，绝大多数情况下 RoSVM 无论是总体精度还是类别精度都优于支持向量机和 RSSVM。但不同数据转换技术在不同类别上表现各异，如 RoSVM-PCA 在类别玉米未耕地等上取得最高精度，RoSVM-RP S 在类别林间小道上取得最高精度。如图 5.24 所示，相比支持向量机和 RSSVM，RoSVM 的分类结果能够有效抑制噪声，产生的结果也比较平滑，更接近真实地物分布。

表 5.14　Indian Pines AVIRIS 高光谱影像的 RoSVM 总体精度和类别精度　（单位：%）

类别	支持向量机	RSSVM	RoSVM-PCA	RoSVM-RP G	RoSVM-RP S	RoSVM-RP B
苜蓿	92.86	100.00	100.00	100.00	100.00	100.00
玉米未耕地	69.15	73.10	74.10	72.67	72.67	73.60
玉米略耕地	64.74	69.14	76.32	75.94	74.69	76.45
林间小道	88.66	90.72	92.78	92.78	93.30	92.78
草地	86.00	88.84	93.87	93.00	93.22	92.56

类别	支持向量机	RSSVM	RoSVM-PCA	RoSVM-RP G	RoSVM-RP S	RoSVM-RP B
树草	93.35	95.90	96.46	96.74	96.04	96.61
修剪的牧草	100.00	100.00	100.00	100.00	100.00	100.00
玉米	96.00	96.44	97.10	96.88	96.88	97.33
燕麦	100.00	100.00	100.00	100.00	100.00	100.00
大豆未耕地	67.89	76.62	78.88	78.56	77.69	78.23
大豆略耕地	56.87	60.87	65.69	66.23	64.83	66.85
纯净大豆	73.17	77.00	85.89	84.67	84.49	83.80
小麦	95.34	95.35	99.42	99.42	99.42	99.42
树林	87.88	90.91	92.34	91.71	91.55	90.91
堆积干草	65.29	66.18	68.53	66.47	69.41	68.82
钢铁塔	100.00	100.00	100.00	100.00	100.00	100.00
总体精度	73.02	76.80	80.14	79.75	79.26	79.97
平均精度	83.58	86.32	88.84	88.44	88.39	88.58

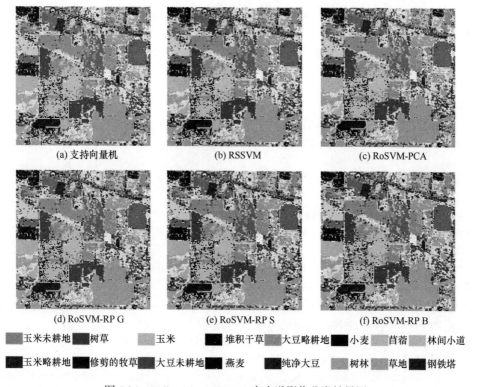

(a) 支持向量机　　　　　　(b) RSSVM　　　　　　(c) RoSVM-PCA

(d) RoSVM-RP G　　　　　　(e) RoSVM-RP S　　　　　　(f) RoSVM-RP B

■ 玉米未耕地　■ 树草　　　玉米　　■ 堆积干草　■ 大豆略耕地　■ 小麦　　苜蓿　　■ 林间小道

■ 玉米略耕地　■ 修剪的牧草　■ 大豆未耕地　■ 燕麦　　　■ 纯净大豆　　树林　　草地　　■ 钢铁塔

图 5.24　Indian Pines AVIRIS 高光谱影像分类结果图

5.6 本章小结

异质分类器组合和集成是多分类器集成研究中的一个重要方法，相对于基于样本和特征的多分类器系统，该类方法基于分类器进行设计，能够集成不同分类器的优点。本章从不同分类器的集成、使用不同参数的相同分类器等出发，系统介绍了异质分类器集成的基本思想和常见方法，主要包括串联型多分类器组合方法、基于特征变换的并联和串联集成方法、融合空间和光谱信息的多分类器动态集成方法、基于支持向量机的分类器集成方法。利用不同遥感影像进行了试验分析与评价，表明异质分类器集成能够有效提高遥感影像分类的精度，适用于不同应用场景下的遥感多分类器集成。

参 考 文 献

柏延臣, 王劲峰. 2005. 结合多分类器的遥感数据专题分类方法研究. 遥感学报, 9(5): 555-563.

邓文胜, 邵晓莉, 刘海, 等. 2007. 基于证据理论的遥感图像分类方法探讨. 遥感学报, 11(4): 568-573.

廖闻剑, 成瑜. 2002. 基于多分类器决策融合的印鉴真伪鉴别方法. 南京航空航天大学学报, 34(4): 368-371.

林剑, 王润生, 鲍光淑, 等. 2006. 基于空间模糊纹理光谱的多光谱遥感图像分类方法. 中国图形图象学报, 11(2):186-190.

刘纯平, 戴锦芳, 钟文, 等. 2003. 基于模糊证据理论分类的多源遥感信息融合. 模式识别与人工智能, 6(2): 213-218.

罗红霞. 2005. 地学知识辅助遥感进行山地丘陵区基于系统分类标准的土壤自动分类方法研究. 武汉: 武汉大学博士学位论文.

欧吉顺. 2010. 多分类器动态集成技术研究. 镇江: 江苏大学硕士学位论文.

孙怀江, 胡钟山, 杨静宇. 2001. 基于证据理论的多分类器融合方法研究. 计算机学报, 3: 231-235.

孙全, 叶秀清, 顾伟康. 2000. 一种新的基于证据理论的合成公式. 电子学报, 8: 117-119.

王晨, 龚俭, 廖闻剑. 2003. 高速 IDS 系统中读写缓冲区的互斥机制. 计算机工程与应用, 39(31): 149-151.

肖刚, 敬忠良, 李建勋, 等. 2005. 一种基于模糊积分的图像最优融合方法. 上海交通大学学报, 39(8): 1312-1316.

Achlioptas D. 2001. Database-friendly random projections. Proceedings of the 20th ACM SIGMOD-SIGACT-SIGART Symposium on Principles of Database Systems. New York: ACM Press: 274-281.

Benediktsson J A, Philip H S. 1992. Consensus theoretic classification methods. IEEE Transactions on Systems, Man, and Cybernetics, 22(4): 688-704.

Benediktsson J A, Sveinsson J R. 2000. Consensus based classification of multisource remote sensing data. Proceedings of Workshop on Multiple Classifier Systems: 280-289.

Benediktsson J A, Sveinsson J R. 2003. Multisource remote sensing data classification based on consensus and pruning. IEEE Transactions on Geoscience & Remote Sensing, 41(4): 932-936.

Britto Jr A S, Sabourin R, Oliveira L E S. 2014. Dynamic selection of classifiers-a comprehensive review. Pattern Recognition, 47: 3665-3680.

Canuto A M, Abreu M C, de Melo Oliveira L, et al. 2007. Investigating the influence of the choice of the ensemble members in accuracy and diversity of selection-based and fusion-based methods for ensembles. Pattern Recognition Letters, 28(4): 472-486.

Ceamanos X, Waske B, Benediktsson J A, et al. 2010. A classifier ensemble based on fusion of support vector machines for classifying hyperspectral data. International Journal of Image and Data Fusion, 1(4): 293-307.

Chang C C, Lin C J. 2011. LIBSVM: a library for support vector machines. ACM Transactions on Intelligent Systems and Technology(TIST), 2(3): 1-27.

Didaci L, Giacinto G, Roli F, et al. 2005. A study on the performances of dynamic classifier selection based on local accuracy estimation. Pattern Recognition, 38(11): 2188-2191.

Dos Santos E M, Sabourin R, Maupin P. 2008. A dynamic overproduce-and-choose strategy for the selection of classifier ensembles. Pattern Recognition, 41(10): 2993-3009.

Du P J, Xia J S, Zhang W, et al. 2012. Multiple classifier system for remote sensing image classification: a review. Sensors, 12(4): 4764-4792.

Dudani S A. 1976. The distance-weighted k-nearest-neighbor rule. IEEE Transactions on Systems, Man, and Cybernetics, SMC-6(4): 325-327.

Gama J. 1999.Combining Classification Algorithms. Amsterdam: IOS Press.

Giacinto G, Roli F. 2001. Dynamic classifier selection based on multiple classifier behaviors. Pattern Recognition, 34(9): 1879-1881.

Ho T K, Hull J J, Srihari S N. 1992. Combination of decisions by multiple classifiers//Baird H S, Bunke H, Yamamoto K. Structured Document Image Analysis. Berlin, Heidelberg, DE: Springer-Verlag: 188-202.

Huang Y S, Suen C Y. 1995. A method of combining multiple experts for the recognition of unconstrained handwritten numerals. IEEE Transactions on Pattern Analysis & Machine Intelligence, 17(1): 90-94.

Ko A H, Sabourin R, Britto Jr A S. 2008. From dynamic classifier selection to dynamic ensemble selection. Pattern Recognition, 41(5): 1718-1731.

Kuncheva L I. 2000. Clustering-and-selection model for classifier combination. KES'2000: The 4th International Conference on Knowledge-Based Intelligent Engineering Systems and Allied Technologies, IEEE, 1: 185-188.

Kuncheva L I. 2002. Switching between selection and fusion in combining classifiers: an experiment. IEEE Transactions on Systems, Man, and Cybernetics, Part B(Cybernetics), 32(2): 146-156.

Kuncheva L I. 2004. Combining Pattern Classifiers: Methods and Algorithms. New Jersey, USA: John Wiley & Sons.

Kuo B C, Landgrebe D A. 2004. Nonparametric weighted feature extraction for classification. IEEE Transaction on Geoscience and Remote Sensing, 42(5): 1096-1105.

Liao W, Pizurica A, Scheunders P, et al. 2013. Semisupervised local discriminant analysis for feature extraction in hyperspectral images. IEEE Transactions on Geoscience and Remote Sensing, 51(1): 184-198.

Macleod J E S, Luk A, Titterington D M. 1987. A re-examination of the distance-weighted k-nearest neighborhood classification rule. IEEE Transactions on Systems, Man, and Cybernetics, 17(4): 689-696.

Melgani F, Bruzzone L. 2004. Classification of hyperspectral remote sensing images with support vector machines. IEEE Transactions on Geoscience and Remote Sensing, 42(8): 1778-1790.

Nemmour H, Chibani Y. 2006. Multiple support vector machines for land cover change detection: an application for mapping urban extensions. ISPRS Journal of Photogrammetry & Remote Sensing, 61: 125-133.

Nie F P, Xu D, Tsang I W, et al. 2010. Flexible manifold embedding: a framework for semi-supervised and unsupervised dimension reduction. IEEE Transactions on Image Processing, 19(7): 1921-1932.

Patric E A. 1972. Fundamentals of Pattern Recognition. New Jersey, USA: Prentice-Hall.

Rodriguez J J, Kuncheva L I. 2006. Rotation forest: a new classifier ensemble method. IEEE Transactions on Pattern Analysis and Machine Intelligence, 28: 1619-1630.

Ruta D, Gabrys B. 2000. An overview of classifier fusion methods. Computing and Information Systems, 7(1): 1-10.

Smits P C. 2002. Multiple classifier systems for supervised remote sensing image classification based on dynamic classifier selection. IEEE Transactions on Geoscience and Remote Sensing, 40(4): 801-813.

Vapnik V N. 1995. The Nature of Statistical Learning Theory. Berlin, Heidelberg, DE: Springer-Verlag.

Waske B, Van Der Linden S, Benediktsson J A, et al. 2010. Sensitivity of support vector machines to random feature selection in classification of hyperspectral data. IEEE Transactions on Geoscience and Remote Sensing, 48(7): 2880-2889.

Woods K, Kegelmeyer W P, Bowyer K. 1997. Combination of multiple classifiers using local accuracy estimates. IEEE Transactions on Pattern Analysis and Machine Intelligence, 19(4): 405-410.

Xia J S, Chanussot J, Du P J, et al. 2014a. (Semi-) supervised probabilistic principal component analysis for hyperspectral remote sensing image classification. IEEE Journal of Selected Topics in Applied Earth Observation and Remote Sensing, 7(6): 2224-2236.

Xia J S, Du P J, He X Y, et al. 2014b. Hyperspectral remote sensing image classification based on rotation forest. IEEE Geoscience and Remote Sensing Letters, 11(1): 239-243.

Xu L, Krzyzak A, Suen C Y. 1992. Methods of combining multiple classifiers and their applications to handwriting recognition. IEEE Transactions on Systems, Man, and Cybernetics, 22(3): 418-435.

Yu S, Yu K, Tresp V, et al. 2006. Supervised probabilistic principal component analysis. Proceedings of the 12th ACM SIGKDD International Conference on Knowledge Discovery and Data Mining: 464-473.

Zhou Z H, Wu J, Tang W. 2002. Ensembling neural networks: many could be better than all. Artificial Intelligence, 137(1-2): 239-263.

第 6 章　遥感多分类器集成应用

本章在第 2～5 章关于多分类器集成理论、方法介绍的基础上，结合全极化 SAR 影像分类、光学和 SAR 多源遥感影像分类、多时相变化检测等对多分类器集成的若干应用进行实例分析。

6.1　全极化 SAR 影像多分类器集成应用

全极化 SAR 影像分类是当前遥感影像分类领域的研究热点之一，针对全极化 SAR 影像的特点，通过多特征综合、多分类器集成可以进一步提高分类精度。

在全极化 SAR 影像中，除了可以利用各种极化特征以外，还可以充分挖掘和应用影像中的空间特征。通常，多特征组合（特征升维）可以提高遥感影像分类的精度。然而，特征数的增加对数据存储、算法复杂度提出了更高要求，同时不同特征间的冗余信息也不利于全极化 SAR 影像的分类，如 $H/\alpha/A$ 和 Freeman-Durden 极化分解方法中都有对体散射的描述。此时，可行的解决方案是采用特征提取、特征选择等方法，在对特征空间进行重构和优化后再进行分类。在机器学习、模式识别及影像处理领域，特征提取是从高维、冗余的数据中通过某种变换得到一组低维、高信息量、低冗余的数据，在很多情况下也称之为特征降维（Guyon et al., 2006）。特征选择也称为属性选择、变量选择或子变量选择，是一个选取一组不相关或相关性较低的子特征的过程（Kwak and Choi, 2002）。目前，特征提取、特征选择方法还没有在全极化 SAR 影像分类中得到充分研究与应用，而且各种特征提取、特征选择方法所采取的技术细节、模型与目的不同，得到的特征集具有明显的差异性，可以从特征空间重构的角度，利用特征提取或特征选择提高集成学习中特征集的多样性，即通过多特征集提升多样性。

本节从全极化 SAR 影像常用特征描述出发，简要介绍部分适用的特征提取、特征选择方法，构建集成学习方法及实施流程，最后通过多组全极化 SAR 影像分类试验对各方法的分类性能进行综合对比分析。

6.1.1　特征集与特征空间重构

1. 极化特征

根据雷达散射截面积与电磁波入射场极化方式的依赖关系，通过对入射电磁波和散射电磁波功率的琼斯矢量变换，可以获取完整描述雷达目标电磁散射特性的辛克莱散射矩阵。然而，只有在远场即入射电磁场与散射电磁场满足平面波假设的条件下，辛克莱散射矩阵才能有效描述雷达目标的散射特性。此外，辛克莱散射矩阵必须通过严格的散射坐标系进行定义，使得散射矩阵内元素除与极化方式有关外，还与散射坐标系和极化基的选择有关（Lüneburg, 1996；Pottier, 1993）。因此，一般通过引入空时变随机过程的概念从极化相干矩阵或极化协方差矩阵中提取波动量二阶矩对分布式雷达目标进行更为精确的描述。与相干矩阵相比，协方差矩阵（即相关矩阵）的本质优势在于其服从多变量复 Wishart 分布，从最大似然估计统计量的角度非常适于分类。

在单站散射体制下，协方差矩阵 C_3 与相干矩阵 T_3 的转换关系（Vasile et al.，2006；何楚等，2011）如下：

$$T_3 = U_{3(\mathrm{L}\to\mathrm{P})} C_3 U_{3(\mathrm{L}\to\mathrm{P})}^{-1} \tag{6.1}$$

$$U_{3(\mathrm{L}\to\mathrm{P})} = \frac{1}{\sqrt{2}} \begin{bmatrix} 1 & 0 & 1 \\ 1 & 0 & -1 \\ 0 & \sqrt{2} & 0 \end{bmatrix} \tag{6.2}$$

式（6.1）中，相干矩阵 T_3 由辛克莱散射矩阵经复 Pauli 旋转矩阵基集合 Ψ_P 获取"三维目标矢量"后，再经目标矢量与自身共轭转置矢量的外积获取（Lee and Pottier，2009，2013；王家礼等，2000）。式（6.2）中，$U_{3(\mathrm{L}\to\mathrm{P})}$ 是由 Lexicographic 目标矢量到 Pauli 目标矢量的特殊酉变换。

在单站散射体制下，对于单一散射目标，Kennaugh 矩阵与相干矩阵 T_3 一一对应（An et al.，2010）。当采用基于最大似然估计统计量进行全极化 SAR 影像分类时，相关矩阵 C_3 与相干矩阵 T_3 在分类问题上没有明显差别，Zhang 等（2009）的试验结果也表明两者对分类结果的影响没有明显差异。然而，相干矩阵 T_3 包含雷达目标的物理散射信息，可以描述散射矩阵的局部变化，且对于固有的相干斑噪声，相干矩阵 T_3 是分类时雷达目标后向散射极化参数的最低阶算子，如式（4.37）所示。

如式（4.38）所示，Span 影像是对各单极化强度（能量）影像的平均，其相干斑噪声小于各单极化强度影像的相干斑噪声。因此，Span 影像除作为一种极化特征外，还主要用于空间特征的提取。

2. 极化分解特征

受 Huynen 目标分解理论的启发，研究人员相继提出了诸多目标分解方法。其中，Huynen 目标分解理论的基本思想是将输入信号分解成一个平均单一散射目标分量和包含 N 个目标信息的残留分量，以便从杂波环境中提取所需目标信息（Lee and Pottier，2009，2013；Huynen，1965；Boerner et al.，1991；Evans et al.，1988）。目前，主要有 Cloude、Holm、van Zyl 等基于相干矩阵特征矢量的目标分解方法，Freeman 二分量、Freeman-Durden 三分量、Yamaguchi 三分量、Yamaguchi 四分量等基于散射模型的目标分解方法，相干矩阵的 Pauli、Krogager 分解方法，以及散射矩阵的 Cameron、球坐标分解方法等（Cloude and Pottier，1996；Freeman and Durden，1998；曹芳等，2008；Stratton，2007；Ballester-Berman and Lopez-Sanchez，2010；van Zyl et al.，2011；Yamaguchi et al.，2005；Sato et al.，2012；Alberga et al.，2004；Cameron and Rais，2006；Carrea and Wanielik，2001；Pottier and Lee，2000）。鉴于篇幅有限，以上分解方法不再一一详细描述，具体详见相应文献。

与以上分解方法相比，$H/\alpha/A$ 极化目标分解理论在分解出表面散射（surface scattering）、二面角散射（dihedral scattering）和体散射（Volume scattering）目标的同时，还能提供旋转不变极化散射参数 $\bar{\alpha}$、极化散射熵 H、极化散射各向异性度 A、单次反射特征值相对差异度（single bounce eigenvalue relative difference，SERD）、二次反射特征值相对差异度（double bounce eigenvalue relative difference，DERD）、香农熵（Shannon entropy，SE）、目标随机性（target randomness，TR）、极化比（polarization fraction，PF）、极化不对称性（polarimetric asymmetry，PA）等衍生参数，这些极化参数在全极化 SAR 影像目标解译与分类中具有重要作用（Pottier and Lee，2000；Réfrégier and Morio，2006；Schuler et al.，1996；Allain et al.，2004，2005）。因此，极化分解特征和基于 $H/\alpha/A$ 极化目标分解方法的衍生极化参数都用于本章试验。

3. 空间特征

空间特征和几何特征在全极化 SAR 影像分类中得到关注，其中基于影像分割、纹理分析、形态学剖面等的空间特征的应用最为流行。此外，基于直方图统计、灰度共生矩阵、马尔可夫随机场、Gabor 小波等的纹理特征，也在 SAR 及全极化 SAR 影像分类中得到广泛应用（Ban et al.，2015；Benediktsson et al.，2003；Fauvel et al.，2013）。

形态学剖面（morphological profile，MP）作为一种新的空间特征提取方法，近几年在多光谱、高光谱遥感影像分类中得到广泛应用，然而在全极化 SAR 影像分类中的应用还较少（Model et al.，2001）。形态学剖面的详细介绍见 4.4.1 节中式（4.39）～式（4.41）。

4. 特征集构建

综合以上分析，本节用到的极化、极化分解及形态学空间特征如表 6.1 所示，所有特征经标准化后参与分类试验。表 6.1 列出的 108 维全极化 SAR 特征集构造中，除形态学剖面空间特征外，其他特征均由欧洲空间局提供的开源极化 SAR 数据处理工具 PolSARro-V4.2 获取。

表 6.1 试验用全极化 SAR 特征集

序号	特征名称	维数 ID
1	相干矩阵对角线元素及实部虚部分离后的上三角元素	1～9
2	功率图像 Span	10
3	形态学开重构，结构算子窗口：3×3、4×4、5×5、6×6、7×7、8×8、9×9、10×10、11×11	11～19
4	形态学闭重构，结构算子窗口：3×3、4×4、5×5、6×6	20～23
5	Freeman 二分量分解：冠层散射、地面散射	24～25
6	Freeman 三分量分解：一阶布拉格表面散射、二面角散射、体散射	26～28
7	$H/\alpha/A$ 极化分解特征向量的衍生参数：alpha, alpha1-3, beta, beta 1-3, delta, delta1-3, gamma, gamma 1-3	29～44
8	$H/\alpha/A$ 极化分解特征值及其衍生参数：相干矩阵特征值 L1、L2、L3，伪概率 P1、P2、P3，极化散射各向异性度 A，极化散射角参数 α，单次反射特征值相对差异度 SERD，二次反射特征值相对差异度 DERD，极化比 PF，极化不对称性 PA，目标随机性 Pr，极化散射熵 H，香农熵 SE，雷达植被指数 RVI	45～68
9	Holm-1、2 极化分解：单一散射目标、混合目标、未极化混合状态	69～74

序号	特征名称	维数 ID
10	H/α/A 极化分解参数：极化散射角参数 α，极化散射各向异性度 A，散射熵 H	75~77
11	Cloude 极化分解：表面散射、二面角散射、体散射	78~80
12	Krogager 分解：球散射、旋转角为 θ 的二面角散射、螺旋散射	81~83
13	Barne-1、2 分解：单一散射目标、分布式目标	84~89
14	Huynen 目标分解：单一散射目标、非对称残留项	90~92
15	Van Zyl 极化分解：奇数次散射、偶数次散射、体散射	93~95
16	Pauli 分解：单次散射、二面角散射、不对称散射分量	96~98
17	Yang 分解：表面散射、二面角散射、体散射	99~101
18	Yamaguchi 三分量分解：表面散射、二次散射、体散射	102~104
19	Yamaguchi 四分量分解：表面散射、二次散射、体散射、螺旋散射	105~108
	合计	108

6.1.2 特征选择与分类

1. 特征选择方法

鉴于全极化 SAR 影像的原始低维(4 个极化通道)特性,特征选择方法在全极化 SAR 影像处理与信息解译中并未引起太多注意。此外,绝大多数特征选择方法都服从高斯统计假设,而全极化 SAR 影像服从复高斯分布,即多变量复 Wishart 分布。因此,有必要在全极化 SAR 影像分类中对典型特征选择方法的性能进行分析与评估。

广义上,任何一种特征选择方法都由以下 4 个阶段组成:原点选择、搜索规划、评估及搜索停止(Yoon et al., 2005; Langley, 2014; Guyon and Elisseeff, 2003; Yu and Liu, 2003; Liu and Setiono, 1997; Tahir et al., 2007)。根据以上 4 个阶段的差异性可将特征选择方法划分到以下 5 组中:①等级搜索(hierarchical searching)(Serpico and Bruzzone, 2001; Guo et al., 2006);②滤波(feature filter)(Yu and Liu, 2003);③离散化(discretization)(Tahir et al., 2007);④包装(wrapper)(Langley, 2014);⑤特征权重重置(feature reweighting)(Hall, 1999)等。本节研究的特征选择方法主要有以下 7 种。

(1)贪婪逐步回归相关性特征选择(greedy stepwise correlation based feature selection, GSCFS)。贪婪逐步回归相关性特征选择采用预测模型对逐步选择序列特征进行相关性排序来选择特征子集(Hall, 1999)。该方法的优点是简单易实现、直观且任何预测模型都可适用,缺点是特征有效性依赖于所采用预测模型的性能,对维数较高、类别较多的数据未必有效。

(2)卡方统计特征排序(Chi-squared feature ranking, Chi-SFR)。在统计概率中,卡

方统计检验是一种假设检验方法，在属性简约即特征选择中常用于特征与类别标记间的独立性检验（魏立力和韩崇昭，2007；De Mántaras，1991），主要统计量有卡方、似然比卡方、连续校正卡方、Phi 系数、列联系数等。该方法的优点是统计量意义明确、易于实现、不依赖于特定预测模型，缺点是在极少量样本特征选择中统计量的有效性难以保证。

（3）信息增益特征排序（information gain feature ranking，IGFR）。信息增益源于 Quinlan 提出的归纳学习（inductive learning）算法 ID3，是一种基于信息增益的决策树模型构建方法（Robnik-Šikonja and Kononenko，1997）。为了使决策系统朝着更加有序、有规则的方向发展，对决策树生长中的分支规则，基于测试属性的信息增益选择具有最高信息增益的属性作为当前节点测试属性进行分支。

（4）增益比特征排序（gain ratio feature ranking，GRFR）。增益比是对属性值较大时信息增益失效性的改进，同样用于决策树模型构建中分支方向的选择，多用于 ID3 算法的扩展——决策树中的属性选择（De Mántaras，1991）。根据 Quinlan 的定义，属性信息量（attribute information content，AIC）为某一属性对分类提供的最大有益信息，增益比则是信息增益与属性信息量的比值。该方法的优点是可用于连续属性值的选择。

（5）松弛特征排序（relief feature ranking，RFR）。松弛法是一种属性赋权方法，最初用于计算样本不同属性值对具有相同和不同类别标记的最近邻样本的条件概率。在属性独立假设前提下，属性权重由不同属性值对不同类别的条件概率差来获取（Muda et al.，2011）。该方法的优点是有一定的统计基础且易实现，缺点是对属性高度相关的数据未必有效。

（6）单一规则（one rule，One R）。该方法的实现步骤如下：①采用 K 均值聚类法对样本进行排序；②计算每一聚类簇类别标记出现频率；③对频率最高的类别标记选择误差最低的属性作为单一规则；④计算每个聚类内样本属性的误差总和；⑤将误差总和最小聚类内样本属性的分类误差大小作为最终属性排序依据（Schölkopf et al.，1997）。该方法的优点是虚警率较低，缺点是样本出现缺失属性值的情况没法处理。

（7）对称不确定性特征排序（symmetric uncertainty feature ranking，SUFR）。从模型的角度，信息增益本身是一种对称度量，即观测特征 X 后获得对类别 Y 的信息量等于先获取类别 Y 的信息量后观测特征 X（Schölkopf et al.，1997）。广义上，对称性度量对特征与特征间关联性的度量是理想的。然而，信息增益法的缺点是不利于属性较多的情况。此时，一种可行的解决方案是信息增益标准化。其中，对称不确定性便是对信息增益法多属性值情况的有偏估计进行补偿的标准化改进，具体为[2×信息增益/（类熵+属性熵）]。

2. 基于特征选择的多分类器集成策略

根据多样性在集成学习框架中的作用及多样性生成的常用方法，从特征空间操作的角度，不同特征选择方法都可以用于提高训练数据的多样性。因此，可以从特征选择方法多样性、特征选择后的维度多样性、分类器多样性等方面构建特征选择多样性集成学习框架。这里主要分析两种集成学习框架的分类性能，即固定特征选择维数多分类器集成和多特征选择维数同质多分类器集成，具体技术流程如图 6.1 所示，图中①和②技术子流程分别对应两种集成学习方法。

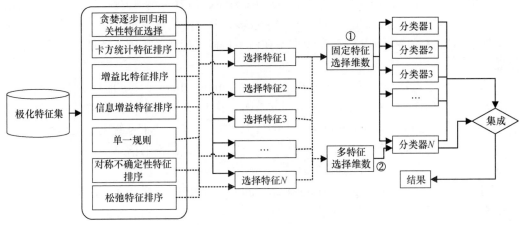

图 6.1　特征选择多样性集成学习框架技术流程图

以 AirSAR Flevoland PolSAR 影像（影像介绍见 4.4 节）为试验对象，对其构造的高维特征集采用特征选择方法后利用不同分类方法进行分类，然后利用各分类方法取得的分类精度随特征选择维数的变化曲线来分析不同特征选择方法以及特征选择维数对全极化 SAR 影像分类精度的影响。

图 6.2 为采用各种特征选择方法后利用支持向量机、决策树、Bagging、AdaBoost、随机森林及旋转森林等分类方法的总体精度对比。

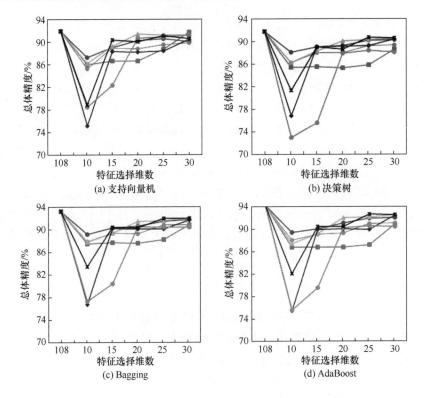

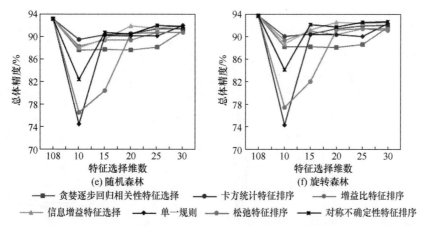

图 6.2 不同特征选择方法对 AirSAR Flevoland PolSAR 影像总体精度对比（彩图附后）

由图 6.2 可知，不同特征选择方法对分类精度的影响差异明显，即多样性明显。但随着特征选择维数的增加，精度差异显著减小。在同一特征维数前提下，如从高维 PolSAR 影像特征集中选出 10 个特征时，所有分类方法在卡方统计特征排序选出的特征上获得最高的分类精度，而基于单一规则和松弛特征排序选择的特征上总体精度最低，对称不确定性特征排序的总体精度处于中等水平。此外，随着特征选择维数的增加，各分类方法的总体精度相应提高，但当特征选择维数超过 20 时其对总体精度的影响趋于平衡。

利用 RADARSAT-2 San Francisco PolSAR 影像高维特征集和特征选择后进行分类的总体精度曲线如图 6.3 所示。由图 6.3 可知，当特征选择维数较低时，如维数等于 10，各分类方法的总体精度最低。综合图 6.2 和图 6.3 的结果可知，卡方统计特征排序、信息增益特征选择、增益比特征排序、单一规则、松弛特征排序、对称不确定性特征排序选出的特征对总体精度的影响明显好于贪婪逐步回归相关性特征选择。这说明，受 PolSAR 影像本身复杂的统计特性以及各特征间的低相关性特性影响，贪婪逐步回归相关性特征选择不适用于 PolSAR 影像分类中的特征选择。

此外，特征选择方法对总体精度的影响还与 PolSAR 影像场景构成有关。例如，对于基本由农作物、森林、水体构成的 AirSAR Flevoland PolSAR 影像分类，经卡方统计特征排序、增益比特征排序和信息增益特征选择的特征总体精度高于单一规则、松弛特征排序等选择特征的精度。相反，在 RADARSAT-2 San Francisco PolSAR 影像分类中，单一规则、松弛特征排序等选择的特征总体精度较为理想。

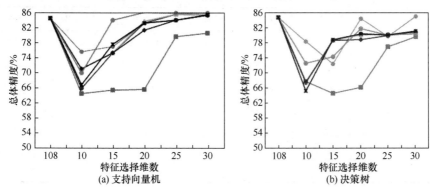

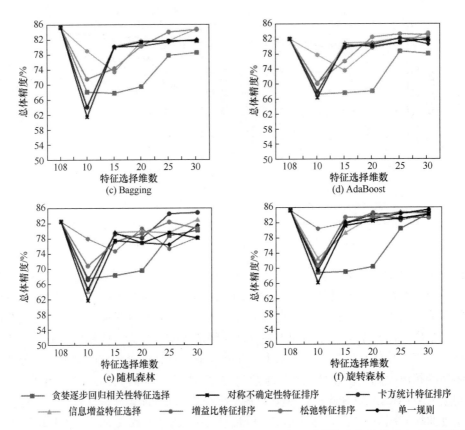

图 6.3　不同特征选择方法对 RADARSAT-2 San Francisco PolSAR 影像总体精度对比（彩图附后）

3. 最佳特征集分析

在全极化 SAR 多特征组合分类中，特征选择方法选出的特征保留原始统计、极化散射特性，在一定特征维数的前提下，定性、定量地指出利用哪些特征能获得最好的分类结果更具现实意义。因此，本小节主要讨论和分析具体特征对分类结果的影响。

表 6.2 为 AirSAR Flevoland PolSAR 影像特征集（108 维）经上述 7 种特征选择方法选出的前 30 个特征集的并集（包含 58 种特征），可知各特征选择方法的结果具有明显的差异性。图 6.4 为表 6.2 中的 58 种特征被 7 种特征选择方法选中的频率。

表 6.2　**AirSAR Flevoland 特征选择中出现的特征并集**

维数 ID	参数	维数 ID	参数	维数 ID	参数	维数 ID	参数
2	T12_imag	12	OBR_4×4	18	OBR_10×10	24	冠层散射
3	T12_real	13	OBR_5×5	19	OBR_11×11	25	地面散射
4	T13_imag	14	OBR_6×6	20	CBR_3×3	26	一阶布拉格表面散射
6	T22	15	OBR_7×7	21	CBR_4×4	27	二面角散射
9	T33	16	OBR_8×8	22	CBR_5×5	28	体散射
11	OBR_3×3	17	OBR_9×9	23	CBR_6×6	30	基于 H/α/A 特征向量的极化散射角 α

维数 ID	参数	维数 ID	参数	维数 ID	参数	维数 ID	参数
31	基于 H/α/A 特征向量的各向异性度 A	43	香农熵_P_Norm	53	雷达植被指数 RVI	86	Barne-1-T33
32	极化散射熵 H	45	特征值 L2	54	极化不对称性 PA	89	Barne-2-T33
33	极化散射各向异性度 A	46	特征值 L3	55	极化散射角 α	93	Van Zyl-二面角散射
34	各向异性度_布拉格表面散射	47	伪概率 P1	56	极化散射角 α_1	95	Van Zyl-体散射
35	各向异性度_12	48	伪概率 P2	57	极化散射角 α_2	102	Yamaguchi-3-二次散射
36	极化对称性	49	伪概率 P3	62	Beta_3	104	Yamaguchi-3-体散射
38	香农熵	50	地面散射	63	Delta	108	Yamaguchi-4-体散射
41	香农熵_norm	51	SERD	75	散射熵		
42	香农熵_P	52	极化比 PF	81	Krogager 二面角散射		

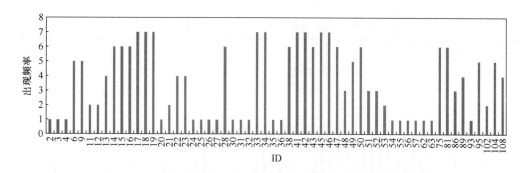

图 6.4　AirSAR Flevoland PolSAR 影像特征选择中子特征出现频率

由图 6.4 可知，空间特征（ID=14～19）、体散射（ID=28）、极化散射各向异性度（ID=33）、各向异性度_布拉格表面散射（ID=34）、香农熵（ID=38）、香农熵_Norm（ID=41）、香农熵_P（ID=42）、香农熵_P_Norm（ID=43）、特征值 L2（ID=45）、特征值 L3（ID=46）、伪概率 P1（ID=47）、地面散射（ID=50）、散射熵（ID=75）、Krogager 二面角散射（ID=81）等特征至少被 6 种特征选择方法所选择。这说明，在所有被选出的 58 种特征中以上 19 种对分类更有意义。

表 6.3 为 San Francisco PolSAR 影像特征集（108 维）经上述 7 种特征选择方法选出的前 30 个特征集的并集（包含 55 种特征），图 6.5 为表 6.3 中的 55 种特征被 7 种特征选择方法选中的频率。

表 6.3　San Francisco 特征选择中出现的特征并集

维数 ID	参数	维数 ID	参数	维数 ID	参数	维数 ID	参数
1	T11	18	OBR_10×10	39	香农熵_I	77	lambda
3	T12_real	19	OBR_11×11	40	香农熵_I_norm	78	Cloude 表面散射
4	T13_imag	20	CBR_3×3	41	香农熵_norm	81	二面角散射
6	T22	21	CBR_4×4	44	特征值 L1	83	Krogager 球散射
7	T23_imag	22	CBR_5×5	45	特征值 L2	85	Barne-1-T22
8	T23_real	23	CBR_6×6	46	特征值 L3	88	Barne-2-T22
9	T33	24	冠层散射	49	伪概率 P3	95	Van Zyl-体散射
10	Span	25	地面散射	55	目标随机性 Pr	103	Yamaguchi-3-表面散射
11	OBR_3×3	26	一阶布拉格表面散射	56	极化散射角 α	104	Yamaguchi-3-体散射
12	OBR_4×4	27	二面角散射	58	极化散射角 α_3	108	Yamaguchi-4-体散射
13	OBR_5×5	28	体散射	59	Beta		
14	OBR_6×6	30	基于 $H/\alpha A$ 特征向量的平均极化散射角 α	61	Beta_2		
15	OBR_7×7	36	极化对称性	62	Beta_3		
16	OBR_8×8	37	二次反射特征值相对差异度 DERD	71	极化散射角 α		
17	OBR_9×9	38	香农熵	75	球散射		

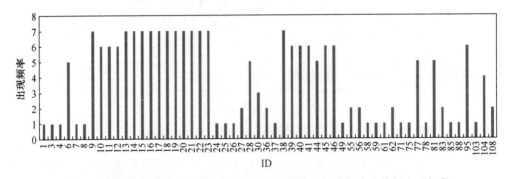

图 6.5　RADARSAT-2 San Francisco PolSAR 影像特征选择中子特征出现频率

　　将表6.2和表6.3中的特征集组成及规模进行对比，可见特征选择方法对全极化SAR影像特征选择的差异性与待分类影像的具体特点有关，如样本组成、影像场景等。根据表6.3中各特征的出现频率，相干矩阵 T33（ID=9,对应体散射）、功率影像 Span（ID=10）、空间特征（ID=11～23）、香农熵（ID=38）、香农熵_I（ID=39）、香农熵_I_Norm（ID=40）、香农熵_Norm（ID=41）、特征值 L2（ID=45）、特征值 L3（ID=46）及 Van Zyl-体散射（ID=95）等特征更有利于全极化 SAR 影像的分类。

　　综上所述，在全极化 SAR 影像多特征组合分类中，推荐使用经功率影像 Span 获取的形态学剖面空间特征、香农熵、相干矩阵特征值、各向异性度、体散射、表面散射等特征。

4. 固定特征选择维数多分类器集成分类

图 6.6 为采用常规分类、固定特征选择维数多分类器集成、多特征选择维数同质多分类器集成的 AirSAR Flevoland PolSAR 影像高维特征集分类结果，表 6.4 为常规分类与固定特征选择维数多分类器集成方法的分类精度对比，其中集成学习分类为不同特征维数时（10、15、20、25、30）六种分类器集成的最终分类结果。

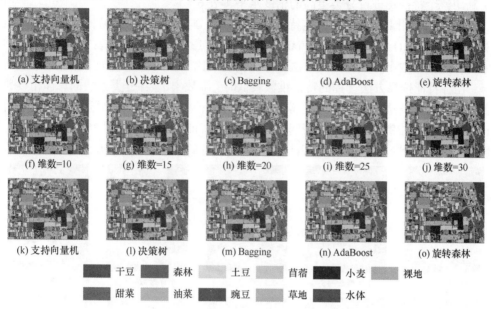

(a) 支持向量机　　　(b) 决策树　　　(c) Bagging　　　(d) AdaBoost　　　(e) 旋转森林

(f) 维数=10　　　(g) 维数=15　　　(h) 维数=20　　　(i) 维数=25　　　(j) 维数=30

(k) 支持向量机　　　(l) 决策树　　　(m) Bagging　　　(n) AdaBoost　　　(o) 旋转森林

　■ 干豆　　　■ 森林　　　□ 土豆　　　□ 苜蓿　　　■ 小麦　　　□ 裸地

　■ 甜菜　　　□ 油菜　　　■ 豌豆　　　□ 草地　　　■ 水体

图 6.6　AirSAR Flevoland PolSAR 影像特征选择多样性集成学习分类结果图（彩图附后）

（a）～（e）：基于原始特征集的分类；（f）～（j）：固定特征选择维数多分类器集成；（k）～（o）：多特征选择维数同质多分类器集成

表 6.4　**AirSAR Flevoland PolSAR 影像常规分类与固定特征选择维数多分类器集成分类精度对比** （单位：%）

类别	支持向量机	决策树	Bagging	AdaBoost	随机森林	旋转森林	集成学习分类维数				
	原始 108 维特征						10	15	20	25	30
干豆	93.90	90.49	91.60	93.52	93.81	94.56	86.14	89.43	90.33	90.27	90.94
森林	88.53	90.35	90.79	93.25	91.10	90.78	94.51	93.80	93.20	93.21	93.00
土豆	85.22	89.13	89.27	91.21	87.06	87.93	91.30	91.14	90.25	90.32	90.08
苜蓿	97.53	96.45	97.63	98.33	98.10	98.20	97.22	97.12	97.78	98.17	98.28
小麦	94.82	94.61	96.30	95.99	96.18	96.35	95.21	94.61	95.12	95.48	95.82
裸地	97.70	96.05	96.33	97.50	97.29	97.38	93.08	93.78	96.16	96.88	97.09
甜菜	88.61	83.42	88.62	88.73	87.55	90.07	87.65	88.01	88.43	88.93	89.77
油菜	92.85	91.57	94.19	95.44	94.36	94.87	94.86	95.47	95.75	95.95	96.05
豌豆	87.99	88.74	89.41	90.92	89.49	91.72	88.26	88.55	88.29	88.93	89.77
草地	91.71	91.76	92.81	94.02	92.13	93.61	83.31	84.39	87.29	89.41	90.67
水体	99.31	98.04	98.17	99.55	99.40	99.77	99.57	99.51	99.59	99.63	99.57
总体精度	91.97	91.76	93.16	94.29	93.10	93.74	92.77	92.91	93.22	93.58	93.84
平均精度	92.56	91.87	93.19	94.41	93.32	94.11	91.92	92.35	92.93	93.38	93.73
Kappa 系数	0.91	0.91	0.92	0.94	0.92	0.93	0.92	0.92	0.92	0.93	0.93

通过对比可以看出，固定特征选择维数多分类器集成可通过采用低维特征数据获得较高的分类精度。如与图 6.2 中特征选择维数为 10 时的总体精度（74%～90%）相比，固定特征选择维数多分类器集成后总体精度明显提高（92.77%）。随着特征选择维数的增加，固定特征选择维数多分类器集成学习分类的精度也随之提高，如特征选择维数为 30 时就达到比绝大多数分类方法（支持向量机、决策树、Bagging、随机森林和旋转森林）利用整个特征集进行分类更高的精度水平（表 6.4）。

图 6.7 为采用常规分类、固定特征选择维数多分类器集成、多特征选择维数同质多分类器集成的 RADARSAT-2 San Francisco PolSAR 影像分类结果，表 6.5 为常规分类与固定特征选择维数多分类器集成方法的分类精度对比。如图 6.7（f）中黑色矩形框所示区域，在各特征选择方法选择的特征维数较低时（维数=10）各分类方法的总体精度普遍较低，经固定特征选择维数多分类器集成后的总体精度并没有得到明显提高，但随着特征选择维数的增加集成后的总体精度明显提高，如特征选择维数达到 25 时集成后的总体精度（85.82%）已高于利用所有特征进行分类的最高精度（85.49%），见表 6.5。

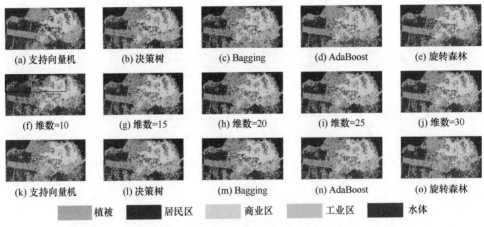

(a) 支持向量机　　(b) 决策树　　(c) Bagging　　(d) AdaBoost　　(e) 旋转森林

(f) 维数=10　　(g) 维数=15　　(h) 维数=20　　(i) 维数=25　　(j) 维数=30

(k) 支持向量机　　(l) 决策树　　(m) Bagging　　(n) AdaBoost　　(o) 旋转森林

　　植被　　居民区　　商业区　　工业区　　水体

图 6.7　RADARSAT-2 San Francisco PolSAR 影像特征选择多样性集成学习分类结果图
（a）～（e）：基于原始特征集的分类；（f）～（j）：固定特征选择维数多分类器集成；（k）～（o）：多特征选择维数同质多分类器集成

表 6.5　RADARSAT-2 San Francisco PolSAR 影像常规分类与固定
特征选择维数多分类器集成学习分类精度　　（单位：%）

类别	支持向量机	决策树	Bagging	AdaBoost	随机森林	旋转森林	集成学习分类维数				
	原始 108 维特征						10	15	20	25	30
水体	100.00	100.00	100.00	100.00	99.96	100.00	96.47	100.00	100.00	100.00	100.00
植被	94.79	87.07	87.54	90.58	95.50	95.56	75.07	91.67	92.86	94.06	94.78
居民区	92.90	86.65	87.74	85.87	92.77	95.20	94.69	92.61	94.50	95.44	94.71
商业区	82.64	81.34	81.24	69.53	82.77	85.31	73.67	73.60	72.93	78.18	80.28
工业区	60.62	72.92	75.18	69.65	52.26	60.04	37.64	53.45	67.24	69.27	70.09
总体精度	84.47	84.70	85.49	81.95	82.56	85.39	72.35	80.04	83.80	85.82	86.53
平均精度	86.19	85.60	86.34	83.13	84.65	87.22	75.51	82.27	85.51	87.39	87.97
Kappa 系数	0.81	0.81	0.82	0.77	0.78	0.82	0.66	0.75	0.80	0.82	0.83

5. 多特征选择维数同质多分类器集成分类

表 6.6 和表 6.7 为采用多特征选择维数同质多分类器集成方法的 AirSAR Flevoland PolSAR 影像及 RADARSAT-2 San Francisco PolSAR 影像的分类精度。分类思路是对每一分类器分别利用维数为 10、15、20、25、30 的特征子集进行分类，然后对该同质分类器的 5 个分类结果进行投票集成。

表 6.6　AirSAR Flevoland PolSAR 影像多特征选择维数同质多分类器集成分类精度（单位：%）

类别	支持向量机	决策树	Bagging	AdaBoost	随机森林	旋转森林
干豆	88.50	90.29	88.48	91.32	91.14	90.76
森林	91.32	93.73	92.81	94.75	94.03	93.39
土豆	86.55	91.54	90.04	92.55	90.64	90.39
苜蓿	97.15	98.27	97.90	98.45	98.03	97.96
小麦	94.09	95.45	94.96	95.74	95.79	95.56
裸地	96.49	95.93	95.27	97.15	96.02	96.52
甜菜	86.37	89.24	87.07	90.10	87.51	88.97
油菜	94.19	95.98	95.51	96.12	95.57	95.73
豌豆	87.06	88.97	87.37	90.14	88.76	89.44
草地	83.23	89.76	88.03	89.82	87.57	89.11
水体	99.51	99.65	99.18	99.63	99.45	99.51
总体精度	91.54	93.80	92.81	94.40	93.53	93.61
平均精度	91.31	93.53	92.42	94.16	93.14	93.39
Kappa 系数	0.90	0.93	0.92	0.94	0.93	0.93

表 6.7　RADARSAT-2 San Francisco PolSAR 影像多特征选择维数同质多分类器集成分类精度　（单位：%）

类别	支持向量机	决策树	Bagging	AdaBoost	随机森林	旋转森林
水体	100.00	100.00	100.00	100.00	100.00	100.00
植被	94.66	87.59	87.07	91.06	89.53	95.73
居民区	96.50	89.96	89.33	89.37	88.72	96.89
商业区	83.14	68.93	71.65	68.71	71.79	86.49
工业区	61.19	66.86	68.88	66.51	49.50	52.10
总体精度	85.20	81.09	81.98	81.60	77.68	83.98
平均精度	87.10	82.67	83.39	83.13	79.91	86.24
Kappa 系数	0.82	0.76	0.77	0.77	0.72	0.80

由表 6.6 和表 6.7 可知，多特征选择维数同质多分类器集成学习同样可以达到与利用

整个特征集进行分类相当甚至更好的精度，如多特征选择维数同质多分类器（AdaBoost）集成（总体精度94.40%）利用少于30维的特征取得接近利用原始高维（108）特征分类的精度（94.29%）。此外，将集成学习方法如 AdaBoost、旋转森林、随机森林作为基分类器进行多特征选择维数同质多分类器集成后总体精度进一步提高。以上试验结果表明，在利用高维特征集进行全极化 SAR 影像分类时，可以利用特征选择方法在低维特征空间中采用如固定特征选择维数多分类器集成、多特征选择维数同质多分类器集成等方法获得与使用所有特征相当甚至更好的类别精度。

对 RADARSAT-2 San Francisco PolSAR 影像，与固定特征选择维数多分类器集成的分类结果相比，多特征选择维数同质多分类器集成尽管没有获得最高的总体精度，但得益于集成学习对维数不一致特征间互补性信息的挖掘也避免了获得最差的总体精度。综上所述，基于高维特征集的全极化 SAR 影像分类中，采用特征选择方法提取低维特征，再采用集成学习方法可以获得与利用原始特征分类相当甚至更高的分类精度。

6.1.3　特征提取方法与多分类器集成应用

1. 特征提取方法

目前，特征提取已在机器视觉、模式识别等领域得到广泛应用。尽管与原始数据相比，变换得到的特征集统计特性、物理意义已发生改变，但从信噪分离、降维、分类的角度出发，特征提取在全极化 SAR 影像分类中依然有其研究价值。本节用到的特征提取方法主要包括经典的线性降维方法主成分分析和核主成分分析，以及基于流形降维方法如局部保持投影、线性图嵌入（linear graph embedding，LGE）、邻域保持嵌入等（He and Niyogi，2004；He et al.，2005；Cai et al.，2007；Mountrakis et al.，2011）。

主成分分析是所有特征提取、降维方法中应用最为广泛的一种方法。作为简单的特征量多元统计分析方法，主成分分析通过对数据协方差矩阵进行特征分解得到主成分（特征向量）与特征值，同时保持数据集中对方差贡献最大的特征。

核主成分分析通过引入核方法对传统线性主成分方法进行非线性扩展，其基本思想是通过特定的核函数如线性核、高斯核、多项式核等，将原数据映射到一个高维空间，并在高维空间中对中心化后的核矩阵使用主成分分析（Mountrakis et al.，2011）。核主成分分析的优点是能提取比传统主成分分析更多的信息，尤其是非线性特征，缺点是核函数参数的选择敏感，核矩阵的计算、存储复杂度较高。

局部保持投影是对流形上的 Laplace-Beltrami 算子特征函数的最优线性估计。作为一种线性降维方法，局部保持投影首先构建图以包含数据中的邻域信息，再通过对图进行 Laplace 变换将数据投影到新的低维空间（Cai et al.，2007）。从流形几何的角度，局部保持投影可以认为是对高维数据几何结构在低维空间中的线性离散估计。

在流形学习中，只有当原流形被嵌入线性或近似线性欧氏空间时经典的主成分分析才有效，且后者试图在低维空间中保持原流形的全局欧几里得结果。邻域保持嵌入是在"数据可以由欧氏空间中某一子流形（sub-manifold）概率分布抽样获得"假设前提下，在低维欧氏空间中通过对邻域进行近似线性重构以保持原始流形的局部邻域结构（Cai et al.，2007）。与局部保持投影一样，邻域保持投影试图发现数据流形的局部结构，是一种更为快速的线性降维方法，可以通过非监督和监督形式实现对高维数据的特征提取。

2. 特征提取集成用于 PolSAR 影像分类

从特征操作的角度，线性、非线性特征提取方法都可以用于多样性的生成。与特征选择多样性集成学习类似，固定特征提取维数多分类器集成学习（流程①）和多特征提取维数同质多分类器集成学习（流程②）如图 6.8 所示。

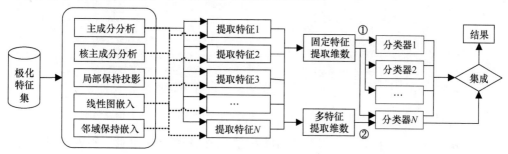

图 6.8　特征提取多样性集成学习框架技术流程图

采用主成分分析、核主成分分析、局部保持投影、线性图嵌入和邻域保持嵌入等特征提取方法提取不同特征后，使用支持向量机、决策树、Bagging、AdaBoost、随机森林、旋转森林等分类方法对 AirSAR Flevoland PolSAR 影像进行分类,总体精度随特征维数变化的曲线如图 6.9 所示。结果说明，各特征提取方法对最终总体精度的影响具有差异性，且随着特征提取维数的增加差异性显著变小。与线性图嵌入、局部保持投影和邻域保持嵌入等方法相比，经主成分分析和核主成分分析特征提取后分类的总体精度更高，特征

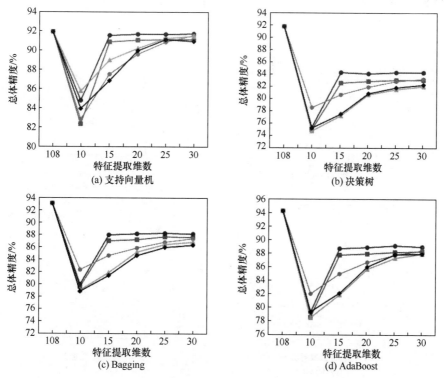

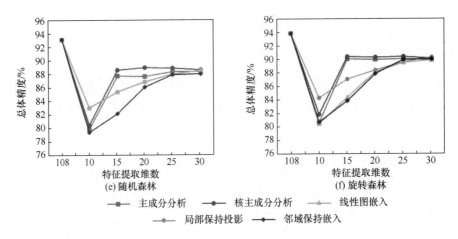

图 6.9　不同特征提取方法对 AirSAR Flevoland PolSAR 影像分类精度影响对比

提取维数大于 15 时维数的增加对总体精度没有显著的影响。这说明，主成分分析和核主成分分析提取的前 15 维特征中基本包含了特征集中的信息。

采用主成分分析、核主成分分析、局部保持投影、线性图嵌入和邻域保持嵌入等特征提取方法提取不同特征后，使用支持向量机、决策树、Bagging、AdaBoost、随机森林、旋转森林等分类方法对 RADARSAT-2 San Francisco PolSAR 影像进行分类，总体精度随特征维数变化的曲线如图 6.10 所示。由图 6.10 可知，与线性图嵌入、局部保持投影和邻域保持嵌入的流形特征降维方法相比，主成分分析和核主成分分析方法提取的特征所含的信息量更有利于全极化 SAR 影像分类。因考虑计算和存储成本等因素，线性图嵌入、局部保持投影和邻域保持嵌入等方法中用于构建图的邻域大小默认设置为 5，该搜索邻

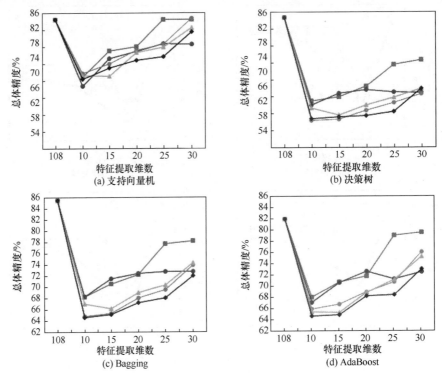

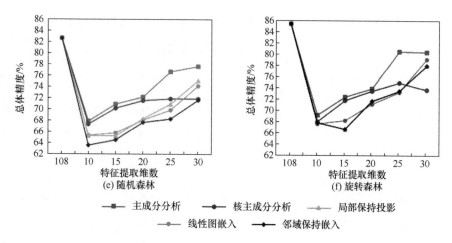

图 6.10　不同特征提取方法对 RADARSAR-2 San Francisco PolSAR 影像分类精度影响对比

域大小也有可能限制这几种特征提取方法的性能。此外，与利用高维特征集分类的精度相比，多数分类方法利用降维后特征的分类精度有所降低。这说明同等特征维数条件下特征选择方法更适于全极化 SAR 影像分类。

3. 固定特征提取维数多分类器集成

图 6.11 为各分类方法对 AirSAR Flevoland PolSAR 影像高维特征集、固定特征提取维数多分类器集成、多特征提取维数同质多分类器集成学习分类的结果。表 6.8 为常规分类方法与固定特征提取维数多分类器集成方法的分类精度对比。

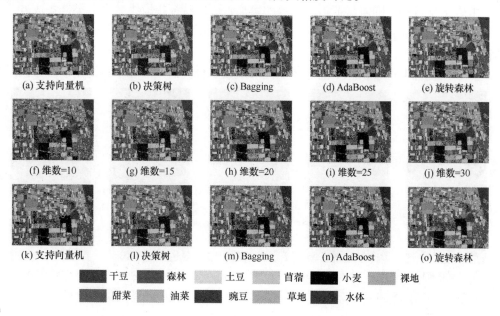

图 6.11　AirSAR Flevoland PolSAR 影像特征提取多样性集成学习分类结果图

（a）～（e）：基于原始特征集的分类；（f）～（j）：固定特征提取维数多分类器集成；（k）～（o）：多特征提取维数同质多分类器集成

表 6.8　AirSAR Flevoland PolSAR 影像常规分类方法与固定特征提取
维数多分类器集成的分类精度对比　　　　　　　　（单位：%）

类别	支持向量机	决策树	Bagging	AdaBoost	随机森林	旋转森林	集成学习分类维数				
	原始 108 维特征						10	15	20	25	30
干豆	93.90	90.49	91.60	93.52	93.81	94.56	85.30	90.55	92.40	93.47	93.61
森林	88.53	90.35	90.79	93.25	91.10	90.78	87.68	88.92	89.81	90.11	90.33
土豆	85.22	89.13	89.27	91.21	87.06	87.93	78.59	83.55	84.82	85.65	85.93
苜蓿	97.53	96.45	97.63	98.33	98.10	98.20	86.04	95.44	97.39	97.67	97.74
小麦	94.82	94.61	96.30	95.99	96.18	96.35	94.10	95.35	95.65	95.75	95.81
裸地	97.70	96.05	96.33	97.50	97.29	97.38	88.00	95.80	96.63	97.15	97.24
甜菜	88.61	83.42	88.62	88.73	87.55	90.07	74.49	85.31	88.27	89.82	90.23
油菜	92.85	91.57	94.19	95.44	94.36	94.87	86.26	91.92	92.57	93.28	93.39
豌豆	87.99	88.74	89.41	90.92	89.49	91.72	68.66	83.50	86.84	87.56	87.62
草地	91.71	91.76	92.81	94.02	92.13	93.61	80.45	88.22	89.58	90.71	90.77
水体	99.31	98.04	98.17	99.55	99.40	99.77	96.82	98.94	99.26	99.46	99.51
总体精度	91.97	91.76	93.16	94.29	93.10	93.74	85.29	90.66	91.88	92.46	92.61
平均精度	92.56	91.87	93.19	94.41	93.32	94.11	84.22	90.68	92.11	92.78	92.93
Kappa 系数	0.91	0.91	0.92	0.94	0.92	0.93	0.83	0.89	0.91	0.91	0.92

由表 6.8 可知，随着特征提取维数的增加，固定特征提取维数多分类器集成方法的总体精度明显提高，但依然低于 Bagging、AdaBoost、随机森林和旋转森林等方法的总体精度。

图 6.12 为常规分类方法、固定特征提取维数多分类器集成和多特征提取维数同质多

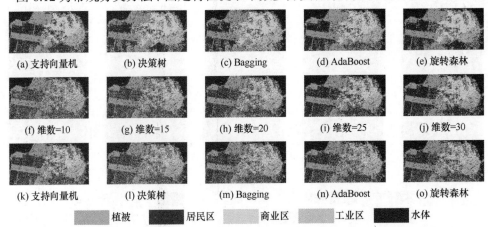

　　　　(a) 支持向量机　　　(b) 决策树　　　(c) Bagging　　　(d) AdaBoost　　　(e) 旋转森林

　　　　(f) 维数=10　　　(g) 维数=15　　　(h) 维数=20　　　(i) 维数=25　　　(j) 维数=30

　　　　(k) 支持向量机　　　(l) 决策树　　　(m) Bagging　　　(n) AdaBoost　　　(o) 旋转森林

　　■ 植被　　■ 居民区　　■ 商业区　　■ 工业区　　■ 水体

图 6.12　RADARSAT-2 San Francisco PolSAR 影像特征提取多样性集成学习分类结果图
（a）～（e）：基于原始特征集的分类；（f）～（j）：固定特征提取维数多分类器集成；（k）～（o）：多特征提取维数同质
多分类器集成

分类器集成的分类结果，表 6.9 为常规分类方法与固定特征提取维数多分类器集成方法分类精度对比。由表 6.9 可知，固定特征提取维数多分类器集成方法的总体精度往往低于利用高维特征进行分类的总体精度。对于利用高维特征集进行全极化 SAR 影像的分类问题，特征选择多样性集成明显优于特征提取多样性集成。

表 6.9 RADARSAT-2 San Francisco PolSAR 影像常规分类方法与固定特征提取维数多分类器集成方法分类精度对比　　　（单位：%）

类别	支持向量机	决策树	Bagging	AdaBoost	随机森林	旋转森林	集成学习分类维数				
	原始 108 维特征						10	15	20	25	30
水体	100.00	100.00	100.00	100.00	99.96	100.00	99.97	99.97	100.00	100.00	99.97
植被	94.79	87.07	87.54	90.58	95.50	95.56	78.08	81.97	83.64	88.67	92.12
居民区	92.9	86.65	87.74	85.87	92.77	95.20	63.29	73.47	82.78	88.76	94.06
商业区	82.64	81.34	81.24	69.53	82.77	85.31	67.39	68.42	71.70	74.59	81.89
工业区	60.62	72.92	75.18	69.65	52.26	60.04	54.21	55.02	56.47	58.04	59.54
总体精度	84.47	84.70	85.49	81.95	82.56	85.39	71.88	74.56	77.30	80.21	83.64
平均精度	86.19	85.60	86.34	83.13	84.65	87.22	72.59	75.77	78.92	82.01	85.52
Kappa 系数	0.81	0.81	0.82	0.77	0.78	0.82	0.65	0.68	0.72	0.75	0.80

4. 多特征提取维数同质多分类器集成

表 6.10 和表 6.11 为多特征提取维数同质多分类器集成方法对 AirSAR Flevoland PolSAR 影像及 RADARSAT-2 San Francisco PolSAR 影像的分类精度对比。

表 6.10 AirSAR Flevoland PolSAR 影像多特征提取维数同质多分类器集成分类精度　　　（单位：%）

类别	支持向量机	决策树	Bagging	AdaBoost	随机森林	旋转森林
干豆	93.52	91.43	89.60	92.55	91.98	91.59
森林	88.46	88.73	88.07	90.09	90.53	89.94
土豆	84.95	84.61	82.29	85.73	84.20	85.24
苜蓿	97.22	96.19	95.86	97.29	96.27	97.31
小麦	94.89	95.26	94.91	95.60	95.8	95.71
裸地	97.27	96.13	94.67	96.42	95.84	96.42
甜菜	88.70	85.74	85.59	87.85	85.54	87.58
油菜	92.43	92.54	91.57	93.42	92.40	93.16
豌豆	86.06	85.32	82.63	87.17	83.21	85.68
草地	91.25	87.61	84.59	89.86	86.64	89.79
水体	99.26	99.18	98.44	99.16	99.06	99.43
总体精度	91.67	91.07	89.94	92.13	91.17	91.87
平均精度	92.18	91.16	89.84	92.29	91.04	91.99
Kappa 系数	0.91	0.90	0.89	0.91	0.90	0.91

表 6.11　RADARSAT-2 San Francisco PolSAR 影像多特征提取维数
同质多分类器集成分类精度　　　　　　　　　（单位：%）

类别	支持向量机	决策树	Bagging	AdaBoost	随机森林	旋转森林
水体	100.00	99.96	99.96	99.94	99.96	99.99
植被	88.87	77.96	80.07	81.40	84.32	82.16
居民区	85.28	77.12	76.40	82.76	79.68	81.80
商业区	73.56	70.98	73.00	71.96	69.63	73.58
工业区	57.38	55.62	55.80	58.22	52.69	56.71
总体精度	79.38	74.94	75.77	77.31	75.62	77.32
平均精度	81.02	76.33	77.05	78.86	77.26	78.85
Kappa 系数	0.74	0.69	0.70	0.72	0.70	0.72

将表 6.10 与表 6.8、表 6.11 与表 6.9 对比可知，全极化 SAR 影像多特征提取维数同质多分类器集成并没有带来总体精度的明显提高，且普遍低于常规分类方法利用原始高维特征获得的总体精度。当特征维数为 10 和 30 时，固定特征提取维数多分类器集成方法在 AirSAR Flevoland PolSAR 影像上的总体精度分别为 85.29% 和 92.61%（表 6.8），而在 RADARSAT-2 San Francisco PolSAR 影像上的总体精度分别为 71.88% 和 83.64%（表 6.9）。从概率统计意义上来说，多特征提取维数同质多分类器集成中分类器规模较小（个数为 5）、基分类器间差异性过大等因素导致采用简单多数投票法难以保证集成的有效性。

6.1.4　PolSAR 影像特征空间重构与多分类器集成分类

从特征选择和特征提取方法在本质上的差异性以及新特征间的互补性出发，可以构建特征选择、特征提取混合的多样性集成学习框架。因此，下面将分析固定特征混合维数多分类器集成和多特征混合维数同质多分类器集成方法的分类性能，具体技术流程如图 6.13 所示。

此外，在利用高维特征集进行全极化 SAR 影像分类时，相比特征提取多样性集成，特征选择多样性集成分类效果更好。然而，无论是从方法还是从低维特征本质特性的角度，特征提取方法得到的特征集和特征选择方法得到的特征集具有明显的差异性，同时具有较强的信息互补性。在集成学习框架中，这种互补性极有可能进一步提升集成学习方法的性能。

1. 固定特征混合维数多分类器集成

图 6.14 为固定特征混合维数多分类器集成、多特征混合维数同质多分类器集成方法对 AirSAR Flevoland PolSAR 影像的分类结果，表 6.12 为固定特征混合维数多分类器集

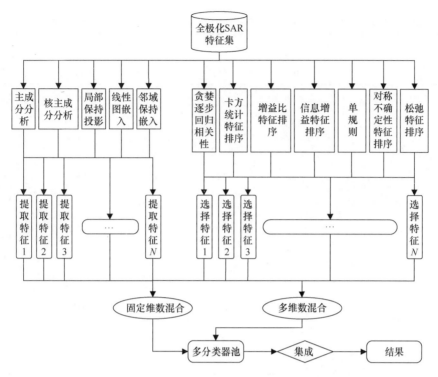

图 6.13 特征选择、特征提取混合多样性集成学习框架技术流程图

成在不同特征维数下的分类精度。与固定特征选择维数多分类器集成和多特征选择维数同质多分类器集成方法相比（图 6.6、表 6.4），固定特征混合维数多分类器集成方法在多数情况下获得较高的分类精度，且明显优于特征提取多样性集成方法的分类精度。例如，当特征选择、特征提取维数为 10 时，固定特征混合维数多分类器集成的总体精度达到 91.91%（表 6.12），而固定特征提取维数多分类器集成的总体精度为85.29%（表 6.8）。

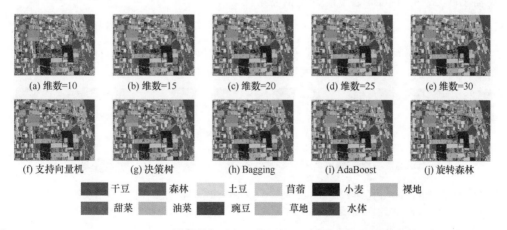

图 6.14 AirSAR Flevoland PolSAR 影像特征选择、特征提取混合多样性集成分类结果图（彩图附后）
（a）～（e）：固定特征混合维数多分类器集成；（f）～（j）：多特征混合维数同质多分类器集成

表 6.12　AirSAR Flevoland PolSAR 影像固定特征混合维数多分类器集成分类精度（单位：%）

类别	特征混合维数				
	10	15	20	25	30
干豆	90.09	92.38	92.52	92.80	93.63
森林	91.83	92.09	92.06	92.11	92.10
土豆	87.36	88.12	87.98	88.23	88.33
苜蓿	96.42	98.22	98.39	98.53	98.56
小麦	96.27	96.29	96.31	96.36	96.47
裸地	92.77	95.91	96.77	97.21	97.34
甜菜	85.37	89.99	90.61	90.94	91.39
油菜	93.29	94.75	95.01	95.26	95.27
豌豆	85.55	88.88	89.41	89.49	89.54
草地	86.77	89.42	90.42	91.55	92.51
水体	99.62	99.62	99.66	99.70	99.68
总体精度	91.91	93.31	93.52	93.73	93.90
平均精度	91.39	93.24	93.56	93.83	94.07
Kappa 系数	0.91	0.92	0.93	0.93	0.93

图 6.15 为固定特征混合维数多分类器集成、多特征混合维数同质多分类器集成方法对 RADARSAT-2 San Francisco PolSAR 影像的分类结果，表 6.13 为固定特征混合维数多分类器集成方法在不同维数下的分类精度对比。

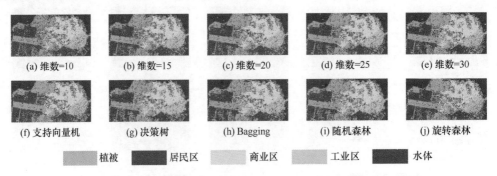

(a) 维数=10　　(b) 维数=15　　(c) 维数=20　　(d) 维数=25　　(e) 维数=30

(f) 支持向量机　　(g) 决策树　　(h) Bagging　　(i) 随机森林　　(j) 旋转森林

■ 植被　　■ 居民区　　■ 商业区　　■ 工业区　　■ 水体

图 6.15　RADARSAT-2 San Francisco PolSAR 影像特征混合多样性集成分类结果图
（a）～（e）：固定特征混合维数多分类器集成；（f）～（j）：多特征混合维数同质多分类器集成

表 6.13　RADARSAT-2 San Francisco PolSAR 影像固定
特征混合维数多分类器集成分类精度　　　　　　（单位：%）

类别	特征混合维数				
	10	15	20	25	30
水体	100.00	100.00	100.00	100.00	100.00
植被	88.56	92.33	93.49	94.67	95.28
居民区	93.73	94.83	95.50	96.23	96.38
商业区	81.47	79.26	80.01	82.50	82.95
工业区	55.20	55.96	64.09	63.51	64.50
总体精度	81.70	82.35	84.84	85.59	86.08
平均精度	83.79	84.48	86.62	87.38	87.82
Kappa 系数	0.77	0.78	0.81	0.82	0.83

可以看出，特征选择、特征提取混合多样性集成可明显提高分类精度，如维数为 10时，固定特征混合维数多分类器集成方法的总体精度为 81.70%（表 6.13），而固定特征选择维数多分类器集成和固定特征提取维数多分类器集成方法的总体精度分别只有72.35% 和 71.88%（表 6.5、表 6.9）。此外，随着特征维数的增加，特征选择、特征提取混合多样性集成方法的分类精度明显提高。固定特征混合维数多分类器集成方法优于常规方法利用原始高维特征、特征提取多样性集成方法的分类精度，特征混合维数为 30时固定特征混合维数多分类器集成的总体精度为 86.08%。因此，特征选择和特征提取两种方法的混合集成可进一步改善分类精度。

2. 多特征混合维数同质多分类器集成

表 6.14 和表 6.15 为 AirSAR Flevoland PolSAR 影像和 RADARSAT-2 San FranciscoPolSAR 影像多特征混合维数同质多分类器集成的分类精度统计。

表 6.14　AirSAR Flevoland PolSAR 影像多特征混合维数同质多分类器集成分类精度（单位：%）

类别	支持向量机	决策树	Bagging	AdaBoost	随机森林	旋转森林
干豆	92.43	92.60	91.32	93.72	93.34	93.31
森林	90.30	93.00	91.61	93.75	93.15	92.32
土豆	85.90	90.11	87.42	90.70	88.28	88.52
苜蓿	98.04	98.67	98.42	98.73	98.69	98.58
小麦	95.46	96.57	96.08	96.65	96.81	96.64
裸地	97.01	96.68	95.67	97.34	96.39	96.78
甜菜	89.53	91.00	89.35	91.66	89.79	90.98
油菜	93.53	95.81	95.10	95.90	95.13	95.32
豌豆	87.41	89.72	88.25	90.52	89.23	89.68

类别	支持向量机	决策树	Bagging	AdaBoost	随机森林	旋转森林
草地	89.94	91.92	89.40	92.64	90.04	92.34
水体	99.46	99.73	99.55	99.74	99.61	99.68
总体精度	92.39	94.21	93.03	94.64	93.78	93.93
平均精度	92.64	94.16	92.92	94.67	93.68	94.01
Kappa 系数	0.91	0.93	0.92	0.94	0.93	0.93

表 6.15 RADARSAT-2 San Francisco PolSAR 影像多特征混合
维数同质多分类器集成分类精度 （单位：%）

类别	支持向量机	决策树	Bagging	AdaBoost	随机森林	旋转森林
水体	100.00	100.00	100.00	100.00	100.00	100.00
植被	96.93	89.24	89.16	92.47	91.79	95.62
居民区	96.64	92.32	93.00	94.06	92.77	97.05
商业区	83.48	71.16	78.35	71.49	79.25	85.55
工业区	59.50	68.06	60.67	65.95	50.11	57.30
总体精度	85.35	82.55	82.38	83.02	80.50	85.04
平均精度	87.31	84.16	84.24	84.79	82.78	87.10
Kappa 系数	0.82	0.78	0.78	0.79	0.76	0.81

与特征提取多样性集成方法相比，多特征混合维数同质多分类器集成方法的分类精度更高。然而，与特征选择多样性集成方法相比，混合集成方法的分类精度相当（以 AirSAR Flevoland PolSAR 影像分类结果为例），同样会出现分类精度降低的情况，如多特征混合维数同质多分类器（随机森林）对 RADARSAT-2 San Francisco PolSAR 影像的总体精度仅为 80.50%。这主要是因为基分类器在利用某些特征提取方法的低维特征进行分类时分类精度较低。

综上所述，在多特征混合维数同质多分类器集成全极化 SAR 影像分类中，推荐使用 20~30 维经特征提取与特征选择得到的混合特征集。

6.2 基于多分类器集成的光学和 SAR 影像协同分类应用

光学和 SAR 影像协同处理是提高地物识别与分类精度的有效途径之一。通过多传感器遥感信息融合与协同，可在不提高成本的基础上，依靠现有传感器数据，改进最终信息提取的质量。然而光学和 SAR 影像成像机理不同，信息提取的方法也不同，并且不同机器学习算法的适用条件不同，应用效果也随研究区域、影像特点而变化。因此，要充分利用信息互补的优势，集成不同算法或模型优势，发展设计适宜的集成分类算法，是当前的研究热点。

本节从光学和 SAR 影像多特征提取与特征空间构建出发，分别介绍多特征集组合与多分类器集成应用、光学和 SAR 影像特征融合与多分类器集成应用。

6.2.1　光学和 SAR 影像多特征提取与特征空间构建

不同遥感信息各有其优势，光学遥感影像具有丰富的光谱信息和纹理特征，是分类的主要依据（马莉，2010）。从地表信息解译的角度，全极化 SAR 影像可用于分类的特征包括极化特征、极化空间特征、极化分解特征等（Lee and Pottier，2009；王贺等，2012；阿里木·赛买提，2015）。多/全极化 SAR 影像通过电磁波的矢量特性记录地物在 4 种（HH、HV、VH、VV）极化状态的后向散射回波信号，通过相干/非相干极化分解、$H/\bar{\alpha}/A$ 分解，能够提供更多的目标信息和辨别特征，提高区分地物类型的能力。在遥感影像中，空间和纹理特征是区分地物属性和目标解译的重要依据（苏红军，2011）。SAR 影像通过后向散射强度能够记录地表的粗糙度、介电常数等几何、物理属性，其特有的空间信息是对光学影像纹理信息的有效互补，更有利于地物分类。

1. 纹理和极化相干矩阵特征

纹理是人类视觉对自然界物体表面的一种感知，是人们描述和区分不同物体的重要特征之一。在遥感影像中，局部不规则但在宏观统计中表现出的某种规则性条纹被称为纹理特征。由于兼顾宏观结构和微观结构，纹理特征能反映影像信息和空间分布规律，可有效提升信息提取能力，提高分类精度。纹理分析方法主要包括统计法、纹理模型法和信号处理法（何楚，2013），如图 6.16 所示。

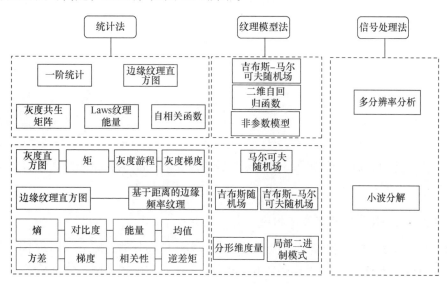

图 6.16　纹理分析方法

与光学影像相比，雷达影像具有更长的波长，对地表的穿透效应更明显，因此能够获取与光学影像互补的地表信息。地表目标的极化行为可以描述为 2×2 复数辛克莱散射矩阵，通过不同的散射目标向量来区分不同的散射信息，见 4.4 节和 6.1 节相关内容。

2. 光谱特征和特征因子

不同地物具有不同的光谱特征（少数情况下会出现同物异谱和同谱异物现象），根据地物类别提取的需要，构建不同特征因子数据，能够有效提高主被动数据特征协同的能力，进而提高分类精度。例如，归一化植被指数可通过传感器感知的近红外波段和红光波段的反射率差异比值（即近红外波段与红光波段反射率之差/近红外波段与红光波段反射率之和）获取；归一化水体指数可通过传感器感知的绿光波段和近红外波段的反射率差异比值（即绿光波段与近红外波段反射率之差/绿光波段与近红外波段反射率之和）获取；归一化建筑指数可通过传感器感知的中红外波段和近红外波段的反射率差异比值（即中红外波段与近红外波段反射率之差/中红外波段与近红外波段反射率之和）获取。

3. 空间关联特征

空间特征可以很好地反映目标与周围地物的差别，通常表述为目标地物的形状、大小、边缘等几何属性。空间自相关通过比较像素及局部周边平均像素的值来检测像素和其邻域的相似性，可分为全局自相关和局部自相关。空间自相关的计算方法有很多，最为著名的是针对点数据提出的局部空间关联性指标，包括 Moran's（I_i）、Geary's（C_i）和 Getis（G_i）[式（6.3）～式（6.5）]，Moran's（I_i）和 Geary's（C_i）用来寻找局部高对比度；Getis（G_i）用来确定边界。

$$I_i = \frac{x_i - \overline{x}}{\sum_i \dfrac{(x_i - \overline{x})^2}{n}} \sum_j \omega_{ij}(x_j - \overline{x}) \tag{6.3}$$

$$C_i = \frac{1}{\sum_i \dfrac{(x_i - \overline{x})^2}{n}} \sum_j \omega_{ij}(x_j - \overline{x}) \tag{6.4}$$

$$G_i = \frac{\sum_j \omega_{ij} x_j}{\sum_j x_j} \tag{6.5}$$

式中，x_i 为像元中心值；x_j 为中心像元 n 邻域的像元值；ω_{ij} 为权重矩阵元素；$\overline{x}$ 为邻域像元平均值。

4. 光学和 SAR 影像特征空间构建

对于光学和 SAR 影像提取的有效特征，根据实际地物分类的需求可构建不同的特征子集。以 ALOS PALSAR 全极化影像和 Landsat TM 光学影像为例，分别从光学影像和 ALOS PALSAR 极化通道提取光谱特征和纹理特征，从 ALOS PALSAR 影像中提取极化相干矩阵特征。将提取的各种特征经过试验筛选提出 6 组组合策略。使用的多光谱影像和 ALOS PALSAR 影像信息冗余较小，因此特征选择主要考虑特征的信息量，将光谱、纹理和极化相干矩阵组合形成多种特征集进行分类处理。所选组合分别为：原始光学影像（G1）；光学影像与 SAR 集成（G2）；光谱特征与 T3 矩阵特征集成（G3）；光谱特征、SAR 原始极化通道特征与 T3 矩阵非对角线实部元素、虚部元素特征信息集成（G4）；光谱特征、SAR 原始极化通道特征与 T3 矩阵特征集成（G5）；光谱特征、SAR 原始极化通道特征与 T3 矩阵特征以及基于灰度共生矩阵的纹理特征集成（G6），如表 6.16 所示。

表 6.16　空间特征、光谱特征、极化特征组合策略

组合策略	特征内容
G1	光谱特征（OPT）
G2	SAR 特征（SAR）和光谱特征（OPT）
G3	OPT、T11、T22、T33、R12、R13、R23、I12、I13、I23
G4	SAR、OPT、R12、R13、R23、I12、I13、I23
G5	SAR、OPT、T11、T22、T33、R12、R13、R23、I12、I13、I23
G6	SAR、OPT、T11、T22、T33、R12、R13、R23、I12、I13、I23、GLCM

注：T11、T22、T33 为 T3 的实对角线元素；R12、R13、R23 非对角线元素的实部；I12、I13、I23 为非对角线元素的虚部

6.2.2　多特征集组合与多分类器集成应用

以江苏盐城滨海湿地 2009 年 5 月 23 日获取的 Landsat TM 光学影像，2009 年 4 月 9 日获取的升轨道倾斜角为 21.5°的 ALOS PALSAR 全极化（HH、HV、VH、VV）SAR 影像为数据源进行试验（图 6.17），提取的特征为极化相干矩阵特征和纹理特征。根据研究区域的实际情况将地表分为芦苇、碱蓬、河流、建筑、农用地、米草、养殖场、海域 8 种类别。将所提取的多源数据特征构建为 6 种组合策略，实现主被动特征的集成，然

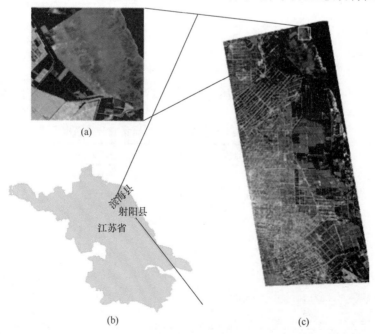

图 6.17　研究区域 2009 年 4 月 9 日全极化雷达影像 Lexicographic 合成图（R=HH, G=HV, B=VV）
（a）Landsat 光学影像子区域（R=B5, G=B4, B=B3）

后分别利用最小距离分类器、支持向量机、反向传播神经网络、多层感知器、随机子空间、随机森林等单一分类器和集成分类器提取湿地景观类别，其中并联型多分类器集成策略选择多数加权投票，数据处理过程如图 6.18 所示。串联型多分类器集成中以反向传播神经网络为第一阶段分类器，输出的类别概率输入支持向量机进行决策分类。分类精度和分类结果如表 6.17 和图 6.19 所示。

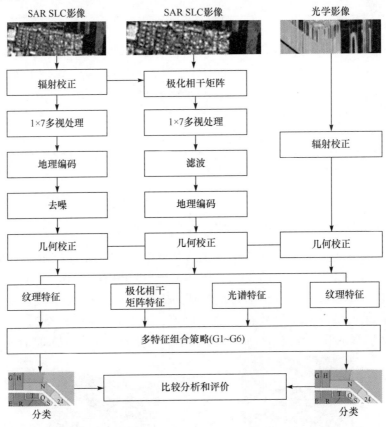

图 6.18　数据处理过程图

表 6.17　多特征组合策略的多分类器集成分类精度　　（单位：%）

分类器	G1	G2	G3	G4	G5	G6
最小距离分类器	63.10	72.25	72.26	72.25	72.26	72.26
反向传播神经网络	71.74	78.93	80.04	78.30	80.76	79.39
支持向量机	76.45	84.03	86.81	84.24	84.06	84.13
随机子空间	69.01	72.13	72.91	72.60	73.63	73.63
多层感知器	72.12	75.01	65.76	71.58	69.40	69.29
随机森林	67.15	75.24	74.50	74.07	72.10	72.41
并联型多分类器集成	82.62	88.37	89.60	87.38	88.18	88.16
串联型多分类器集成	75.63	89.23	86.77	89.07	88.98	87.68

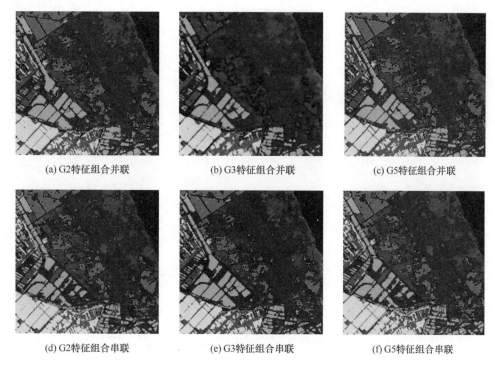

(a) G2特征组合并联　　　　　　(b) G3特征组合并联　　　　　　(c) G5特征组合并联

(d) G2特征组合串联　　　　　　(e) G3特征组合串联　　　　　　(f) G5特征组合串联

图 6.19　特征组合 G2、G3、G5 的并联型和串联型多分类器集成分类结果图

　　由表 6.17 可知，随机子空间的分类精度提高幅度稳定，对极化相干矩阵特征、纹理特征和光谱特征集成处理反应敏感，多层感知器并没有达到预期的目的，分类精度出现逆变化趋势，而最小距离分类器的分类精度较低，对多源特征集成处理优势体现不明显，即随着多源特征的加入，并未明显改善分类精度。单个分类器中，整体分类精度最好的是支持向量机，支持向量机对 G1 的分类精度达到 76.45%，远高于最小距离分类器和随机森林，而且支持向量机分类结果对极化相干矩阵特征和纹理特征的集成表现敏感，体现在：①集成空间特征和极化相干矩阵特征后的光学影像分类结果明显提高；②当光谱特征与极化相干矩阵集成时达到最高为 86.81%；③SAR 原始极化通道 HV 或 VH 通道与 T33 高度相关，HH、VH 通道分别与 T11、T22 高度相关，因此 G2 和 G4 的分类精度十分相似；④支持向量机对极化相干矩阵、光谱特征和原始极化通道集成不明显，从 G4、G5、G6 的分类结果可以看出，这些特征的集成分类精度变化并不明显。

　　分析不同特征组合策略和多分类器集成对总体精度的影响（图 6.20），可以得出如下结论：①通过多分类器集成学习可明显提高总体精度，实现分类器之间的优势互补；②多源主被动特征集成的最好结果为光学影像与极化相干矩阵特征的集成处理；③多分类器集成学习对空间纹理及极化相干矩阵特征集成的敏感性要高于单一分类器；④通过主被动多特征集成可以看出，集成雷达极化相干矩阵特征和纹理特征后，总体精度明显优于光学数据；⑤单分类器反向传播神经网络在 G5 特征组合时的总体精度最高，支持向量机在 G3 特征组合时体现明显优势；⑥在分类器集成方法中，串联型多分类器集成方法在 G2、G4 和 G5 特征组合时总体精度优于并联型多分类器集成方法，体现了不同分类器集成方法对不同特征的有效性和各自的优势。

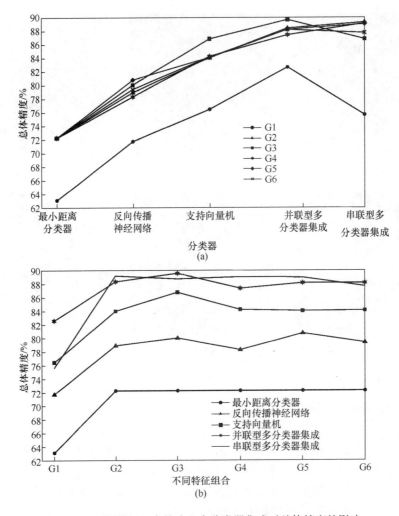

图 6.20　不同特征组合策略和多分类器集成对总体精度的影响

进一步分析不同特征组合策略和多分类器集成对类别精度的影响（图 6.21），可以看出：①多分类器集成比单一分类器在提取土地覆盖类别信息方面优势明显，特别是对建筑、碱蓬、芦苇等地表覆盖信息的提取，精度比原始多光谱影像有了明显改进；②不同的分类器在处理各种地物类别时差异明显，但通过多分类器集成分类，不但提高了类别精度，也增强了分类器对不同地物类别的适应性和分类器的稳健性；③通过多特征的集成，各地物的类别精度明显比使用单一特征获取的类别精度高，特别是对下垫面复杂的建筑、米草、芦苇等土地覆盖类型，组合后类别精度较组合前明显提高。

6.2.3　光学和 SAR 影像特征融合与多分类器集成应用

选取意大利帕维亚市的 ERS-2 SAR 影像、Landsat TM 影像和江苏省徐州市的 ALOS PALSAR 影像、ALOS AVNIR-2 光学影像为数据源进行方法验证，所选数据源如表 6.18

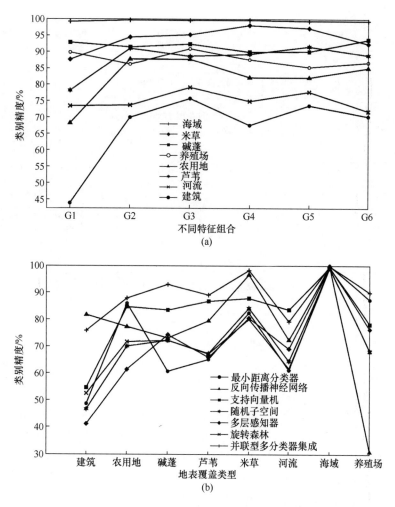

图 6.21　不同特征组合策略和多分类器集成对类别精度的影响

所示。选择这两处区域作为试验区域是因为徐州市和帕维亚市分别代表两种不同的典型城市类型，徐州市区代表高密度人居区域，帕维亚市则是典型的建筑面积集中的小城市且周围有大面积植被覆盖。数据处理流程如图 6.22 所示。

表 6.18　所选数据源

项目	时间	空间分辨率	波段	行列数
PALSAR	2008 年 11 月 12 日	10m×10m	L-band,HH	1607 像素×1347 像素
AVNIR-2	2008 年 11 月 9 日	10m×10m	NIR,R,G,B	1607 像素×1347 像素
ERS-2	1994 年 10 月 3 日	30m×30m	C-band,VV	787 像素×787 像素
TM	1994 年 4 月 7 日	30m×30m	MIR,NIR,R,G,B	787 像素×787 像素

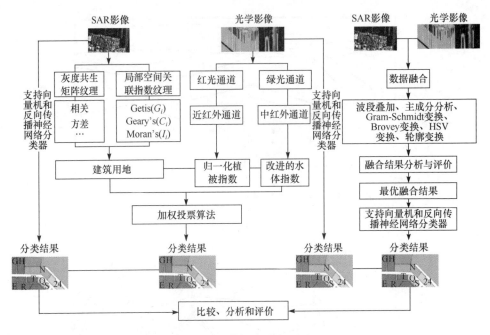

图 6.22　数据处理流程图

利用 SAR 影像提取城区建筑用地，利用光学影像特征因子提取水体和植被，结合决策级集成获得土地覆盖信息。具体流程如下：①分别从 SAR 影像中提取基于灰度共生矩阵的相关、方差等纹理和空间关联度指数 Moran's（I_i），Geary's（C_i）、Getis G_i；②利用支持向量机等基于纹理特征、空间关联度特征提取建筑用地；③利用光学影像的定量指数，如归一化植被指数、改进的水体指数，通过阈值方法提取水体和植被覆盖信息；④基于以上结果利用决策级融合方法获取最终的分类结果（包括建筑用地、水体和植被）；⑤将提取结果与直接利用光学和 SAR 影像提取结果进行对比分析；⑥将提取结果与光学和 SAR 影像融合后分类结果进行对比分析。

两个区域的最终提取结果如图 6.23 所示，相应的参考数据如图 6.24 所示。

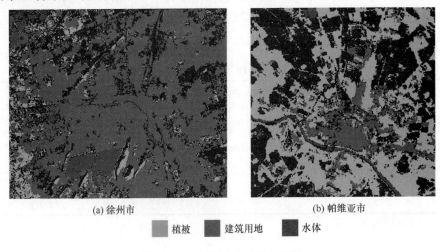

(a) 徐州市　　　　　　　　　　　　(b) 帕维亚市

■ 植被　　■ 建筑用地　　■ 水体

图 6.23　决策级融合分类结果图

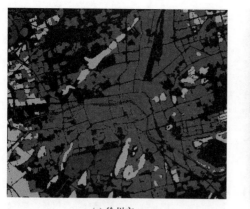

(a) 徐州市　　　　　　　　　　　　　(b) 帕维亚市

植被　　建筑用地　　水体

图 6.24　研究区参考数据

对分类识别结果从以下几个方面进行评价：①单一类别的识别精度分析；②主被动数据协同处理后的识别精度分析；③基于特征的主被动数据协同识别与其他数据融合方法的比较。单一类别的识别精度和主被动数据协同的识别精度结果如表 6.19 和表 6.20所示。

表 6.19　基于特征的单一地物识别精度分析（徐州市）　　　（单位：%）

地物识别类别	单一精度	协同处理后精度
建筑用地	91.38	99.31
水体	89.76	91.92
植被	45.04	85.73

表 6.20　基于特征的单一地物识别精度分析（帕维亚市）　　　（单位：%）

地物识别类别	单一精度	协同处理后精度
建筑用地	68.86	88.01
水体	71.37	77.79
植被	44.71	91.72

基于特征的主被动数据协同识别方法与其他数据融合方法比较的思路如下：①基于特征的主被动数据协同识别方法与单独使用光学或 SAR 影像监督分类方法比较；②基于特征的主被动数据协同识别方法与数据融合后监督分类方法比较，使用的融合方法有Brovey 变换、Gram-Schmidt 变换、主成分分析、加法融合和轮廓变换，分类器选择支持向量机和反向传播神经网络。试验结果分别如图 6.25 所示。

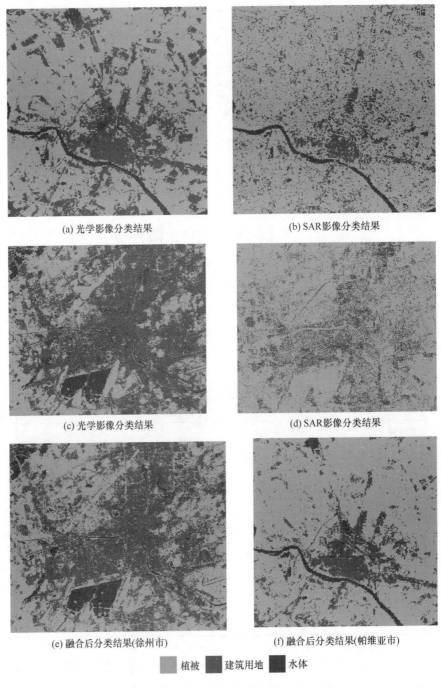

(a) 光学影像分类结果　　　　　　　　　(b) SAR影像分类结果

(c) 光学影像分类结果　　　　　　　　　(d) SAR影像分类结果

(e) 融合后分类结果(徐州市)　　　　　　(f) 融合后分类结果(帕维亚市)

植被　　建筑用地　　水体

图 6.25　不同策略分类结果图（支持向量机）

　　徐州市、帕维亚市光学和 SAR 影像单独分类的总体精度如表 6.21 所示。由表 6.21 可知，对于光学和 SAR 影像的分类结果，主被动数据协同后徐州市总体精度分别提高 13.65%和 35.69%，帕维亚市总体精度分别提高 6.53%和 15.29%。

表 6.21　单一数据源总体精度对比

项目	总体精度（光学）	Kappa 系数（光学）	总体精度（SAR）	Kappa 系数（SAR）	总体精度（协同）	Kappa 系数（集成）
支持向量机（徐州市）	83.65%	0.63	61.61%	0.31	97.30%	0.91
支持向量机（帕维亚市）	81.95%	0.53	73.19%	0.16	88.48%	0.75

表 6.22 为融合后总体精度对比，由表 6.22 可知，整体上基于数据融合的分类结果要优于单独使用光学或 SAR 影像的分类结果，而基于特征的主被动数据协同识别方法要优于基于像素的融合结果。基于支持向量机的分类表明，基于特征的主被动数据协同识别方法在徐州市优于其他融合方法，在帕维亚市的应用仅次于主成分分析融合后分类结果，优于其他融合后分类结果。

表 6.22　融合后总体精度对比　　　　　　　（单位：%）

区域	算法	Layerstack 方法	主成分分析	Brovey 变换	Gram-Schmidt 变换	HSV 变换	轮廓变换	协同算法
徐州市	支持向量机	86.88	91.57	86.38	91.21	85.36	84.01	97.30
	反向传播神经网络	87.50	94.61	97.71	92.31	91.84	75.10	97.30
帕维亚市	支持向量机	84.58	89.36	57.04	86.40	`84.72	79.66	88.48
	反向传播神经网络	86.18	77.86	24.83	84.37	83.19	78.86	88.48

6.3　高分辨率光学影像与机载 LiDAR 数据多分类器集成

高分辨率光学影像已经被广泛应用于城市土地覆盖分类研究中，但是由于城市地表的复杂性和异质性，相对于其他区域而言，精细的土地覆盖分类仍然面临挑战。主要原因如下：首先，光学遥感影像虽然包含丰富的、水平连续的光谱信息，但获得的主要是地物表面信息，地物的异物同谱和同物异谱现象突出（Rogan and Chen，2004）；其次，多光谱遥感影像易受云雨天气的影响，数据保障率较低。因此，仅靠光学遥感影像进行城市土地利用/覆盖分类仍然较为困难（Herold et al.，2004；Small，2005）。考虑到城市区域地物垂直结构的复杂性以及地物之间的遮挡等，引入三维空间信息能够减少地物光谱特征混淆对土地覆盖分类的影响，达到提高地物识别精度的目的（Rashed and Jürgens，2010）。因此，将多光谱遥感影像与机载 LiDAR 数据融合，既能充分利用多光谱遥感影像丰富的光谱信息，又能发挥机载 LiDAR 数据获取地物垂直结构信息、强度信息的优势，有助于提高地物的识别精度（Zhang，2010；Gamba et al.，2005）。

本节在充分挖掘机载 LiDAR 数据高程特征、回波强度特征、多重回波特征以及多光谱遥感影像光谱特征和空间特征的基础上，构建 7 种不同的特征组合策略，探讨不同特征集及不同特征组合策略对土地覆盖分类精度的影响，同时对特征变量的重要性及分类结果的不确定性进行分析。

6.3.1 高分辨率光学影像特征提取

多光谱遥感影像不仅能获取不同地物的反射光谱特征，而且能提供地物的空间信息，包括纹理和结构特征等，有助于不同土地覆盖类型的识别。SPOT-5 影像的多光谱波段包含绿、红、近红外和短波红外波段。

采用扩展形态学属性剖面对 SPOT-5 影像进行空间特征提取。在使用扩展形态学属性剖面进行空间特征提取的过程中会遇到两个主要困难：①确定哪些属性更有利于区分不同的地物类别；②在初始化每一个属性剖面时需要确定合适的阈值。采用 Ghamisi（2013）提出的自动化方案解决阈值的选取问题，采用基于像元灰度值的标准差和面积进行属性滤波，这两种属性不仅能通过自动化方案进行调整，而且还与影像中的对象层次结构有密切关系。由于像元灰度值标准差与平均值存在偏差，在基于像元灰度值标准差进行属性滤波时，阈值 λ_s 的确定应考虑特征 I 的平均值：

$$\lambda_s(I) = \frac{\omega}{100} \{ \sigma_{\min}, \sigma_{\min} + \upsilon_s, \sigma_{\min} + 2\upsilon_s, \cdots, \sigma_{\max} \} \tag{6.6}$$

式中，ω 为特征 I 的平均值；$\sigma_{\min}$ 和 $\sigma_{\max}$ 分别被赋予 2.5 和 20.5；υ_s 为步长，取值为 6。对 SPOT-5 影像（绿、红和近红外波段）的每个波段基于像元灰度值创建扩展形态学属性剖面，其中每个扩展形态学属性剖面都包含 4 个细化操作和 4 个粗化操作。

在基于面积进行属性滤波时，阈值 λ_a 的确定应将影像的空间分辨率考虑进来：

$$\lambda_a(I) = \frac{1000}{r} \{ a_{\min}, a_{\min} + \upsilon_a, a_{\min} + 2\upsilon_a, \cdots, a_{\max} \} \tag{6.7}$$

式中，$a_{\min}$ 和 $a_{\max}$ 分别取值为 1 和 22；υ_a 为步长，取值为 7；r 为 SPOT-5 遥感影像的空间分辨率，由于采用的是 SPOT-5 影像的绿、红和近红外波段，r 取值为 10。与基于像元灰度值标准差创建的扩展形态学属性剖面一样，对 SPOT-5 影像的每个波段基于面积创建扩展形态学属性剖面，其中每个扩展形态学属性剖面都包含 4 个细化操作和 4 个粗化操作。通过对 SPOT-5 影像以面积和像元灰度值标准差进行属性滤波，最终得到 24 个细化影像和 24 个粗化影像。

6.3.2 机载 LiDAR 数据特征提取

机载 LiDAR 数据包括高程、回波强度和多重回波信息。为了充分挖掘蕴藏在机载 LiDAR 数据中的特征信息，评价其在土地覆盖分类中的作用，从高程、回波强度和回波次数 3 个方面提取机载 LiDAR 数据特征：

$$f_{\text{LiDAR}} = [f_{\text{elevation}}, f_{\text{intensity}}, f_{\text{return}}] \tag{6.8}$$

式中，$f_{\text{elevation}}$、$f_{\text{intensity}}$ 和 f_{return} 分别为基于 LiDAR 数据高程、回波强度和多重回波提取

的特征集。

1）基于高程信息的特征提取

作为一种新型的遥感数据，机载 LiDAR 数据的主要突破在于其能获取三维地形数据，在土地覆盖分类中能提供地物在垂直维度的表征信息（Axelsson，1999）。目前，对于机载 LiDAR 数据土地覆盖分类和目标识别的认识大部分采用高程特征。机载 LiDAR 数据高程信息能够精确地表示地物的高度特征，有助于提高不同土地覆盖类型的可分度。基于机载 LiDAR 数据高程信息提取的特征包括最大值、最小值、方差和不同百分位数取值等，研究表明在不同树种类别的设置下，高程特征的引入能达到提高树种分类精度的目的（Dalponte et al.，2012）。

2）基于回波强度信息的特征提取

机载 LiDAR 系统不仅能获取每个激光脚点的高程信息，还能记录每个激光脚点对应的回波强度信息，即激光脉冲经地面目标的反射或散射后返回的脉冲信号强度。回波强度信息受很多因素的影响，包括物体表面介质材料、入射角和回波数等。回波能量的大小主要由地物表面的反射率决定，而地物表面的反射率受介质材料、介质表面的黑白程度、激光波长等的影响（刘经南和张小红，2005）。

回波强度信息反映的是地物目标对激光信号的响应特征，可用来表征自然表面状况。回波强度信息受激光入射角和反射介质特性等因素的影响，每次飞行时都需对激光强度进行标定。此外，在不同天气状况和航飞高度下，回波强度信息也会存在差异。虽然这些因素都对回波强度信息在地物识别中的应用产生一定限制，但是作为一种辅助信息对地物分类仍然十分重要（董保根，2013；管海燕等，2009；Song et al.，2002；Zhou et al.，2009）。表 6.23 列出了基于机载 LiDAR 数据高程信息和回波强度信息提取的特征。

表 6.23　基于机载 LiDAR 数据高程信息和回波强度信息提取的特征描述

高程特征	强度特征	描述
nDSM		正规化数字表面模型
mean	mean	像元内所有点值的平均值
mode	mode	像元内所有点值的众数值
SD	SD	像元内所有点值的标准差
variance	variance	像元内所有点值的方差
CV	CV	像元内所有点值的变异系数
skewness	skewness	像元内所有点值的偏度系数
	kurtosis	像元内所有点值的峰度系数
AAD	AAD	像元内所有点值的平均绝对误差
L-moments	L-moments	像元内所有点值的线性矩
L-moments skewness	L-moments skewness	像元内所有点值的线性矩的偏度系数
L-moment kurtosis	L-moment kurtosis	像元内所有点值的线性矩的峰度系数
	L-moment CV	像元内所有点值的线性矩的变异系数
MAD median		像元内所有点与总体中值绝对偏差的中值

高程特征	强度特征	描述
MAD mode		像元内所有点与总体众数绝对偏差的中值
canopy relief ratio		像元内所有点的树冠地形起伏比
quadratic mean		像元内所有点的均方根平均值
cubic mean		像元内所有点的立方根平均值
P01	P01	像元内所有点值的第 1 百分位数
P25	P25	像元内所有点值的第 25 百分位数
P50	P50	像元内所有点值的第 50 百分位数
P75	P75	像元内所有点值的第 75 百分位数
P95	P95	像元内所有点值的第 95 百分位数

3）基于多重回波信息的特征提取

机载 LiDAR 数据除了能够提供高程信息和回波强度信息，还提供了多重回波信息。由于激光脉冲的穿透性，当激光脉冲在垂直空间传播过程中遇到不同高度的障碍物时就会形成多次回波，机载 LiDAR 系统能够记录并获取每一次能量达到一定条件的回波信息。不同地物具有不同的回波次数和信息强度。在土地覆盖分类中，利用多重回波信息有助于有效识别建筑和道路等（Brennan and Webster，2006）。

机载 LiDAR 数据获取的多重回波信息主要包括回波数和回波信号。研究中主要利用回波数信息提取相应的多重回波特征。表 6.24 描述了基于机载 LiDAR 数据多重回波信息提取的特征。

表 6.24　基于机载 LiDAR 数据多重回波信息提取的特征描述

特征	描述
abovemean	像元内高于平均值高度的第一次回波与所有回波的比率
abovemode	像元内高于众数值高度的第一次回波与所有回波的比率
allabovemean	像元内高于平均值高度的回波数与所有回波的比率
allabovemode	像元内高于众数值高度的回波数与所有回波的比率
afabovemean	像元内高于平均值高度的回波数与所有第一次回波的比率
afabovemode	像元内高于众数值高度的回波数与所有第一次回波的比率

6.3.3　分类结果与分析

为了探讨不同特征和不同特征组合对土地覆盖分类精度的影响，设计了 7 种特征组合策略（表 6.25）。组合策略 1～3 是基于机载 LiDAR 数据提取的特征；组合策略 4 和 5 是基于多光谱遥感影像获取的光谱特征和空间特征；组合策略 6 和 7 是机载 LiDAR 数据和多光谱遥感影像特征的融合（Chen et al.，2018）。

表 6.25　试验中所用的不同特征集组合策略

组合策略	输入特征	特征维数
组合策略 1	高程特征	25
组合策略 2	高程特征和回波强度特征	44
组合策略 3	高程特征、回波强度特征和多重回波特征	50
组合策略 4	光谱特征	4
组合策略 5	光谱特征和空间特征	52
组合策略 6	高程特征、回波强度特征、多重回波特征和光谱特征	54
组合策略 7	高程特征、回波强度特征、多重回波特征、光谱特征和空间特征	102

在构建 7 种特征组合策略的基础上，采用随机森林对南京市中心城区进行土地覆盖分类，探讨不同特征组合对分类精度的影响，分析不同特征变量对总体精度和各地物精度的重要性程度，研究机载 LiDAR 数据和多光谱遥感影像对分类结果不确定性的影响。

1. 基于机载 LiDAR 数据的土地覆盖分类

图 6.26 显示了利用 7 种特征组合策略对研究区进行土地覆盖分类所获得的总体精度。由图 6.26 可知，单独利用基于机载 LiDAR 数据获取的高程特征进行分类时总体精度最低，为 86.15%（表 6.26 中的组合策略 1）。加入回波强度特征能够使总体精度增长到 90.59%，比仅使用高程特征得到的总体精度高 4.44%（表 6.26 中的组合策略 2）。McNemar 检验表明，回波强度特征的加入能显著提高总体精度。在组合策略 2 的基础上引入多重回波特征时，总体精度提升了 0.42%。虽然提升幅度较小，但 McNemar 检验表明组合策略 2 和组合策略 3 之间有显著性差别，表明多重回波特征的引入可以得到更好的分类结果。

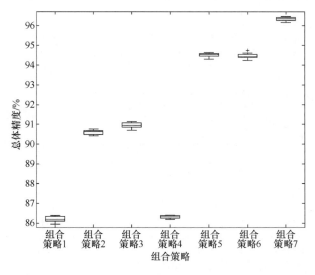

图 6.26　随机森林分类总体精度

表 6.26 显示了利用机载 LiDAR 数据对研究区进行土地覆盖分类得到的每种地物对

应的用户精度和制图精度（组合策略 1～3）。由表 6.26 可知，仅采用高程特征（组合策略 1）进行分类时，能够较好地区分建筑用地和水体，制图精度分别达到 95.46 和 97.63%，用户精度分别达到 87.05% 和 98.45%，而其他地物精度较低。

表 6.26　随机森林对 7 种组合策略试验得到的每个地物的用户精度和制图精度（单位：%）

类别	组合策略 1		组合策略 2		组合策略 3		组合策略 4		组合策略 5		组合策略 6		组合策略 7	
	制图精度	用户精度	制图精度	用户精度	制图精度	用户精度	制图精度	用户精度	制图精度	用户精度	制图精度	用户精度	制图精度	用户精度
裸土	61.29	63.78	70.77	75.62	70.10	74.61	78.17	76.84	91.05	92.01	83.87	88.25	92.00	93.82
建筑用地	95.46	87.05	96.47	89.51	96.56	90.56	90.28	83.61	95.99	92.50	97.73	93.14	98.16	95.08
耕地	74.74	77.31	86.32	86.22	86.27	85.65	73.14	69.87	92.08	93.11	90.83	91.47	94.25	95.32
草地	55.92	73.35	70.42	86.57	69.63	85.74	71.18	77.86	90.09	93.11	81.74	94.71	90.08	96.33
道路	58.01	60.03	70.77	79.83	70.47	79.76	27.22	53.39	69.42	86.98	76.52	87.46	81.87	93.82
水体	97.63	98.45	98.69	99.39	98.66	99.41	98.70	99.36	99.06	99.78	99.21	99.81	99.30	99.80
林地	71.80	84.47	81.15	88.31	84.12	88.72	90.71	88.93	96.40	94.35	92.48	93.79	95.81	95.14
总体精度	86.15±0.14		90.59±0.12		90.97±0.14		86.35±0.09		94.50±0.10		94.44±0.13		96.30±0.09	

相对于组合策略 1，组合策略 2 所有地物的精度均有不同程度的提升，裸土、耕地、草地、道路和林地的提升幅度较大。而当使用组合策略 3 进行分类时，虽然总体精度相对于组合策略 2 有所提升，但各地物的用户精度和制图精度变化相对较小。由表 6.27 可知，裸土主要被错分为建筑用地、林地和道路，林地被错分为建筑用地。

表 6.27　使用组合策略 3 进行分类得到的误差矩阵

项目	参考数据							合计	用户精度/%
	裸土	建筑用地	耕地	草地	道路	水体	林地		
裸土	1339	51	68	85	105	19	136	1803	74.27
建筑用地	187	14135	89	68	448	56	611	15594	90.64
耕地	88	35	1962	41	99	25	49	2299	85.34
草地	60	34	13	803	19	2	30	961	83.56
道路	86	139	70	45	1765	22	44	2171	81.30
水体	1	10	8	6	49	10511	11	10596	99.20
林地	104	231	56	88	64	9	4 623	5175	89.33
合计	1865	14635	2266	1136	2549	10644	5504	38599	
制图精度/%	71.80	96.58	86.58	70.69	69.24	98.75	83.99		91.03*

* 总体精度

图 6.27（a）～图 6.27（c）分别为采用组合策略 1～3 进行分类得到的分类结果图。由图可知，错分情况严重，大片的草地被错分为林地，道路被大量错分为建筑用地。由图 6.27（b）和图 6.27（c）可知，两者具有相似的分类效果，相对于图 6.27（a）有较大的提升，但仍有较多的错分情况，裸土、草地和道路的分类效果需要进一步提升。

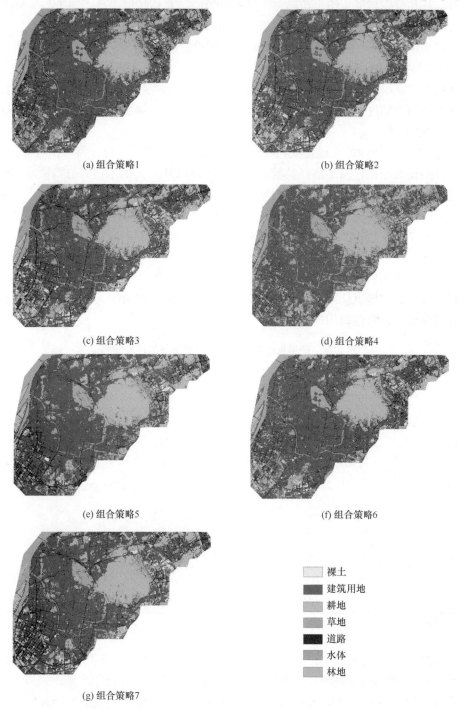

(a) 组合策略1　　　　　　　　　　　　(b) 组合策略2

(c) 组合策略3　　　　　　　　　　　　(d) 组合策略4

(e) 组合策略5　　　　　　　　　　　　(f) 组合策略6

(g) 组合策略7

裸土
建筑用地
耕地
草地
道路
水体
林地

图 6.27　随机森林分类结果图

2. 基于多光谱遥感影像的土地覆盖分类

通过探讨 SPOT-5 影像的光谱和空间特征对土地覆盖分类的影响可以得出,当仅利用光谱特征(组合策略 4)进行分类时,总体精度为 86.35%(图 6.26)。相比之下,融合光谱特征和空间特征(组合策略 5)进行分类时,总体精度提高了 8.15%。McNemar 检验表明,组合策略 5 的分类结果显著优于组合策略 4。

分析采用 SPOT-5 影像得到的每类地物的用户精度和制图精度(表 6.26 中组合策略 4 和组合策略 5)可以发现,当仅使用光谱特征(组合策略 4)进行分类时,建筑用地、水体和林地都获得了高于 90% 的制图精度和高于 80% 的用户精度,而对于其他地物而言,制图精度和用户精度都相对较低。尤其是对于道路而言,制图精度和用户精度分别仅为 27.22% 和 53.39%。

融合 SPOT-5 影像的光谱特征和空间特征(组合策略 5)进行分类时,与组合策略 4 获得的分类精度相比,除了已经被较好区分的水体以外,其他地物的制图精度和用户精度均有较大幅度的提升。其中,分类精度提升较为显著的地物有道路、耕地、草地和裸土,制图精度分别提高 42.20%、18.94%、18.91% 和 12.88%,用户精度分别提高 33.59%、23.24%、15.25 和 15.17%。,但对于道路而言制图精度仍然相对较低,仅为 69.42%。由表 6.28 可知,除了道路之外,其他地物已经被很好地区别开。相对于组合策略 4 得到的分类结果,建筑用地被错分为裸土和草地的像元数大量减少,草地被错分为耕地的像元数也相应减少,林地也能从草地、耕地中更好地区分开。此外,需要注意的是仍有相当一部分道路被错分为建筑用地。

表 6.28　使用组合策略 5 进行分类得到的误差矩阵

项目	参考数据							合计	用户精度/%
	裸土	建筑用地	耕地	草地	道路	水体	林地		
裸土	1731	76	6	3	25	0	11	1852	93.47
建筑用地	95	14012	73	42	684	78	125	15109	92.74
耕地	2	58	2069	15	21	4	22	2191	94.43
草地	7	21	25	1033	10	0	23	1119	92.31
道路	18	231	2	2	1783	7	3	2046	87.15
水体	1	25	0	0	3	10542	1	10572	99.72
林地	11	212	91	41	23	13	5319	5710	93.15
合计	1865	14635	2266	1136	2549	10644	5504	38599	
制图精度/%	92.82	95.74	91.31	90.93	69.95	99.04	96.64		94.53*

* 总体精度

图 6.27(d)和图 6.27(e)分别为采用组合策略 4 和 5 进行分类得到的分类结果图。图 6.27(d)中地物相对破碎,道路几乎没有被识别出来,错分现象严重,相当一部分裸土被错分为建筑用地。相对于图 6.27(d),图 6.27(e)的效果更佳,地物破碎度明显减小,分类结果较为平滑,但是仍有较多的道路被错分为建筑用地。

3. 融合机载 LiDAR 数据和多光谱遥感影像的土地覆盖分类

融合机载 LiDAR 数据和多光谱遥感影像能够获取 5 种不同的特征，即高程特征、回波强度特征、多重回波特征、光谱特征和空间特征。采用组合策略 6 和 7 评估机载 LiDAR 数据和 SPOT-5 遥感影像融合对分类结果的影响。从图 6.26 中可以看出，组合策略 6 能够有效区分不同的地物，总体精度达到 94.44%。当利用组合策略 7 对研究区进行土地覆盖分类时，总体精度达到最大值 96.30%。McNemar 检验表明，组合策略 6 和 7 获得的总体精度具有显著区别，相对组合策略 6 获得的分类结果而言，空间特征的引入能显著提高地物的识别能力。

根据融合机载 LiDAR 数据和 SPOT-5 影像进行土地覆盖分类得到的每种地物的用户和制图精度（表 6.25 中组合策略 6 和 7）可以得出，当采用组合策略 6 进行分类时，建筑用地、耕地、水体和林地的制图精度和用户精度均超过 90%。对于裸土、草地和道路而言，具有较高的用户精度，但制图精度相对较低。

当采用组合策略 7 进行分类时，除了水体以外，其他地物的制图精度和用户精度均有不同程度的提升。由表 6.29 可知，相对组合策略 6 得到的分类结果，道路被错分为裸土的像元数大量减少。虽然仍有一部分建筑用地被错分为道路，但相对其他组合策略得到的分类结果而言，被错分为道路的建筑用地像元数明显减少。

表 6.29　使用组合策略 7 进行分类得到的误差矩阵

项目	参考数据							合计	用户精度/%
	裸土	建筑用地	耕地	草地	道路	水体	林地		
裸土	1717	35	21	24	36	1	16	1850	92.81
建筑用地	95	14340	44	24	372	39	167	15081	95.09
耕地	3	13	2103	21	29	8	12	2189	96.07
草地	5	1	19	1026	8	0	7	1066	96.25
道路	30	92	2	1	2053	8	2	2188	93.83
水体	0	9	2	0	5	10574	0	10590	99.85
林地	15	145	75	40	46	14	5300	5635	94.06
合计	1865	14635	2266	1136	2549	10644	5504	38599	
制图精度/%	92.06	97.98	92.81	90.32	80.54	99.34	96.29		96.15*

* 总体精度

图 6.27（f）和图 6.27（g）分别为采用组合策略 6 和 7 进行分类得到的分类结果图，比较两个分类结果图可以看出，图 6.27（g）的分类效果更好，道路能够与其他地物较好地区分开，而且从图 6.27（g）的西南部可以发现，使用组合策略 7 得到的分类结果图中被错分为裸土的像元数明显减少。虽然研究区边缘地区由于混合像元的存在，仍然存在错分情况，但总体上来说采用组合策略 7 得到的分类结果图最佳。

6.3.4 特征变量重要性分析

除了评价不同组合策略对土地覆盖分类结果的影响外，还进一步剖析了每个特征变量对土地覆盖分类总体精度和各地物类别精度的贡献。通过融合机载 LiDAR 数据和 SPOT-5 影像，每个像元都对应 102 个特征变量（表 6.24 中组合策略 7）。

运用随机森林分析不同特征变量对土地覆盖分类总体精度的重要性（图 6.28），相对于回波强度特征和多重回波特征，高程特征、光谱特征和空间特征对研究区土地覆盖分类总体精度的影响较大。其中，nDSM 对南京市中心城区土地覆盖分类的影响最大。对所有特征变量的重要性按从高到低进行排序，前 10 个特征变量包含高程特征中的 nDSM、variance、SD、L-moment CV，SPOT-5 影像的近红外波段以及 4 个形态学属性剖面空间特征。

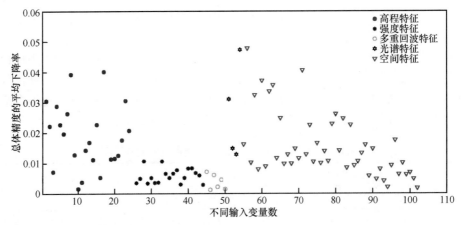

图 6.28   不同特征对土地覆盖分类总体精度的重要性

采用后退剔除法逐步剔除重要性最低的变量，探讨总体精度的变化趋势。由图 6.29 可知，当按照特征变量的重要性从低到高一次剔除前 92 个特征变量时，分类的总体精度有轻微下降趋势。然而，当剩下的 10 个特征变量依次剔除时，总体精度出现明显下降，尤其是当倒数第三个特征变量剔除时，总体精度下降了 10%。

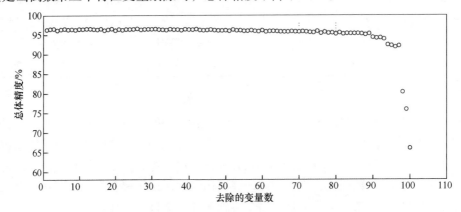

图 6.29   依次剔除重要性最小的变量得到的总体精度

6.3.5 土地覆盖分类结果不确定性分析

分类不确定性评价充分考虑分类器性能的空间变异，给出每个像元或对象最终所属类别不确定的局部和定量化指标，是误差矩阵及相应统计量的有利补充。

为了评估不确定性值与验证集的分类精度关系，探究不确定性值的大小是否与错误分类像元的比例相关，统计了验证集中在不同信息熵取值区间正确分类和错误分类像元对应的频率分布（图 6.30）。由图 6.30（a）可知，对于正确分类像元而言，大部分像元获得了较低的信息熵值（<0.3），表明大多数正确分类像元具有较低的分类不确定性值，也就是对最终的分类结果没有显著影响。在不同的组合策略下，正确分类像元对应的信息熵值在[0,0.1]的差异值最大，组合策略 5~7 中正确分类像元的比例明显大于组合策略 1~4 中正确分类像元的比例，其中，组合策略 7 中正确分类像元的比例取得最大值。对信息熵值在[0.1,1]，不同组合策略中正确分类像元的比例没有表现出较大的差异。由图 6.30（b）可知，大部分错误分类像元的信息熵取值在[0.3,0.9]，只有极少数错误分类

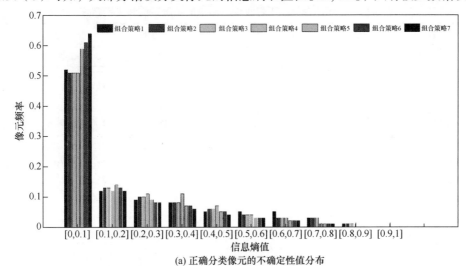

(a) 正确分类像元的不确定性值分布

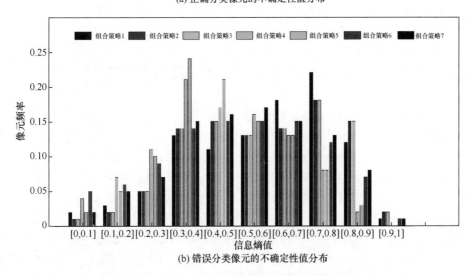

(b) 错误分类像元的不确定性值分布

图 6.30 不同信息熵取值区间内正确分类和错误分类的像元频率分布图

像元的信息熵值小于 0.1，这意味着在相同信息熵取值区间，不同组合策略中错误分类像元的比例存在较大差异，没有一致性的规律。

通过探究不同信息熵取值区间正确分类和错误分类像元对应的频率分布可以发现，正确分类像元通常具有较低的信息熵值，即不确定性值较低，反之亦然。采用组合策略 7 正确分类像元位于低信息熵值区域的比例最高，说明正确分类像元被错分的概率较小。

为了评估土地覆盖分类结果整体的不确定性，统计计算不同组合策略下每个地物类别对应的不确定性值和类别精度（表 6.30）。由表 6.30 可知，同一地物类别的不确定性值在不同组合策略下表现出很大的差异，不同的地物类别（除去水体）在组合策略 1 下均获得较高的不确定性值。对于水体而言，在 7 种组合策略下不确定性的取值相同，都为 0.00；从不同组合策略下裸土的不确定性值可以看出，在组合策略 1 下获得最高的不确定性值 0.62，而在组合策略 5 下获得最小值 0.23；建筑用地、耕地、道路均在组合策略 7 下分类不确定性值达到最低;草地和林地在组合策略 5 下分类不确定值获得最小值。

表 6.30　不同组合策略下每种地物对应的不确定值和类别精度

组合策略	裸土		建筑用地		耕地		草地		道路		水体		林地	
	H	CA/%	H	CA/%	H	CA/%	H	CA/%	H	CA/%	H	CA/%	H	CA/%
组合策略 1	0.62	63	0.17	96	0.45	75	0.60	54	0.64	57	0.00	98	0.27	72
组合策略 2	0.58	71	0.17	97	0.33	88	0.52	67	0.46	72	0.00	99	0.26	80
组合策略 3	0.59	70	0.15	97	0.35	88	0.52	66	0.46	71	0.00	99	0.24	84
组合策略 4	0.41	77	0.23	90	0.49	76	0.35	71	0.38	26	0.00	99	0.11	91
组合策略 5	0.23	91	0.13	96	0.19	92	0.28	92	0.33	69	0.00	99	0.03	97
组合策略 6	0.47	84	0.12	98	0.27	91	0.47	80	0.41	78	0.00	99	0.17	92
组合策略 7	0.29	91	0.08	98	0.15	95	0.29	91	0.30	83	0.00	99	0.07	96

注：H 为单个地物类别分类不确定性值的中值；CA 为单个地物类别精度

从表 6.30 提供的类别精度与不确定性值之间的对应关系可以发现，在不同组合策略下，所有地物的不确定性值越低往往类别精度越高，但是也存在一些异常情况。例如，道路在组合策略 4 和 6 下取得了相近的不确定性值，但是在组合策略 6 下道路的类别精度为 78%，而在组合策略 4 下道路的类别精度仅为 26%。这意味着尽管一些像元被错分为道路，但是在分类过程中对最终的分类结果没有显著影响。

图 6.31 直观地显示了 7 种组合策略下分类结果的不确定性值分布图。由图 6.31 可知，虽然不同组合策略下分类结果的不确定性值分布具有明显区别,但是也有一些相似之处。例如，在所有不确定性值分布图的东部和西南部不确定性值普遍偏高，其主要原因在于这两个地区位于城市边缘地区，存在混合像元。相对于其他组合策略下分类结果的不确

定性而言，组合策略 5 和 7 得到的分类结果的不确定性值偏低。从组合策略 5 得到的分类结果的不确定性值分布图可以看出，在秦淮河以东地区获得了较低的不确定性值，组合策略 7 分类结果的不确定值在秦淮河以北地区相对较低。

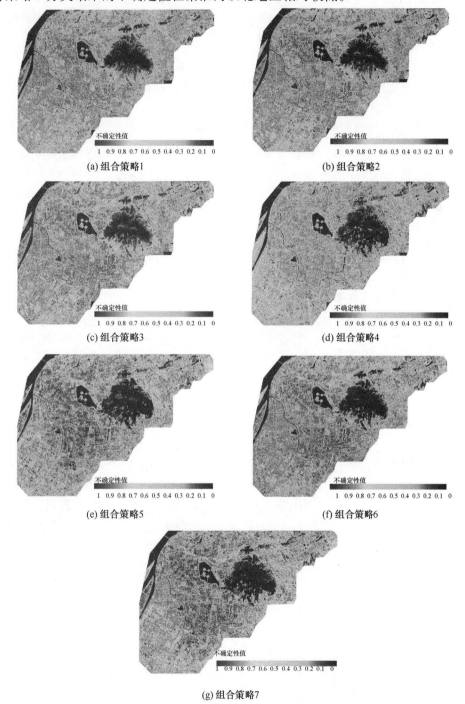

图 6.31　随机森林分类结果的不确定性值分布图（彩图附后）

综上所述，特征集融合能减少地物分类过程中的不确定性，但没有一个唯一的特征组合策略能使所有地物类别都获得最低的分类不确定性值。单独使用机载 LiDAR 数据（组合策略 1～3）进行土地覆盖分类时，地物类别的不确定性值往往较高。当融合所有特征（组合策略 7）进行土地覆盖分类时，多数地物类别能够获得相对较低的不确定性值。因此，融合光学影像和 Li DAR 数据、采用随机森林集成分类器是一种有效的策略。

6.4　基于多差异影像集成的变化检测

在利用多时相遥感影像进行非监督变化检测时，有效获取前后时相影像间的差异信息，确定阈值从而区分出感兴趣的变化信息是关系检测结果可靠性的关键。国内外学者针对影像分析已提出一系列自动阈值确定算法（Bruzzone and Prieto，2000；陈晋等，2001；Fung and LeDrew，1988；李亚平等，2008；魏立飞等，2010），阈值确定的自动化程度、准确性和适应性得到有效提高。光谱变化差异影像（spectral change difference image，SCD Image）作为承载潜在变化信息的主要载体，是从原始影像中和快速获取变化信息的基础。围绕其展开的方法研究和应用一直以来也是遥感影像变化检测研究中的重点和热点，如利用原始光谱差值（Sohl，1999）、主成分差值（Fung and LeDrew，1987）、像素比值（唐朴谦等，2010）等单差异影像的变化检测研究；采用融合差值和比值影像构造乘积融合差异影像的变化检测，以有效利用两种单一差异影像的优势（魏立飞等，2010；马国锐等，2006；王桂婷等，2009）。虽然这些基于差异影像的变化检测方法在不同的研究和应用中显示了各自的优越性，但方法的稳健性和实用性还不够强。同时，不同的差异影像代表的含义不同，具有的波段数不同，所包含的变化信息量大小不一，选用单一差异影像进行变化检测容易造成漏检和虚检误差的产生。此外，不同的数据和研究区域适用性不一，没有一种普遍适用于绝大多数情况的差异影像，难以最大限度地获得高精度的变化检测结果。

针对以上问题，本节将集成学习技术应用于差异影像的变化检测，着重研究基于光谱变化差异影像的融合模型及其在变化检测过程中的贡献。通过融合不同类型和不同特点的光谱变化差异影像，充分利用单一差异影像的特点和表征变化信息的潜力，最大限度地综合不同差异影像的优势信息，从而避免单一差异影像检测产生的不确定性和限制。在具体实现中，设计和构建特征级和决策级两种融合层次的差异影像数据集，选用非监督的自动阈值确定算法进行土地覆盖变化检测试验，并对比单一差异影像检测结果，以探求该方法的可行性与适用性。

6.4.1　多差异影像构建

选择 5 种具有代表性的光谱变化差异影像构造差异影像数据集，分别运用特征级和决策级数据融合技术进行试验，将检测结果与单一差异影像检测结果进行对比，试验设计方法的可行性与有效性。

假设 T_1 和 T_2 分别表示影像获取的前一时相和后一时相，N 为多波段影像的波段数，$X_{T_1}^i$ 和 $X_{T_2}^i$ 分别代表前后时相影像第 i 个波段的像元光谱值，下面介绍 5 种光谱变化差异影像生成算法。

（1）简单差值（simple differencing）差异影像：

$$Y_{SD}^i = \left| X_{T_2}^i - X_{T_1}^i \right|, \qquad i = 1, 2, \cdots, N \tag{6.9}$$

简单差值差异影像是最直接和原始地反映不同时相影像间光谱变化的指标影像，其运算结果为多波段的差值影像，不同类型的变化信息分别在对应的不同波段上反映出来（Gong，1993）。

（2）简单比值（simple ratioing）差异影像：

$$Y_{SR}^i = \left| \frac{X_{T_2}^i}{X_{T_1}^i} - 1 \right|, \qquad i = 1, 2, \cdots, N \tag{6.10}$$

与简单差值差异影像一样，简单比值差异影像也是反映原始光谱变化信息的多波段指标影像。从理论上来说，直接比值越接近 1 不变化概率越大，越偏离 1 变化概率越大。按式（6.10）改进后，将不变化部分趋近于 0 值，反之亦然。该方法的主要优点在于通过除法运算消除一些由太阳高度角、阴影和地形引起的乘性误差，在一定程度上提高检测精度。

（3）绝对值距离（absolute distance）差异影像：

$$Y_{AD} = \sum_{i=1}^{N} \left| X_{T_2}^i - X_{T_1}^i \right|, \qquad i = 1, 2, \cdots, N \tag{6.11}$$

绝对值距离差异影像将发生在多波段差值影像上不同的变化信息，通过简单加法运算集成到单波段的影像上，从而构造更加易于提取两类信息（变化和不变化）的差异影像。当然，在简单叠加过程中可能会导致检测误差的累积和放大。

（4）欧氏距离（Euclidian distance）差异影像：

$$Y_{ED} = \sqrt{\sum_{i=1}^{N} \left(X_{T_2}^i - X_{T_1}^i \right)^2}, \qquad i = 1, 2, \cdots, N \tag{6.12}$$

欧氏距离差异影像是简单差异影像的一个推广和深化，通过不同时相影像上对应光谱值的矢量对来反映变化信息，最终得到的是一幅变化矢量的强度图，强度越大表明像素光谱值的差异越大（Lambin and Strahler，1994）。

（5）卡方变换（Chi square transformation）差异影像：

$$Y_{CST} = \sum_{i=1}^{N} \left(\frac{X_{T_2}^i - X_{T_1}^i}{\sigma_i^{\text{diff}}} \right)^2, \qquad i = 1, 2, \cdots, N \tag{6.13}$$

式中，σ_i^{diff} 为两时相差值影像第 i 个波段标准方差的值。卡方变换建立在每个波段差值影像都服从正态分布的基础上，结果满足 N 维自由度的卡方随机变量分布（D'Addabbo et al.，2004）。卡方变换根据差值影像每个波段的方差，综合考虑了不同波段的权重值，使得最终构造的单波段差异影像更加客观和完整。通常在最后使用时，为求数值上的统一和简化，利用其开方结果 Y_{CST} 作为最终的差异影像。

6.4.2 多差异影像集成策略

在单一差异影像信息表征和检测结果的基础上，使用遥感多分类器系统获得更好的检测效果，可以有效集成不同差异影像的特点，降低漏检率和误检率，提高整体检测精度。图 6.32 为基于多差异影像融合变化检测算法流程图。

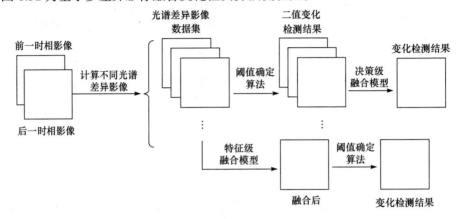

图 6.32　基于多差异影像融合变化检测算法流程图

在此，使用的基于多差异影像变化检测的两种新融合模型为特征级融合模型和决策级融合模型。

（1）特征级融合模型：将构造的多个差异影像进行归一化后，运用模糊集（fuzzy set，FS）理论（Gong，1993）对多个特征进行不确定性判断，并根据构造的融合规则进行特征融合，以减少多个特征间的不一致性，获得多个特征对于变化信息的优势表达。算法的简要过程描述如表 6.31 所示。

表 6.31　特征级融合变化检测方法

输入：原始 T_1 和 T_2 遥感影像数据
输出：变化检测图 F
步骤 1：由原始多时相影像构造多差异影像数据集 Q_i（$i=1, 2, \cdots, n$）
步骤 2：构建多维差异数据集 V_i^D
步骤 3：对每一维 V_i^D 寻找最优分割阈值 T_i
步骤 4：根据模糊成员函数，对每个维度中单一像素计算 H_c（变化测度）和 H_u（不变化测度）
步骤 5：对每个维度的结果应用模糊权重融合得到最终的测度 H_c' 和 H_u'
步骤 6：提取变化和不变化二值信息

其中，算法选用 Sigmoid 模糊函数，以获得变化（H_c）和不变化（H_u）两类模糊度表达，并最终赋予像元变化特征概率属性，用于判断像元变化归属：

$$H_c(x_i) = \begin{cases} 0, & x_i \leqslant a_i \\ \dfrac{1}{2} \times \left\{ \dfrac{x_i - a_i}{b_i - a_i} \right\}^2, & a_i \leqslant x_i \leqslant b_i \\ 1 - \dfrac{1}{2} \times \left\{ \dfrac{x_i - c_i}{b_i - c_i} \right\}^2, & b_i \leqslant x_i \leqslant c_i \\ 1, & x_i \geqslant c_i \end{cases} \qquad (6.14)$$

$$H_u(x_i) = 1 - H_c(x_i) \qquad (6.15)$$

式中，x_i 是多差异影像 V_i^{D} 上的第 i 个波段；系数 a_i=0.8T_i，c_i=T_i，$b_i = \dfrac{a_i + c_i}{2}$，且 $H_c(b_i)$=0.5；T_i 是利用改进的 Kittler-Illingworth（KI）分割算法估计出的阈值（Bazi et al., 2005）。

最终的模糊度 $H_c'(x_i)$ 和 $H_u'(x_i)$ 可根据式（6.16）计算获得，其中，权值 $\omega_i = \dfrac{1}{N}$。最终的变化检测图可根据变化和不变化两者的最终模糊度大小进行判定获得。

$$\begin{cases} H_c'(x_i) = \sum_{i=1}^{N} \omega_i \times H_c(x_i) \\ H_u'(x_i) = \sum_{i=1}^{N} \omega_i \times H_u(x_i) \end{cases} \qquad (6.16)$$

$$F = \arg \underset{t \in \{c, u\}}{\mathrm{Max}}(H_t') \qquad (6.17)$$

（2）决策级融合模型：综合单一差异影像对于变化信息的表达，直接融合变化检测结果以改进与完善检测结果。算法的简要过程描述如表 6.32 所示，其中决策级融合算法可选用多数投票法（majority voting，MV）（柏延臣和王劲峰，2005）、D-S 证据理论（Le Hegarat-Mascle and Seltz，2004；Le Hegarat-Mascle et al.，2006）和模糊积分（fuzzy integral，FI）法（Fauvel et al.，2006；Nemmour and Chibani，2006）。

表 6.32 决策级融合变化检测方法

输入：原始 T_1 和 T_2 遥感影像数据
输出：变化检测图 F
步骤 1：由原始多时相影像构造多差异影像数据集 Q_i（i=1, 2, …, n）
步骤 2：利用自动阈值确定法对单一差异影像数据获得变化检测结果 s_i（CM）
步骤 3：选择特定的决策级融合模型集成多个 s_i（CM）
步骤 4：根据融合规则获得最终变化检测图 F

多数投票法是一种基本的决策级融合方法，用于集成多个变化检测算子输出的结果。多数投票法的原理是通过一定的融合准则，如简单多数投票和加权投票等，对多个决策输出进行综合考量。在此选用简单多数投票准则融合多差异数据集上的检测结果，根据多个输出中像元变与不变的标签判断获得最终变化图。

D-S 证据理论是传统贝叶斯理论的重要拓展，可通过从概率分配函数（m）中得到的似然函数和信任函数，对不精确性和不确定性进行表达和处理。辨别框架为 Θ，2^Θ 是 Θ 的子集。在变化检测问题中，$\Theta = \{C, \bar{C}\}$，C 代表变化，$\bar{C}$ 代表不变化。对于 2^Θ 中任一假设 A，$m(A) \in [0,1]$ 并且

$$\begin{cases} m(\varnothing) = 0 \\ \sum_{A \subseteq 2^\Theta} m(A) = 1 \end{cases} \tag{6.18}$$

$$\text{Bel}(B) = \sum_{A \subseteq B} m(A) \tag{6.19}$$

式中，$\varnothing$ 是空集；A 和 B 是 Θ 中的多个元素或者所有元素，表示是 Θ 的非空子集，并且 $A \subseteq B$。Bel（·）是信任函数，将 $[0,1]$ 的一个值赋予 Θ 中的每一个非空子集。

通过对不同源证据（单一变化检测输出结果）的正交和，计算出新的证据：

$$m(F) = m_1 \oplus m_2 \oplus \cdots \oplus m_n (F) = \frac{1}{1-k} \sum_{X_1 \cap \cdots \cap X_n = F} \prod_{i=1}^{n} m_i(X_i) \tag{6.20}$$

$$k = \sum_{X_1 \cap \cdots \cap X_n = \varnothing} \prod_{i=1}^{n} m_i(X_i) \tag{6.21}$$

式中，$m_1, m_2, \cdots, m_n$ 是独立的概率分配函数，且 $m_i = p_i$，p_i 是 V_i^{D} 上第 i 个波段的类别精度。对于变化类别来说，p 为检测的变化像元数与实际的变化像元数的比值。对于不变化类别来说，p 为检测的不变化像元数与实际的不变化像元数的比值。$m(F)$ 为计算出的两类的新证据值。N 为源证据的数量，X_i 为第 i 个值。k 为不同证据之间的冲突程度。当 $k=1$ 时，正交和不存在，表示两个证据完全冲突。

当 D-S 证据合并完成后，最终的证据根据较大的证据值进行判定：

$$E(x) = \begin{cases} 1, & m(F_c) > m(F_u) \\ 0, & \text{其他} \end{cases} \tag{6.22}$$

式中，"1" 代表变化；"0" 代表不变化。

模糊积分法通过一种模糊度量手段对多个处理的结果进行有效评估。函数 g 定义在一个有限空间 $S = \{s_1, s_2, \cdots, s_n\}$ 中：$2^S \to [0,1]$，且具有以下特点：① $g(\varnothing) = 0$；② $g(S) = 1$；③ $g(s_i) \leqslant g(s_j)$，如果 $s_i \subset s_j$。

一种主流的模糊积分法——Sugeno 积分利用模糊度量 g_λ，根据参数 λ 来衡量两个因子之间的交互程度（Sugeno，1977）。

$$g(s_i \cup s_j) = g(s_i) + g(s_j) + \lambda g(s_i) g(s_j) \tag{6.23}$$

对于二值变化检测问题，第 i 个光谱变化差异数据集上生成的变化图 s_i（CM）需要进行集成，通过模糊测度 $g_t(s_i)$ 描述对类别 t 的度量，$t \in \{c, u\}$ 表示变化与不变化。$h_t(s_i)$ 代表类别 t 中第 i 个检测结果 s_i 的检测精度。模糊度量 g 可通过以下公式构造：

$$g_t(s_i) = \frac{h_t(s_i)}{\text{sum}_t} d_t \tag{6.24}$$

$$\text{sum}_t = \sum_{i=1}^{n} h_t(s_i) \tag{6.25}$$

式中，sum_t 是所有变化图中第 t 类精度之和；d_t 代表从单一光谱变化差异检测器中估计的第 t 类模糊密度之和。在此估计每一类都具有相同的模糊密度和，所以 $d_t = \dfrac{\sum\limits_{i=1}^{n} h_t(s_i)}{\text{total\_}t}$，

$\text{total\_}t = 2$。

当 $h_t(s_1) \geqslant \cdots \geqslant h_t(s_n) \geqslant 0$ 时，模糊度量可通过一个新的序列元素 $A_i = \{s_1, s_2, \cdots, s_i\}$ 进行重构，并且 $A_i = A_{i-1} \bigcup s_i$：

$$g_t(A_1) = g_t(s_1) \tag{6.26}$$

$$g_t(A_i) = g_t(A_{i-1}) + g_t(s_i) + \lambda g_t(A_{i-1}) g_t(s_i) \tag{6.27}$$

式中，λ 可由如下公式获得：

$$\lambda + 1 = \prod_{i=1}^{n} [1 + \lambda g_t(s_i)] \tag{6.28}$$

并且 $\lambda \in [-1, \cdots, +\infty]$，$\lambda \neq 0$ 是 $n-1$ 次方程唯一的根。

最终的决策可通过最大化模糊积分规则[式（6.29）]进行计算，最终结果由式（6.30）得到：

$$\text{FI}_t = \mathop{\text{Max}}_{i=1}^{n} \big[\text{Min}(h_t(s_i), g_t(A_i)) \big] \tag{6.29}$$

$$F = \arg \mathop{\text{Max}}_{t \in \{c, u\}} (\text{FI}_t) \tag{6.30}$$

6.4.3　基于多差异影像集成的变化检测应用

1. 应用实例 A：上海市 CBERS 数据集

本试验使用 CBERS 影像的多光谱数据，空间分辨率为 19.5m，数据获取时间分别为 2005 年 3 月 7 日和 2009 年 5 月 7 日。使用的数据均经过初步的辐射校正与几何校正，通过影像对影像模式进行几何精校正，最后匹配精度误差控制在 0.5 个像素之内。在影像上裁取 2920 像素×2720 像素的区域，主要包括上海市市区、长兴岛、崇明岛。经实地勘察，研究区在 2005~2009 年的土地覆盖变化主要集中在城市建设用地和植被，以及沿海滩涂和水体等。图 6.33（a）和图 6.33（b）为研究区 2005 年和 2009 年 CBERS 多光谱影像 432 波段的假彩色合成影像。其中，选取研究时段内上海市城市化进程中 4 个主要的土地覆盖变化集中区域进行局部分析，如图 6.33（c）中矩形框范围，区域 A 为上海浦东国际机场，B 为 2010 年上海世界博览会园区，C 为江南造船厂区，D 为上海虹桥国际机场。

图 6.34 为两种不同层次融合策略变化检测方法对 2005~2009 年上海市城市变化检测结果的局部放大图，研究时段内土地覆盖的集中区域为第 1~4 行的上海浦东国际机场、上海世界博览会园区、江南造船厂区和上海虹桥国际机场。从图 6.33 和图 6.34 的整体和局部检测结果来看：①两种融合策略的变化检测方法都有效检测到了实地绝大部分的土地覆盖变化集中区域，检测区域完整，变化目标突出；②从整体的变化检测结果来

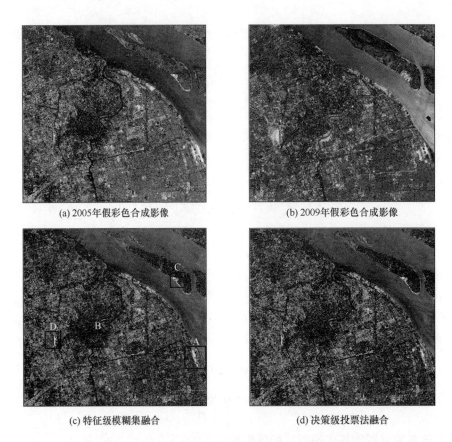

(a) 2005年假彩色合成影像　　　　　　　　(b) 2009年假彩色合成影像

(c) 特征级模糊集融合　　　　　　　　　　(d) 决策级投票法融合

图 6.33　研究区假彩色合成影像及变化检测结果图

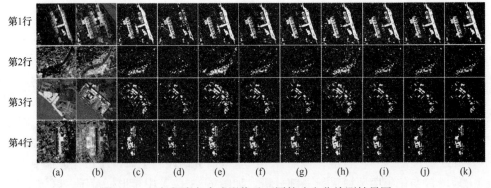

图 6.34　局部假彩色合成影像及不同策略变化检测结果图

（a）研究区 2005 年假彩色合成影像；（b）研究区 2009 年假彩色合成影像；（c）简单差值特征检测；（d）简单比值特征检测；（e）绝对值距离检测；（f）欧氏距离检测；（g）卡方变换检测；（h）特征级模糊集融合；（i）决策级多数投票融合；（j）决策级证据理论融合；（k）决策级模糊积分融合

看，在研究时段内，伴随着上海市城市化进程主要土地覆盖类型变化明显，主要集中于大型工程建设项目（国际机场等）和园区的开发建设（世界博览园区、造船厂区等）；③从局部检测结果来看，主要变化区域和变化目标都得到有效检测，很好地突出了变化位置和范围，虽然还存在一定的细小区域虚检变化（特征级融合检测结果），但在以减少漏检误差为驱动的城市扩展监测应用中还是具有较大的作用。

表 6.33 精度及误差指标（CBERS 影像）

融合层次	融合策略	总体精度/%	Kappa 系数	漏检率/%	虚检率/%
单一差异影像	Y_{SD}	87.04	0.7353	23.34	6.01
	Y_{SR}	86.74	0.7292	23.71	6.36
	Y_{AD}	88.35	0.7617	22.84	3.19
	Y_{ED}	88.68	0.7704	16.82	8.63
	Y_{CST}	88.96	0.7751	19.74	5.10
特征级融合	FS	91.43	0.8268	11.39	7.61
决策级融合	MV	90.74	0.8014	19.30	4.76
	D-S	90.71	0.8010	19.82	4.06
	FI	91.04	0.8075	19.26	3.96

表 6.34 多源检测结果统计差异性测度（CBERS 影像）（z 检验）

项目	Y_{SD}	Y_{SR}	Y_{AD}	Y_{ED}	Y_{CST}	FS	MV	D-S	FI
Y_{SD}									
Y_{SR}	0.3497								
Y_{AD}	1.5238	1.8068							
Y_{ED}	2.0516	2.3173	0.4925						
Y_{CST}	2.3219	2.5771	0.7572	0.2688					
FS	5.4320	5.5691	3.7395	3.2804	3.0014				
MV	3.8275	4.0258	2.2278	1.7604	1.4908	1.4637			
D-S	3.8030	4.0022	2.2046	1.7371	1.8362	1.4862	0.0225		
FI	4.1798	4.3651	2.5696	2.1064	1.8362	1.1119	0.3433	0.3657	

由表 6.33 和表 6.34 的精度统计和差异性测度统计检验可以看出：

（1）从多源检测结果的统计差异性测度可以看出，不同差异影像及融合结果之间的差异性明显，可以作为融合处理和分析的依据。通过不同差异影像的结合，可使不同差异影像上变化信息表达的完整性和互补性得到进一步提高。

（2）不同单一差异影像对同一变化地物的检测表现各异，还存在较大差别，如检测到不同变化地物的结构、形状和完整程度。这点从差异性测度中得到了很好的反映。通过特征级和决策级两种融合技术，综合了单一差异影像对变化特征的表征能力和各自所承载的变化信息量，最大限度地对单一差异影像的检测结果进行优势互补。融合后，变化检测的总体精度和 Kappa 系数均得到提升。

（3）从两种级别的融合结果来看，特征级融合从数据原始的变化信息入手，可以有效减少在单一差异影像检测中的漏检变化，其漏检率最低（仅 11.39%）；决策级融合通过集成单一差异影像检测到的变化信息和特征，在保留主要变化的同时，有效抑制漏检误差和虚检误差，将整体误差控制在较低水平，特别是虚检率，除 Y_{AD} 外，较融合前其他单一差异影像明显减少。因此，两种信息融合技术在变化检测中各具优势，在具体使用时可针对不同应用，选择合适的融合方法，抑制虚检，降低漏检，从而提高整体的变化检测精度。

（4）在单一差异影像的检测结果中，卡方变换差异影像（Y_{CST}）具有最高的检测精度，欧氏距离（Y_{ED}）和绝对值距离（Y_{AD}）居次，说明经过距离及权重像素运算后，这几种差异影像都有效集成了多个波段上的变化特征与变化信息，在单一差异影像的变化检测中具有较好的效果。

2. 应用实例 B：徐州市 HJ 小卫星数据集

试验使用环境与灾害监测预报小卫星 HJ-1A/B 多光谱影像，包括可见光 RGB 三波段及近红外波段，获取时相分别为 2009 年 4 月 30 日（HJ-1B CCD1）和 2011 年 4 月 19 日（HJ-1A CCD2）。使用的数据均经过预处理，通过影像对影像模式进行几何精校正，匹配精度误差控制在 0.5 个像素之内。在影像上裁取 1000 像素×1000 像素的区域，主要包括徐州市市区。研究区在 2009～2011 年的土地覆盖变化主要集中在城市新增建设用地和植被等。图 6.35 为研究区两时相 HJ 多光谱影像 432 波段的假彩色合成影像。

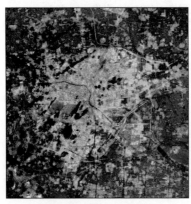 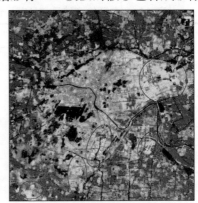

(a) 2009年假彩色合成影像　　　　　　　(b) 2011年假彩色合成影像

图 6.35　研究区位置及 HJ-1A/B 假彩色合成影像

两种融合策略的变化检测结果如图 6.36 所示，其中第 1 行分别为特征级和决策级融合策略的整体检测结果，研究区在 2009～2011 年城市化扩展的主要区域在图中用矩形框标出，第 2～4 行分别为徐州经济技术开发区、徐州市新城区和徐州市铜山新区 3 个变化显著的局部区域及变化检测结果。根据实地勘察和人工解译分析，选取影像上一组变化（851 个像素）和不变化（1536 个像素）的样本作为测试样本，以此计算误差矩阵得到精度指标，如表 6.35 和表 6.36 所示。

第1行

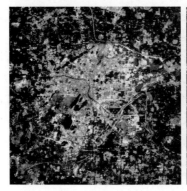 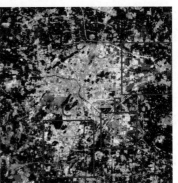

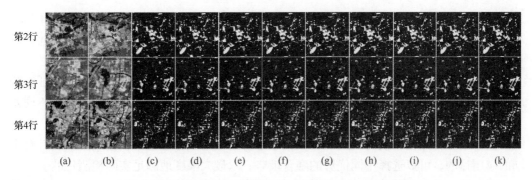

第2行

第3行

第4行

(a)　(b)　(c)　(d)　(e)　(f)　(g)　(h)　(i)　(j)　(k)

图 6.36　假彩色合成影像和两种融合策略变化检测结果图

（a）研究区 2009 年假彩色合成影像；（b）研究区 2011 年假彩色合成影像；（c）简单差值特征检测；（d）简单比值特征检测；（e）绝对值距离检测；（f）欧氏距离检测；（g）卡方变换检测；（h）特征级模糊集融合；（i）决策级多数投票融合；（j）决策级证据理论融合；（k）决策级模糊积分融合

表 6.35　多源检测结果统计差异性测度（HJ-1A/B 影像）（z 检验）

项目	Y_{SD}	Y_{SR}	Y_{AD}	Y_{ED}	Y_{CST}	FS	MV	D-S	FI
Y_{SD}									
Y_{SR}	−0.1879								
Y_{AD}	2.0973	2.2298							
Y_{ED}	0.7233	0.8915	−1.3714						
Y_{CST}	3.9917	4.0773	1.8497	3.2477					
FS	6.2429	6.2712	4.0350	5.4727	2.1757				
MV	5.6624	5.7062	3.4866	4.9043	1.6419	−0.5192			
DS	5.9307	5.9682	3.7559	5.1727	1.9172	−0.2354	0.2799		
FI	6.4698	6.4935	4.2783	5.7052	2.4366	0.2832	0.7952	0.5132	

表 6.36　精度与误差指标（HJ-1A/B 影像）

融合层次	融合策略	总体精度/%	Kappa 系数	漏检率/%	虚检率/%
单一差异影像	Y_{SD}	87.32	0.7265	18.11	16.61
	Y_{SR}	86.70	0.7233	10.17	22.42
	Y_{AD}	88.96	0.7620	15.78	14.42
	Y_{ED}	87.99	0.7386	19.28	14.19
	Y_{CST}	90.52	0.7938	15.78	10.57
特征级融合	FS	92.12	0.8307	7.99	13.29
决策级融合	MV	91.91	0.8219	13.75	9.38
	D-S	92.11	0.8267	13.16	9.33
	FI	92.58	0.8355	13.51	8.91

从图 6.36 和表 6.35、表 6.36 的结果可以看出：

（1）从统计的单一差异影像和融合结果的差异性来看，显著性十分明显。从整体检测结果来看，两种差异影像融合的变化检测算法都有效检测到了实地绝大部分的变化信息，该方法模型可以有效用于大范围城市扩展监测。研究区徐州市在 2009～2011 年的城市扩展方向主要为东部的经济技术开发区、东南部的新城区和南部的铜山新区。建设用地是影像上最为明显的变化类型，也是城市扩展导致的主要土地覆盖变化。

（2）从检测精度和误差来看，单一差异影像结果之间存在不一致性。经过特征级和决策级融合后，都获得了较单一差异影像更高的总体精度。说明经过融合过程，不同差异影像表征变化信息的能力得到综合，进一步完善了检测结果，降低了总体误差。特征级的模糊集融合漏检率仅为 7.99%，决策级融合的模糊积分虚检率仅为 8.91%，针对不同的应用目的，可以选择不同优势的融合策略，以最大限度地满足实际检测目的。

（3）单一差异影像中，卡方变换后差异影像获得的总体精度最高（90.52%），绝对值距离（88.96%）和欧氏距离（87.99%）居次。在选用单一差异影像进行变化检测时，不可避免地存在主观性和片面性，因此融合不同单一差异影像的优势特点进行变化检测将成为一个重要的研究方向。

6.5　本　章　小　结

本章以遥感多分类器集成理论与方法为基础，探讨了多分类器集成在全极化 SAR 影像分类、光学与 SAR 影像融合分类、光学影像与 LiDAR 数据分类、多时相遥感影像变化检测中的应用，通过不同数据源、不同区域的应用实例，从数据、特征、分类器等不同视角分析评价了遥感多分类器集成的优势和应用效果。对不同试验的深入分析表明，在遥感影像分类、变化检测等常见工作中，由于难以发现效果最好的单一方法，通过集成学习理论和分类器集成方法，能有效地利用样本、特征、分类器之间的互补优势，提高分类精度和稳定性，充分说明遥感多分类器集成在实际应用中的巨大潜力和应用前景。

参 考 文 献

阿里木·赛买提. 2015. 基于集成学习的全极化 SAR 图像分类研究. 南京: 南京大学博士学位论文.

柏延臣, 王劲峰. 2005. 结合多分类器的遥感数据专题分类方法研究. 遥感学报, 9(5): 555-563.

曹芳, 洪文, 吴一戎. 2008. 基于 Cloude-Pottier 目标分解和聚合的层次聚类算法的全极化 SAR 数据的非监督分类算法研究. 电子学报, 36(3): 543-546.

陈晋, 何春阳, 史培军, 等. 2001. 基于变化向量分析的土地利用/覆盖变化动态监测(I)——变化阈值的确定方法. 遥感学报, 5(4): 259-266.

董保根. 2013. 机载 LiDAR 点云与遥感影像融合的地物分类技术研究. 郑州: 解放军信息工程大学博士学位论文.

管海燕, 邓非, 张剑清, 等. 2009. 面向对象的航空影像与 LiDAR 数据融合分类. 武汉大学学报(信息科学版), 34(7): 830-833.

何楚, 刘明, 冯倩, 等. 2011. 基于多尺度压缩感知金字塔的极化干涉 SAR 图像分类. 自动化学报, 37(7): 820-827.

何楚, 尹莎, 许连玉. 2013. 基于局部重要性采样的 SAR 图像纹理特征提取方法. 自动化学报, 40(2): 1-11.

李亚平, 杨华, 陈霞. 2008. 基于 EM 和 BIC 的直方图拟合方法应用于遥感变化检测阈值确定. 遥感学报,

12(1): 85-91.

刘经南, 张小红. 2005. 利用激光强度信息分类激光扫描测高数据. 武汉大学学报(信息科学版), 30(3): 189-193.

马国锐, 李平湘, 秦前清. 2006. 基于融合和广义高斯模型的遥感影像变化检测. 遥感学报, 10(6): 847-853.

马莉. 2010. 纹理图像分析. 北京: 科学出版社.

苏红军. 2011. 高光谱影像光谱—纹理特征提取与多分类器集成技术研究. 南京: 南京师范大学博士学位论文.

唐朴谦, 杨建宇, 张超, 等. 2010. 基于像素比值的面向对象分类后遥感变化检测方法. 遥感信息, 1: 69-72.

王桂婷, 王幼亮, 焦李成. 2009. 自适应空间邻域分析和瑞利–高斯分布的多时相遥感影像变化检测. 遥感学报, 13(4): 639-652.

王贺, 张路, 徐金燕, 等. 2012. 面向城市地物分类的L波段SAR影像极化特征提取与分析.武汉大学学报(信息科学版), 3(9): 1068-1072.

王家礼, 朱满座, 路宏敏. 2000. 电磁场与电磁波. 西安: 西安电子科技大学出版社.

魏立飞, 钟燕飞, 张良培, 等. 2010. 遥感影像融合的自适应变化检测. 遥感学报, 14(6): 1204-1213.

魏立力, 韩崇昭. 2007. 基于卡方统计量的属性约简新方法. 计算机仿真, 24(5): 72-74.

Lee J S, Pottier E. 2013. 极化雷达成像基础与应用. 洪文, 李洋, 尹嫱, 等译. 北京: 电子工业出版社.

Alberga V, Krogager E, Chandra M, et al. 2004. Potential of coherent decompositions in SAR polarimetry and interferometry. IEEE International Geoscience and Remote Sensing, 3: 1792-1795.

Allain S, Ferro-Famil L, Potier E. 2005. New eigenvalue-based parameters for natural media characterization. In Radar Conference, IEEE EURAD 2005, European: 177-180.

Allain S, Ferro-Famil L, Pottier E. 2004. Two novel surface model based inversion algorithms using multi-frequency polSAR data. IEEE International Geoscience and Remote Sensing Symposium, 2: 823-826.

An W, Cui Y, Yang J. 2010. Three-component model-based decomposition for polarimetric SAR data. IEEE Transactions on Geoscience and Remote Sensing, 48(6): 2732-2739.

Axelsson P. 1999. Processing of laser scanner data—algorithms and applications. ISPRS Journal of Photogrammetry and Remote Sensing, 54(2-3): 138-147.

Ballester-Berman J D, Lopez-Sanchez J M. 2010. Applying the Freeman-Durden decomposition concept to polarimetric SAR interferometry. IEEE Transactions on Geoscience and Remote Sensing, 48(1): 466-479.

Ban Y, Jacob A, Gamba P. 2015. Spaceborne SAR data for global urban mapping at 30m resolution using a robust urban extractor. ISPRS Journal of Photogrammetry and Remote Sensing, 103: 28-37.

Bazi Y, Bruzzone L, Melgani F. 2005. An unsupervised approach based on the generalized Gaussian model to automatic change detection in multitemporal SAR images. IEEE Transactions on Geoscience and Remote Sensing, 43(4): 874-887.

Benediktsson J A, Pesaresi M, Amason K. 2003. Classification and feature extraction for remote sensing images from urban areas based on morphological transformations. IEEE Transactions on Geoscience and Remote Sensing, 41(9): 1940-1949.

Boerner W M, Yan W L, Xi A Q, et al. 1991. On the basic principles of radar polarimetry: the target characteristic polarization state theory of Kennaugh, Huynen's polarization fork concept, and its extension to the partially polarized case. Proceedings of the IEEE, 79(10): 1538-1550.

Brennan R, Webster T. 2006. Object-oriented land cover classification of lidar-derived surfaces. Canadian Journal of Remote Sensing, 32(2): 162-172.

Briem G J, Benediktsson J A, Sveinsson J R. 2002. Multiple classifiers applied to multisource remote sensing data. IEEE Transactions on Geoscience and Remote Sensing, 40(10): 2291-2299.

Bruzzone L, Prieto D F. 2000. Automatic analysis of the difference image for unsupervised change detection. IEEE Transactions on Geoscience and Remote Sensing, 38(3): 1171-1182.

Cai D, He X, Han J. 2007. Spectral regression for efficient regularized subspace learning. IEEE 11th International Conference on Computer Vision(ICCV): 1-8.

Cameron W L, Rais H. 2006. Conservative polarimetric scatterers and their role in incorrect extensions of the Cameron decomposition. IEEE Transactions on Geoscience and Remote Sensing, 44(12): 3506-3516.

Carrea L, Wanielik G. 2001. Polarimetric SAR processing using the polar decomposition of the scattering matrix. IEEE Geoscience and Remote Sensing Symposium, 1: 363-365.

Chen J K, Du P J, Wu C S, et al. 2018. Mapping urban land cover of a large area using multiple sensors multiple features. Remote Sensing, 10(6): 872: 1-21.

Cloude S R, Pottier E. 1996. A review of target decomposition theorems in radar polarimetry. IEEE Transactions on Geoscience and Remote Sensing, 34(2): 498-518.

D'Addabbo A, Satalino G, Pasquariello G, et al. 2004. Three different unsupervised methods for change detection: an application. Proceedings of 2004 IEEE Geoscience and Remote Sensing Symposium, IGARSS/4, 3: 1980-1983.

Dalponte M, Bruzzone L, Gianelle D. 2012. Tree species classification in the Southern Alps based on the fusion of very high geometrical resolution multispectral/hyperspectral images and LiDAR data. Remote Sensing of Environment, 123(3): 258-270.

De Mántaras R L. 1991. A distance-based attribute selection measure for decision tree induction. Machine Learning, 6(1): 81-92.

Evans D L, Farr T G, Van Zyl J J, et al. 1988. Radar polarimetry: analysis tools and applications. IEEE Transactions on Geoscience and Remote Sensing, 26(6): 774-789.

Fauvel M, Chanussot J, Benediktsson J A. 2006. Decision fusion for the classification of urban remote sensing images. IEEE Transactions on Geoscience and Remote Sensing, 44(10): 2828-2838.

Fauvel M, Tarabalka Y, Benediktsson J A, et al. 2013. Advances in spectral-spatial classification of hyperspectral images. Proceedings of the IEEE, 101(3): 652-675.

Freeman A, Durden S L. 1998. A three-component scattering model for polarimetric SAR data. IEEE Transactions on Geoscience and Remote Sensing, 36(3): 963-973.

Fung T, LeDrew E. 1987. Application of principal components analysis change detection. Photogrammetric Engineering and Remote Sensing, 53: 1649-1658.

Fung T, Ledrew E. 1988. The determination of optimal threshold levels for change detection using various accuracy indices. Photogrammetric Engineering and Remote Sensing, 54(10): 1449-1454.

Gamba P, Dell'Acqua F, Dasarathy B V. 2005. Urban remote sensing using multiple data sets: past, present, and future. Information Fusion, 6(4): 319-326.

Ghamisi P, Benediktsson J A, Sveinsson J R. 2013. Automatic spectral-spatial classification framework based on attribute profiles and supervised feature extraction. IEEE Transactions on geoscience and Remote Sensing, 52(9): 5771-5782.

Gong P. 1993. Change detection using principal component analysis and fuzzy set theory. Canadian Journal of Remote Sensing, 19(1): 22-29.

Guo B, Gunn S R, Damper R I, et al. 2006. Band selection for hyperspectral image classification using mutual information. IEEE Geoscience and Remote Sensing Letters, 3(4): 522-526.

Guyon I, Elisseeff A. 2003. An introduction to variable and feature selection. The Journal of Machine

Learning Research, 3: 1157-1182.

Guyon I, Gunn S, Nikravesh M, et al. 2006. Feature Extraction: Foundations and Applications(Studies in Fuzziness and Soft Computing). Berlin, Heidelberg, DE: Springer-Verlag.

Hall M A. 1999. Correlation-based feature selection for machine learning. PhD thesis, The University of Waikato.

He X, Cai D, Yan S, et al. 2005. Neighborhood preserving embedding. The 10th IEEE International Conference on Computer Vision, 2: 1208-1213.

He X, Niyogi P. 2004. Locality preserving projections. In Neural Information Processing Systems, 16: 153-162.

Herold M, Roberts D A, Gardner M E, et al. 2004. Spectrometry for urban area remote sensing—development and analysis of a spectral library from 350 to 2400 nm. Remote Sensing of Environment, 91(3-4): 304-319.

Huynen J R. 1965. Measurement of the target scattering matrix. Proceedings of the IEEE, 53(8): 936-946.

Kwak N, Choi C H. 2002. Input feature selection for classification problems. IEEE Transactions on Neural Networks, 13(1): 143-159.

Lambin E F, Strahler A H. 1994. Change-vector analysis in multitemporal space-a tool to detect and categorize land-cover change processes using high temporal resolution satellite data. Remote Sensing of Environment, 48: 231-244.

Langley P. 2014. Selection of relevant features in machine learning. Defense Technical Information Center, 19:94.

Le Hegarat-Mascle S, Seltz R, Hubert-Moy L, et al. 2006. Performance of change detection using remotely sensed data and evidential fusion: comparison of three cases of application. International Journal of Remote Sensing, 27(16): 3515-3532.

Le Hegarat-Mascle S, Seltz R. 2004. Automatic change detection by evidential fusion of change indices. Remote Sensing of Environment, 91: 390-404.

Lee J S, Pottier E. 2009. Polarimetric Radar Imaging: From Basics to Applications. Boca Raton: CRC Press.

Liu H, Setiono R. 1997. Feature selection via discretization. IEEE Transactions on Knowledge and Data Engineering, 9(4): 642-645.

Lopez-Martinez C, Pottier E, Cloude S R. 2005. Statistical assessment of eigenvector-based target decomposition theorems in radar polarimetry. IEEE Transactions on Geoscience and Remote Sensing, 43(9): 2058-2074.

Lüneburg E. 1996. Radar polarimetry: a revision of basic concepts. Pitman Research Notes in Mathematics Series: 257-275.

Model F, Adorjan P, Olek A, et al. 2001. Feature selection for DNA methylation based cancer classification. Bioinformatics, 17: 157-164.

Mountrakis G, Im J, Ogole C. 2011. Support vector machines in remote sensing: a review. ISPRS Journal of Photogrammetry and Remote Sensing, 66(3): 247-259.

Muda Z, Yassin W, Sulaiman M N, et al. 2011. Intrusion detection based on k-means clustering and OneR classification. Information Assurance and Security(IAS), 2011 7th International Conference on: 192-197.

Nemmour H, Chibani Y. 2006. Multiple support vector machines for land cover change detection: an application for mapping urban extensions. ISPRS Journal of Photogrammetry & Remote Sensing, 61: 125-133.

Pottier E, Lee J S. 2000. Application of the H/A/α polarimetric decomposition theorem for unsupervised classification of fully polarimetric SAR data based on the Wishart distribution. SAR Workshop: CEOS

Committee on Earth Observation Satellites, 450: 335-340.

Pottier E. 1993. Dr. JR Huynen's main contributions in the development of polarimetric radar techniques and how the "Radar Targets Phenomenological Concept" becomes a theory. International Society for Optics and Photonics: 72-85.

Rashed T, Jürgens C. 2010. Remote Sensing of Urban and Suburban Areas. Berlin, Heidelberg, DE: Springer-Verlag.

Réfrégier P, Morio J. 2006. Shannon entropy of partially polarized and partially coherent light with Gaussian fluctuations. JOSA A, 23(12): 3036-3044.

Robnik-Šikonja M, Kononenko I. 1997. An adaptation of Relief for attribute estimation in regression. Machine Learning: Proceedings of the Fourteenth International Conference(ICML'97): 296-304.

Rogan J, Chen D. 2004. Remote sensing technology for mapping and monitoring land-cover and land-use change. Progress in Planning, 61(4): 301-325.

Sato A, Yamaguchi Y, Singh G, et al. 2012. Four-component scattering power decomposition with extended volume scattering model. IEEE Geoscience and Remote Sensing Letters, 9(2):166-170.

Schölkopf B, Smola A, Müller K R. 1997. Kernel principal component analysis. Internation Conference on Artificial Neural Networks—ICANN'97. Berlin, Heidelberg, DE: Springer-Verlag: 583-588.

Schuler D L, Lee J S, De Grandi G. 1996. Measurement of topography using polarimetric SAR images. IEEE Transactions on Geoscience and Remote Sensing, 34(5): 1266-1277.

Serpico S B, Bruzzone L. 2001. A new search algorithm for feature selection in hyperspectral remote sensing images. IEEE Transactions on Geoscience and Remote Sensing, 39(7): 1360-1367.

Small C. 2005. A global analysis of urban reflectance. International Journal of Remote Sensing, 26(4): 661-681.

Sohl T. 1999. Change analysis in the United Arab Emirates: an investigation of techniques. Photogrammetric Engineering and Remote Sensing, 65: 475-484.

Song J H, Han S H, Yu K, et al. 2002. Assessing the possibility of land-cover classification using lidar intensity data. International Archives of Photogrammetry Remote Sensing and Spatial Information Sciences, 34: 259-262.

Stratton J A. 2007. Electromagnetic Theory. New Jersey: John Wiley & Sons.

Sugeno M. 1977. Fuzzy measures and fuzzy integrals: a survey//Gupta M M, Saridis G N, Gaines B R. Fuzzy Automata and Decision Processes. Amsterdam: North-Holland: 89-102.

Tahir M A, Bouridane A, Kurugollu F. 2007. Simultaneous feature selection and feature weighting using hybrid Tabu search-nearest neighbor classifier. Pattern Recognition Letters, 28(4): 438-446.

van Zyl J J, Arii M, Kim Y. 2011. Model-based decomposition of polarimetric SAR covariance matrices constrained for nonnegative eigenvalues. IEEE Transactions on Geoscience and Remote Sensing, 49(9): 3452-3459.

Vasile G, Trouvé E, Lee J S, et al. 2006. Intensity-driven adaptive-neighborhood technique for polarimetric and interferometric SAR parameters estimation. IEEE Transactions on Geoscience and Remote Sensing, 44(6): 1609-1621.

Yamaguchi Y, Moriyama T, Ishido M, et al. 2005. Four-component scattering model for polarimetric SAR image decomposition. IEEE Transactions on Geoscience and Remote Sensing, 43(8): 1699-1706.

Yoon H, Yang K, Shahabi C. 2005. Feature subset selection and feature ranking for multivariate time series. IEEE Transactions on Knowledge and Data Engineering, 17(9): 1186-1198.

Yu L, Liu H. 2003. Feature selection for high-dimensional data: a fast correlation-based filter solution. Proceedings of the 20th International Conference on Machine Learning(ICML), 3: 856-863.

Zhang J. 2010. Multi-source remote sensing data fusion: status and trends. International Journal of Image and Data Fusion, 1(1): 5-24.

Zhang L, Zou B, Zhang J, et al. 2009. Classification of polarimetric SAR image based on support vector machine using multiple-component scattering model and texture features. EURASIP Journal on Advances in Signal Processing, 960831(1): 1-9.

Zhou W, Huang G, Troy A, et al. 2009. Object-based land cover classification of shaded areas in high spatial resolution imagery of urban areas: a comparison study. Remote Sensing of Environment, 113(8): 1769-1777.

彩　　图

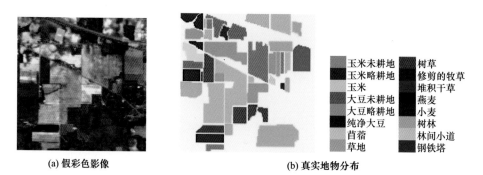

玉米未耕地	树草
玉米略耕地	修剪的牧草
玉米	堆积干草
大豆未耕地	燕麦
大豆略耕地	小麦
纯净大豆	树林
苜蓿	林间小道
草地	钢铁塔

(a) 假彩色影像　　　　　　　　(b) 真实地物分布

图 3.5　Indian Pines AVIRIS 假彩色影像及其真实地物分布图

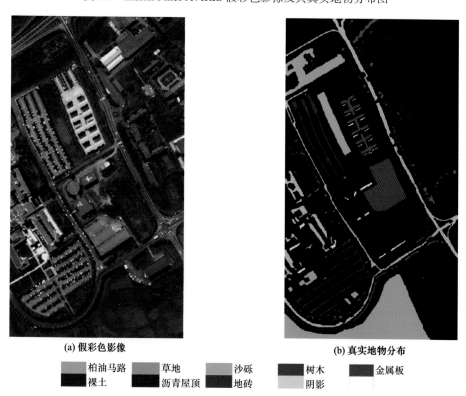

(a) 假彩色影像　　　　　　　　　　　　　(b) 真实地物分布

柏油马路	草地	沙砾	树木	金属板
裸土	沥青屋顶	地砖	阴影	

图 3.6　帕维亚大学 ROSIS 假彩色影像及其真实地物分布图

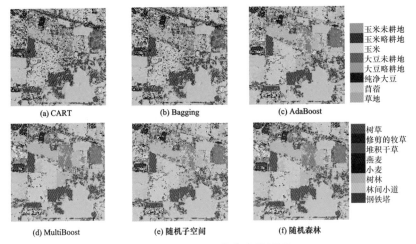

玉米未耕地
玉米略耕地
玉米
大豆未耕地
大豆略耕地
纯净大豆
苜蓿
草地

树草
修剪的牧草
堆积干草
燕麦
小麦
树林
林间小道
钢铁塔

(a) CART   (b) Bagging   (c) AdaBoost

(d) MultiBoost   (e) 随机子空间   (f) 随机森林

图 3.7   AVIRIS 影像分类结果图

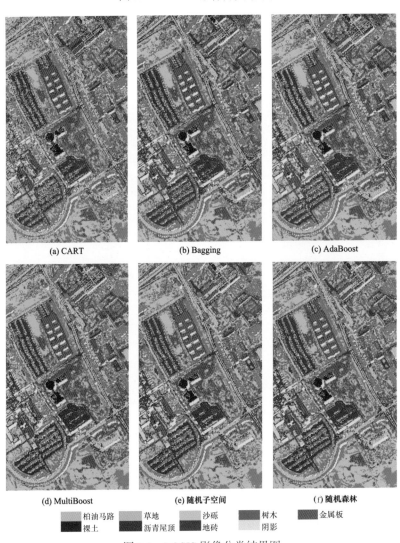

(a) CART   (b) Bagging   (c) AdaBoost

(d) MultiBoost   (e) 随机子空间   (f) 随机森林

柏油马路   草地   沙砾   树木   金属板
裸土   沥青屋顶   地砖   阴影

图 3.8   ROSIS 影像分类结果图

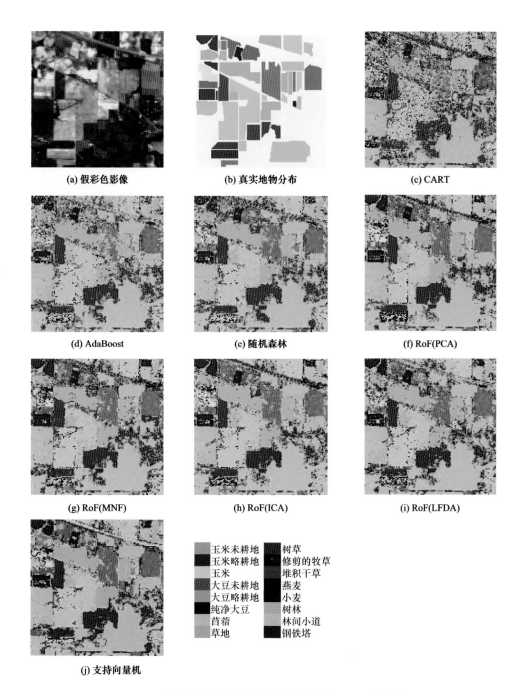

(a) 假彩色影像　　　　　　(b) 真实地物分布　　　　　　(c) CART

(d) AdaBoost　　　　　　(e) 随机森林　　　　　　(f) RoF(PCA)

(g) RoF(MNF)　　　　　　(h) RoF(ICA)　　　　　　(i) RoF(LFDA)

玉米未耕地	树草
玉米略耕地	修剪的牧草
玉米	堆积干草
大豆未耕地	燕麦
大豆略耕地	小麦
纯净大豆	树林
苜蓿	林间小道
草地	钢铁塔

(j) 支持向量机

图 4.2　旋转森林及其他算法分类结果图（AVIRIS 影像）

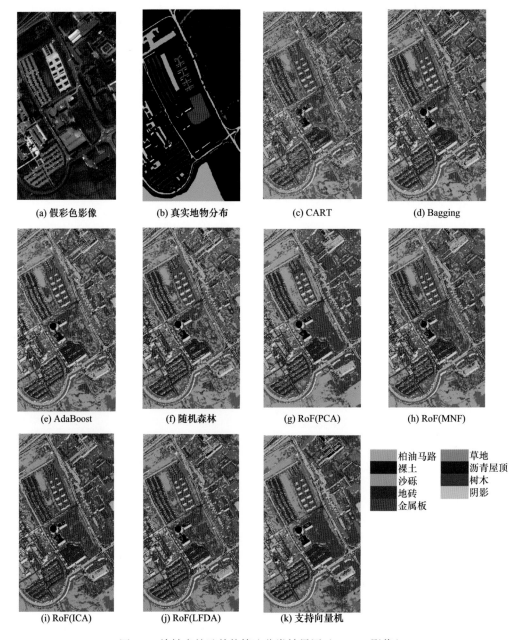

(a) 假彩色影像 (b) 真实地物分布 (c) CART (d) Bagging

(e) AdaBoost (f) 随机森林 (g) RoF(PCA) (h) RoF(MNF)

(i) RoF(ICA) (j) RoF(LFDA) (k) 支持向量机

柏油马路　草地
裸土　　　沥青屋顶
沙砾　　　树木
地砖　　　阴影
金属板

图 4.3　旋转森林及其他算法分类结果图（ROSIS 影像）

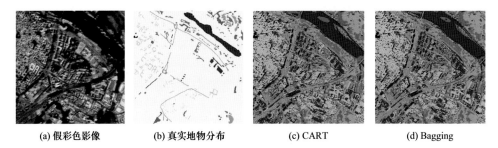

(a) 假彩色影像 (b) 真实地物分布 (c) CART (d) Bagging

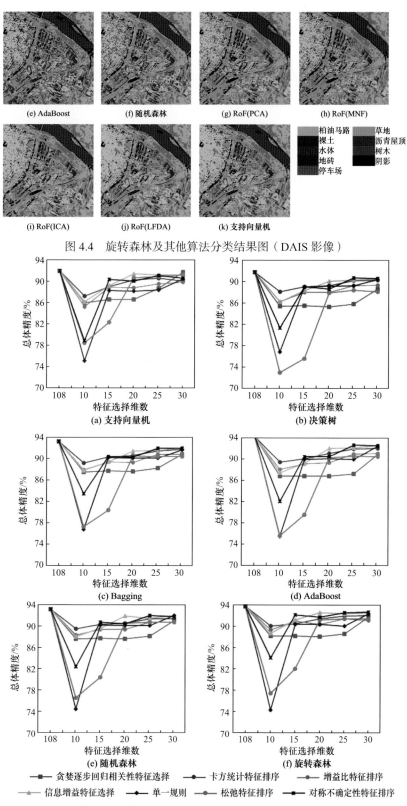

(e) AdaBoost　　(f) 随机森林　　(g) RoF(PCA)　　(h) RoF(MNF)

柏油马路　草地
裸土　　沥青屋顶
水体　　树木
地砖　　阴影
停车场

(i) RoF(ICA)　　(j) RoF(LFDA)　　(k) 支持向量机

图 4.4　旋转森林及其他算法分类结果图（DAIS 影像）

(a) 支持向量机

(b) 决策树

(c) Bagging

(d) AdaBoost

(e) 随机森林

(f) 旋转森林

—■— 贪婪逐步回归相关性特征选择　　—◆— 卡方统计特征排序　　—●— 增益比特征排序
—▲— 信息增益特征选择　　—◆— 单一规则　　—●— 松弛特征排序　　—■— 对称不确定性特征排序

图 6.2　不同特征选择方法对 AirSAR Flevoland PolSAR 影像总体精度对比

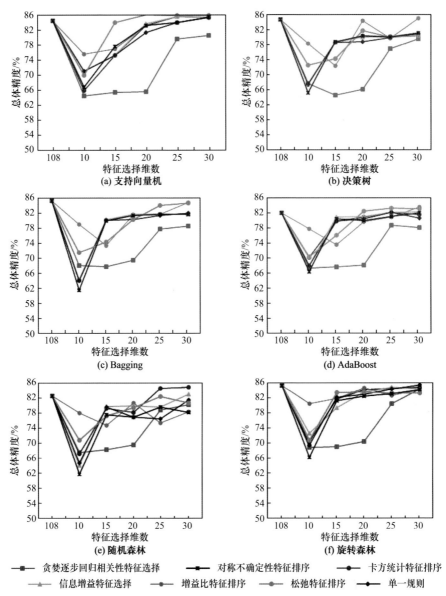

图 6.3   不同特征选择方法对 RADARSAT-2 San Francisco PolSAR 影像总体精度对比

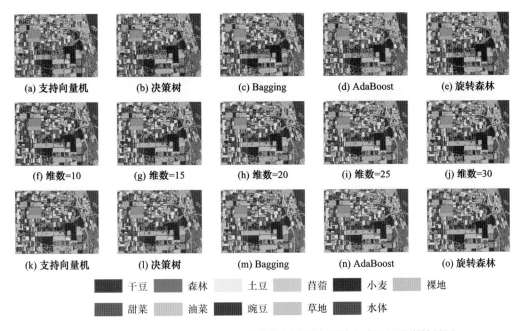

图 6.6　AirSAR Flevoland PolSAR 影像特征选择多样性集成学习分类结果图

（a）～（e）：基于原始特征集的分类；（f）～（j）：固定特征选择维数多分类器集成；（k）～（o）：多特征选择维数同质多分类器集成

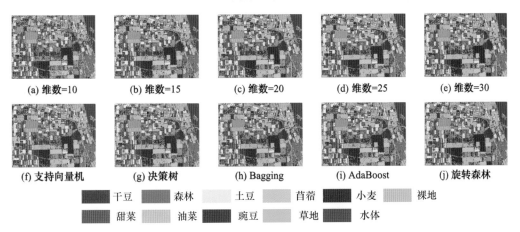

图 6.14　AirSAR Flevoland PolSAR 影像特征选择、特征提取混合多样性集成分类结果图

（a）～（e）：固定特征混合维数多分类器集成；（f）～（j）：多特征混合维数同质多分类器集成

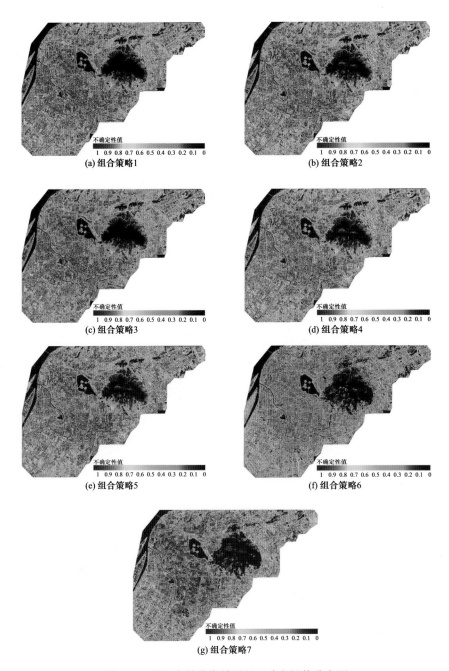

图 6.31　随机森林分类结果的不确定性值分布图